水のリスクマネージメント
Water for Urban Areas　Challenges and Perspectives
都市圏の水問題

ジューハ・I・ウィトォー
Juha I. Uitto
アシット・K・ビスワス
Asit K. Biswas

深澤雅子訳

ASAHI
ECO
BOOKS 4

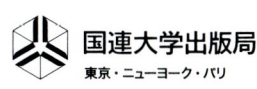

国連大学出版局
東京・ニューヨーク・パリ

アサヒビール株式会社発行■清水弘文堂書房編集発売

WATER RESOURCES MANAGEMENT AND POLICY

Water for Urban Areas
Challenges and Perspectives

Juha I. Uitto and Asit K. Biswas

United Nations University Press
TOKYO · NEW YORK · PARIS

水のリスクマネージメント

目次

都市圏の水問題

This volume is a translation of *Water for Urban Areas* by *Juha I.Uitto* & *Asit K. Biswas, published by the United Nations University Press, Tokyo, New York, Paris, 2000*
© *The United Nations University, 2000*
© *Shimizukobundo Shobo, Ing., Japanese edition, 2002*

はじめに　I
ジューハ・I・ウィトォー　アシット・K・ビスワス

序文　V
エイブラハム・ベストラート

1　発展途上国都市圏における21世紀の水問題　14
　　アシット・K・ビスワス

2　首都・東京の水管理　41
　　高橋　豊

3　関西主要都市圏における水質管理問題　64
　　中村雅久

4　インドの巨大都市ムンバイ、デリー、カルカッタ、チェンナイ
　　における用水管理　102
　　ラジェンドラ・サガーネ

5　メキシコシテイ首都圏の給水ならびに配水　133
　　セシリア・トルタハーダ・キロス

6　巨大都市における廃水の管理と利用　160
　　浅野　孝

7　都市圏の上下水道サービス提供において
　　民間が果たす役割　184
　　ウォルター・ストットマン

8　緊急時の給水および災害に対する弱さ　235
　　チャールス・スコウソーン

9　結論　266
　　ジェーハ・I・ウィトォー　アシット・K・ビスワス

S T A F F

PRODUCER 本山和夫(アサヒビール株式会社環境社会貢献担当執行役員) 礒貝 浩
ART DIRECTOR 礒貝 浩
DIRECTOR あん・まくどなるど
EDITOR 敦蓮孝匡
COVER DESIGNERS 二葉幾久 黄木啓光 森本恵理子(ein)
DTP OPERATOR 石原 実
PROOF READERS 二葉幾久 上村裕子
■
STUFF 秋葉 哲 茂木美奈子(アサヒビール環境社会貢献部)

制作協力 ドリーム・チェイサーズ・サルーン(旧創作集団ぐるーぷ・ぱあめ)

※この本は、オンライン・システム編集とDTP(コンピューター編集)でつくりました。

ASAHI ECO BOOKS 4

水のリスクマネージメント

都市圏の水問題

ジューハ・I・ウィトォー
アシット・K・ビスワス 編
深澤雅子 訳

アサヒビール株式会社発行■清水弘文堂書房発売

はじめに

ジューハ・I・ウィトオー
アシット・K・ビスワス

　国連大学は、1997年6月25日に東京で、前回までと同様に日本の建設業界の最大手に数えられる株式会社大林組の後援を受けて、「21世紀の都市圏における水問題」に焦点をあてて、第6回地球環境フォーラムを開催した。
　フォーラムの論題にこの問題が選択された理由は、開発途上諸国の都市圏における上下水道の管理が、21世紀前半にますます重要かつ複雑になることが予想されるということにある。開発途上諸国の都市圏とその近郊で水不足が増大し、水質汚染がますます加速されるという問題に加えて、急速な都市化の傾向が継続した場合、21世紀には現在の状況と比べて、都市圏の上下水道管理に関連した問題は、規模においても範囲においても、かなり拡大する可能性が極めて高い。

　開発途上諸国の都市圏が直面する問題は、抜粋して以下に示す諸事実からも認識することができる。

都市化

■1950年の時点で、都市圏に住んでいたのは世界人口の30％であった。しかし、1995年までにこの数字は5割増、すなわち45％まで増加した。ナイジェリアなど数か国では、この45年間に都市人口は4倍以上という驚くべき増加を示した。
■ヨーロッパ、北米、南米、カリブ諸島に限ってみると、1995年までに都市圏に居住す

- る人口は70％に及んだ。
- アフリカとアジアに関しては、現在の時点で都市圏に居住するのは人口の30～35％であるが、おおよそ年間4％という高い割合で増加をつづけている。
- 1950～1990年の40年間に、人口が100万人以上の都市は78か所から290か所へとほぼ4倍に増加した。2025年までにその数は600か所以上に増加するものと推定されている。
- 2015年までにボンベイ、ジャカルタ、カラチ、ラゴスといった巨大都市の人口は90％以上の増加が見込まれているが、それとは対照的に、同期間の東京の人口増加率はわずか10％と予測されている。

給水と廃水管理

- 1994年のデータでは、都市圏の居住者のなかで約2億8,000万人が給水を利用することができなかった。都市貧民層では、配水システムに接続されている家庭は30％に満たない。
- 安全な飲料水を供給できるのは、ごく限られた都心部だけで、富裕層のあいだでボトル詰め飲料水の消費量が飛躍的に増加しているのは驚くにあたらない。インドでは1992年と1997年のたった5年間で、ボトル詰め飲料水の年間消費量が4.5倍に増加した。
- 1990年に4億5,300万人（つまり都市人口の33％）が衛生設備を利用できず、4年後にはその数字はさらに5億8,900万人、つまり都市人口の37％に増大した。現在の傾向を見ると、今後数年のあいだに衛生設備が利用できない人たちの割合は、さらに増加することを示している。
- 公式声明にかかわりなく、南米主要都市で回収される下水のわずか2～6％しか適正な処理を受けていないのが現状である。
- 新しい給水プロジェクトの実質的な㎥あたりの水生産費用は、過去に実施されたプロジェクトの生産費用の1.5～3倍になっており、新規給水プロジェクトの投資必要額は現在見積もられている額よりもかなり高くなるであろう。

前述した要因がもたらす健康への影響

■開発途上国における疾病の80％および死亡の30％は不衛生な水に起因している。
■安全とはいえない飲料水または劣悪な衛生設備により、毎年12億の人たちが罹病している。
■水から感染する病気のため、毎年400万人以上の子どもたちが死亡している。
■発展途上諸国では、下痢により15％の子どもたちが5歳になる前に死亡しているが、それは劣悪な給水と衛生設備に起因していると考えられる。

　上述した事実だけでなくそれらに関連したほかの多くの問題から、開発途上諸国が今後数十年の間、都市圏における給水および廃水管理に関して、人類史上かつて類を見ないほど深刻で複雑な問題に直面することが明らかに示唆されている。さらに、いくら言葉巧みに表現しようと、良質な飲料水と適切な廃水処理を提供するということに関する1990年代の世界全般の状況は、悪化の一途を辿ってきているのが実態である。そしてそれは影響を受けた都市住民の絶対数から見ても、また割合から見ても紛れのない事実である。
　このように状況は深刻であり、最近の世界の動向も満足しがたいものであることから、国連大学は、第6回地球環境フォーラムを21世紀の都市圏における水問題に焦点をあてて開催することに決定した。このフォーラムのため、さまざまな学問分野、研究機関、国々から、世界的な権威である8名の専門家を選び、フォーラムへの参加をお願いした。そして全般を統合した広い枠組で基調論文を準備し、フォーラム期間中の議論をリードしていただくよう依頼した。われわれが最初に選んだスピーカー全員の方々から、この重要な会議への参加を即座にご快諾いただいたことは喜びに耐えないことである。このフォーラムは論点をはっきり絞ったイベントとして特別に企画され、複雑で相互に関連しあった種々の問題が、多くの専門分野や領域にまたがった広範な観点からも、また地域的な展望からも論議された。
　フォーラムは国際連合大学本部で開催され、日本各地のさまざまな機関ならびに日本で活動している国際機関から約350名が参加した。招待を受けた世界的権威の講演

につづいて、大勢の聴衆も参加したパネルディスカッションが行われた。
　私どもの招待にご快諾くださいました基調論文の著者の方々に心よりお礼を申しあげるとともに、今回のフォーラムを実現させるために甚大なる財政援助をしてくださいました株式会社大林組様に深く感謝申しあげる次第である。

（杉山賢一素訳）

序文

エイブラハム・ベストラート
（国際連合大学副学長）

　第6回国連大学地球環境フォーラム「21世紀の都市圏における水問題」——水と都市というこのテーマは、どちらも21世紀において極めて重要な問題となるであろう。
　ここ数十年のあいだに、世界中で都市および都市圏は拡大の一途をたどってきた。都市圏に居住する人口は、20世紀末までには世界の人口の半数以上、2025年までには3分の2以上になるものと推定されている。なかでも、アジアおよびアフリカのサハラ以南での都市成長率は極めて高い。そうした急成長により、極めて大きな軋轢が生じ、社会的・制度的変化、インフラ投資、汚染管理などの一筋縄では解決できない諸問題が提起されるものと思われる。世界全般における環境整備のためのインフラへの投資額が、近年増大傾向にあることを考慮しても、適切な公衆衛生設備を持たない都市圏居住者は約3億8,000万人、安全な飲料水の近隣水源を利用できない住人が1億7,000万人いるものと、世界銀行は推定している。日本などの先進国も、この問題から無関係の立場にいるわけではない。都市圏の人口増加は、地球全体に共通する問題であり、現実にあらゆる都市が環境破壊問題に直面している。
　21世紀に直面するであろう極めて重大な問題は、水である。都市生活をささえるのに必要な水、飲むことのできる水、料理するのに必要な水、清潔を保つのに必要な水、産業に必要な水、そうした水の問題である。今後40年前後で清潔な水を入手できるようにするということには、37億人を超える都市居住者に上下水道の普及を拡大していく必要を伴う。さらに、急成長している諸国の一層の環境破壊を防ぐには、産業生産量単位ごとの汚染を、現在から2030年までのあいだに90％程度減少させることが必要である。そうしたことは、ほとんどの発展途上国が環境問題よりも開発に力を注いで

いる現状を考慮すると、実に至難の問題である。

　水に関連する問題は多岐に渡っており、しかも地域や状況によって時に正反対の問題となる。たとえば、旱魃（かんばつ）や極端に暑い夏には水不足の問題が生じる一方、洪水のように水が溢れてしまう問題もある。また、量の問題に加えて、飲料水として安全であるか、容認できる味であるか、水を再循環させているかといった質の問題もある。

　発展途上国の諸都市にとって、もっとも緊急を要する問題は、給水、公衆衛生、下水、廃物回収業務がいずれも不十分であることから生ずる都市の汚染が、健康に著しい影響を及ぼしていることである。産業の粗末な廃水管理と大気汚染といった問題とともに、この問題はいわゆる「褐色の課題　＝ brown agenda」として、貧困と環境に結びついた問題となっている。

　貧困、経済発展、環境は極めて密接に絡み合って関連しているため、近い将来に起こると予想されるもう一つの問題は公平性という問題である。すなわち、所得層によって供与される水およびサービスの量も質も異なっているという問題である。

　われわれの多くは、今なお、水は無償で手に入る資源とみなしている。空から入手できるものはなんでも無償であるという考えは即刻改めねばならない。利用できる状態の水という品物が不足の一途をたどっていることから、ごく近い将来に水の価格は3倍とはならないまでも2倍に跳ねあがるだろうと、最近の研究は示している。そうした切迫した変化とそれに付随して生じる状況によって都市の貧困層の人びとは著しい影響を受け、さらには彼らの窮状によって都市の危機的環境はこれまで以上に悪化するであろう。ある推定によると、発展途上国の公害問題に必要な費用だけで、GDP（国内総生産）の5％を超えるものと予測されている。都市貧困層の状況を改善することは、都市における環境災害を減少させるために是が非でも必要な前提条件であることは明らかである。

　国連の水に関する政策は、1992年リオデジャネイロで開催された環境および開発に関する国連会議（UNCED）、いわゆる地球サミットにおいて採択されたアジェンダ（Agenda）21に従って実施されている。淡水の水源の供給および水質保護に直接関係しているのは、わずか1章にすぎないが、開発に対する水源の保存と管理に関する他の章も、実際には水問題に関係している。

　国連大学の研究およびトレーニング計画においては、持続性のある水源管理も中心

的なテーマである。目下の計画には、水政策、生態政策にもとづく決定、水質評価および モニタリング、環境管理といったテーマを扱ったプロジェクトがある。国連大学の研究は、中東、アフリカ、アジア、ラテンアメリカの発展途上国に焦点を当てている。つい最近、国連大学では、水、環境、健康に関する国際ネットワーク（UNU／INWEH）をスタートさせた。このネットワークの目的は、人間の生活および仕事にとって絶対に欠くことのできない水の開発に関する側面を十分に考慮しながら、流域の生態システムに関する取り組みと人間の健康にとっての必要とを関連付けることである。したがってこのネットワークの計画は、世界の発展途上地域の必要と関心とをとりわけ重視しながら、実際の問題解決に焦点を当てていくことになるであろう。

1997年6月にふたたび、リオ・サミット後の5年間に果たされた進歩とその間に直面した問題を討議するため、水問題に関する世界のリーダーが国連の主唱で一堂に会した。ニューヨークで開催された国連総会特別会期地球サミット＋5では、人間がたゆまぬ開発へ向かって進む限り、淡水は人類が直面する極めて重要な問題の一つとなるものとみなされた。

1997年に開催され、主要国の首長を集めた第8回デンバー・サミットにおいても、継続的な開発を促進し、しかも環境を保護する必要性がとくに強調された。同サミットの最終声明に選択された問題の一つが、淡水に関するものであった。それによると、効率的な水利の促進、水質および公衆衛生の改善、技術的な開発およびそのための能力の構築、一般市民の意識の喚起、制度的改善などが求められている。

日本は財政面でも優れ、ノウハウでも先進している国の一つであり、こうしたプロセスをリードする役目を任されている。当時の日本の総理大臣・橋本龍太郎氏は、国連総会特別会期での演説の中で、環境を考えた適正なるテクノロジーの開発および普及を促進するうえで日本が果たしうる役割について力説した。

世界的共同体である国連が淡水に関心を払っているということは、関連する問題がいかに重大であるかを如実に示している。第6回国連大学地球環境フォーラムには、世界各地から名だたる専門家が参集し、拡大しつつある都市中心部に十分な浄水と適切な衛生設備を供給することに関連した問題の解決策を討議した。このフォーラムでは、工業先進国と発展途上国、双方の巨大都市について考察され、廃水の管理と再利用、民間セクターの役割、非常時の給水と災害に対する脆弱性といったテーマが取りあ

げられた。

　このフォーラムでは、世界的問題に立ち向かうための先端技術にもとづいた最新の知識を普及させていくにあたっての国連大学の実施方式が例示された。全世界の関心事である重要問題について研究し、調査結果や経験についてフォーラムなどを通して世間に公表している高名な学者や専門家のネットワークをまとめるという意義ある活動を、国連傘下の自治学術機関である国連大学は実施している。今回のフォーラムは、1991年にシリーズとしてスタートした国連大学地球環境年次フォーラムの第6回大会であった。この一連のフォーラムの目的は、現代の環境問題に焦点を当て、世界の人びとに広く研究結果を告知し、それによってわれわれの前途に立ちはだかっている課題に人びとの関心を喚起することにある。

　今回のみならずこれまでに開催されたフォーラムに対して多大なご協賛を賜った大林組には、国連大学から衷心よりの謝意を申しあげたい。大林組のご協力により実現できたこのフォーラムは、まさに官民両セクターがより良い世界を目指して協力しあった素晴らしい実例であると誇りに思っている。

1 発展途上国都市圏における21世紀の水問題

アシット・K・ビスワス

はじめに

　歴史的、文化的に水はつねに不可欠で重要な資源として考えられてきた。水なしでは動植物は生存しえないし、人間の進化もまったく不可能であったろう。

　そうとなれば、人間が水に対して特別の思いを抱くのももっともなことである。宗教を例にとってみても、キリスト教、ヒンズー教、イスラム教といったおもだった宗教はすべて、水を特別視し、大切に扱っている。概して世界のどの国に暮らしていようと、人びとは他国に水を大規模移送することに難色を示す。ところが、ほかのあらゆる資源に関しては、再生が可能であろうと不可能であろうと、何世紀にもわたって国際貿易があたりまえのこととして行われてきており、しかも長期的な国家論争や政治的対立を引き起こすことはめったにない。それに反して、水の問題となると、国から国、時として同じ国内の州から州ですら、輸送計画は深刻な政治論争を引き起こすことが往々にしてある。

　有史以来、水は国家の発展にとって経済的になくてはならない貴重な資源でありつづけた。しかし20世紀になると、とくに後半は、西側経済がかつてないほどに強力に

なり、回復力も増し、水あるいは予想のつかない自然界の出来事に影響を受けることが少なくなってきた。先進諸国では、手ごろな値段で1日24時間、浄化飲料水を簡単に手に入れることができるのが、あたりまえのこととなった。農業と食料の生産量は西側世界の人びとが必要とする量を上回り、重要な水力発電プラントの大多数はすでに建造されている。洪水や旱魃は、西側ではほとんどの地域で集中的な水開発プロジェクトによって管理できるようになっている。大災害になるような洪水が起きたり、厳しい旱魃が長引いたときにのみ、人びとは水に対する関心を示すが、どちらの場合も一時的なものにすぎない。世間一般も政治やマスメディアも、大災害の発生時には多大な関心を示すが、洪水や旱魃がすぎ去ると、その関心はいつのまにか消失してしまい、次の災害に見舞われる数年後あるいは数十年後まで呼び起こされることはないのだ。したがって先進諸国では、国民も政治も水に対する関心を持ちつづけることはほとんどないといえよう。浄化水が利用できるかどうかとか、水利の可能性が社会にどのような影響を与えるかといったことは、先進諸国にとっては、もはや重大な問題ではなくなっているのだ。この状況は21世紀に入っても変化しそうにない。

　対照的に、発展途上国の展望は西側の状況とはかけ離れたもので、浄化水の利用はまだまだ夢物語なのである。カルカッタからイスタンブール、メキシコシティからラゴスにかけての巨大都市ですら、給水システムから浄化水を入手できないのが実状である。健康を考えると、飲料用の水は、煮沸あるいは濾過という手間をかけるか、市販のボトルを購入するか、いずれかの方法を講じねばならない状況にある。メキシコシティでは、民間セクターが大きなプラスティックボトル入りの飲料水を大規模に流通させるシステムを開発し、それによって市民に浄化飲料水を提供すべき行政システムの不備が極めて効率的に補われたが、それは決して驚くに値しないことなのだ。この飲料水の流通システムは、世界のどこでも入手できるソフトドリンクの流通システムと比べても、勝るとも劣らない優れたシステムである。このシステムによって、飲料水ボトルを買う余裕のある世帯には、もれなく浄化飲料水が定期的にかつ無駄なく供給されるようになった。空になったボトルは、新しい飲料水ボトルを配達する際に回収され再利用されている。

　発展途上国では、都市圏で安全な飲料水が不足しているのに加えて、農産物、産業開発、電力発電にとって水が重要な位置を占めていることから、いまだ水に対する経済の

依存度がかなり高い状況にある。増大する人口、拡大しつつある都市化、加速していく活動、1人あたりの水消費量の増大といった現状を見ると、適正な水質の水を適切に供給し、環境を害することのない排水方法を講ずることが、これからの20～30年間、開発途上諸国にとってますます重要性を増していくものと思われる。

人口と水

　歴史が始まって以来、地球の人口は増加をつづけ、それに伴い水と廃水処理の需要も増加しつづけてきた。極めて重要な初期文明は、ナイル、チグリス・ユーフラテス、インダスといった大きな川沿いに発展した。人びとは川から飲料水を手に入れ、さらに灌漑に水を利用した。

　一般的に人口が少なく密度も低い場合、概して、水を入手できるかどうかが深刻な問題に発展することはなかった。1950年以降に人口が急増を始め都市化率が加速し始めてから、発展途上国の都市圏にとって、清潔な水や環境を損なわない廃水処理をいかに提供するかという問題が深刻化してきたのである。ここ20年はとりわけ、この問題はどんどんと大きく、そして複雑化してきている。少なくとも、今後20～30年は、この傾向が変わることはないだろう。地球全体の人口増加によって生じたこの問題がいかに大きな問題であるかは、次ページの表1.1を見ると明らかである。

　1990年から2100年までの期間に世界の人口は2倍になると現在予測されているが、その増加の大部分は2025年までに起きるものと思われる。また、現在の低所得諸国の人口は235％という高い増加が見込まれているが、対照的に高所得諸国の増加率は10％に満たないだろう。大陸別に見ると、増加がもっとも著しいのはアフリカ大陸で、同期間に4倍以上に増加するものと思われる。一方ヨーロッパ大陸では、2100年の時点で現在の人口を下回るものと予測されている。18ページの表1.2は、世界各地域の1995年から2030年までの人口増加の推移を示している。

表1.1　1800～2103年における世界の人口増加の過去の推移と今後の予測

年度	人口（単位：10億）	人口が10億人増加するのにかかる年数
1800	1	125
1925	2	35
1960	3	14
1974	4	13
1987	5	12
1999	6	12
2011	7	12
2023	8	16
2039	9	21
2060	10	43
2103	11	―

出典：Bos et al. (1994)

都市化と水問題

　絶え間なく増加をつづける世界各地の住民に清潔な水と公衆衛生の便宜を提供するという問題は、20世紀なかばあたりから始まった発展途上国の急速な都市化現象によって悪化してきている。国連の推定によると、世界の総人口の中で都市圏の住民が占める割合は、1950年にはわずか30％であったのに対し、1995年には45％近くとなっている。この数値は世界全体を包括した平均値であり、地域ごとの大きな格差をこの数値から読み取ることはできない。ナイジェリアを例にあげてみると、都市圏に居住する国民の割合は、1950年の時点では10％以下であったが、1991年には42％まで上昇し、しかもこの増加傾向はこの10年間で加速してきている（Okunlola, 1996）。
　適切な給水と公衆衛生の便宜を図るという問題に関して、近年、さまざまな国際機関が開発途上諸国の巨大都市に多大な関心を寄せているが、ここで注意すべきことは、巨大都市といえどもその住民数は世界の総人口から見ればわずかな割合にすぎないとい

表1.2 1995〜2030年における地域別人口増加状況

地域	人口（単位：100万人）		増加率
	1995	2030	
アフリカ	720	1,600	116
アジア	3,400	5,100	47
ヨーロッパ	731	742	1
南アメリカおよびカリブ諸島	475	715	51
北アメリカ	295	368	24
オセアニア	29	39	36

出典：Bos et al. (1994)

うことである。たとえ巨大都市が必要なインフラを開発し、管理するのに消費した国家資産が際立って高かったとしても、世界人口に占める巨大都市の人口の割合はわずかだという事実に変わりはない。仮に住民数1,000万以上の都市を巨大都市と定義するとしても、1990年の時点でそうした大都市群の住民数は世界総人口のわずか3％にすぎない。現在、巨大都市はインフラの整備に多大なる努力を示しており、当面はその状況が持続するであろうが、最近著しく成長をとげている都市というのは、発展途上諸国の中・小規模の都市なのである。こうした傾向は、今後数十年間はつづくものと思われるし、さらに加速することも考えられる。この問題については、この著作でのちのち論議を進めるつもりである。

　21世紀、発展途上国に存在する巨大な諸都市の急激な成長によって、計画および管理に関係する重大な問題が引き起こされるのは間違いないだろう。1994年に発表された世界の10大都市の中で先進諸国に位置するのは、東京、ニューヨーク、ロサンゼルスの3都市であったが、2015年には東京以外はこのリストから消えると予測されている（次ページの表1.3）。そしてその東京も、世界最大の都市としての位置はキープするであろうが、人口増加率は10％以下と予測されている。それとは対照的に、ボンベイ、ラゴス、ジャカルタ、カラチといった都市の人口増加率は90％を超すものと思われる。わずか20年という短期間にこのような高い割合で成長した場合、それを効率良く適正に管理していくことは、どんなに条件が揃っていても至難の技であろう。

表1.3　1994年と2015年の世界10大都市の人口

1994年		2015年	
都市	人口（単位：100万人）	都市	人口（単位：100万人）
東京	26.5	東京	28.7
ニューヨーク	16.3	ボンベイ	27.4
サンパウロ	16.1	ラゴス	24.4
メキシコシティ	15.5	上海	23.4
上海	14.5	ジャカルタ	21.2
ボンベイ	14.2	サンパウロ	20.8
ロサンジェルス	12.2	カラチ	20.6
北京	12.0	北京	19.4
カルカッタ	11.8	ダッカ	19.0
ソウル	11.5	メキシコシティ	18.9

　ロンドン、ニューヨークといった都市が成長を始めたのは19世紀のことであり、都市化や巨大都市の形成といった現象は決して今に始まったことではない（次ページの図1.1）。そして、先進諸国の大都市で100年近く前に進められた都市化のプロセスと給水や公衆衛生の整備は、次にあげる二つの要因から、目下進行中の発展途上国における状況とは基本的に大きく異なっている。

　まず第一の要因は、増加率の推移の違いである。たとえば、ニューヨークやロンドンといった都市は、100年以上かけて徐々に人口が増加している（図1.1）。先進諸国の大都市では、概して人口増加は緩やかなプロセスで進行しており、人口増加率の推移が緩やかであったため、漸次に、そして効果的に必要なインフラを開発できたし、給水や下水事業を管理するための力を蓄えていくことも可能であった。それは決してたやすいことではなかったが、なんとか適応できる範囲であった。

　対照的に、たとえばカイロ、ソウル、マニラ、カラチといった発展途上国の都市化現象は、ほとんどが1950年以降に始まっており、とくに都市が爆発的に成長したのは、一般的に1960年以後のことである（図1.1）。発展途上国の巨大都市やそのほかの主要都市は、こうした極めて高いペースで継続的に増加をつづける都市化プロセスに、まっ

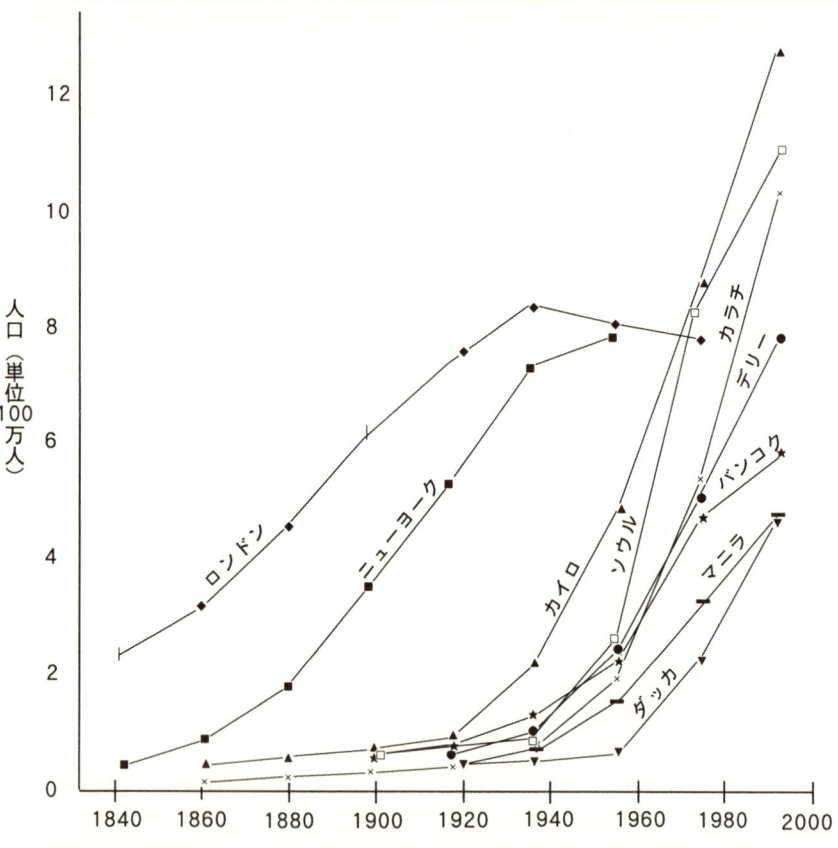

図1.1 抜粋した巨大都市の1840〜1995年における人口増加パターン

たく対応できなかった。つまり、爆発的な成長に取り組む準備ができていなかったのである。その結果、こうした急速な都市化の時期に、生活の質は急速に低下していった。メキシコシティを例にとってみると、1950年に313万7,000人であった人口は、1980年には1335万4,000人となり、425％という驚くべき増加率を示している。こうした巨大都市の多くは、給水設備に関してはある程度の準備はできたが、下水と廃水の処理施設を建設し適切に管理するという点では次第に遅れをとっていった。たとえば

南米は、多くの都市で下水システムを設置するという点では、かなりの進展をみせたが、そうした地域ですら廃水処理に関してはたいした進展はなく、置き去りにされた状態であった。現在のところ、南米の主要都市で適切な処理が施される下水は、回収された量のわずか2～6％にすぎない。このように、ボゴタからブエノスアイレス、メキシコシティからサンティアゴに及ぶ主要都市では、毎日5,000万～6,000万㎥のほとんど未処理の下水が、近くの河川や湖に垂れ流されている。行政の多くは、10～20％の廃水がきちんと処理されていると主張しているが、処理施設の中にはもはや運転不能の施設も多くあり、また処理済みと言ってもその処理が不十分なものも多く、行政が提示する数値はそのまま鵜呑みにはできない誇大されたものであるといえよう。

　先進国と発展途上国のあいだに格差が生じた要因として次にあげられるのが、先進工業国では中心都市が拡大するにつれて、その都市の経済も同時に成長していったことである。したがって、こうした都市では住民に適切な給水や下水設備を提供するために資力を利用することが、経済的観点からも可能であったのだ。日本のような工業化が比較的新しい国ですら、第2次世界大戦以降の飛躍的な経済成長によって、給水、下水、氾濫した水の治水事業を含む都市インフラ整備に巨額の投資をすることが可能であった。そうして徹底したインフラ開発と管理実務の改善を行った結果、戦争直後には80％と推定されていた都市給水システムから漏出する水の損失を、8～10％と激減させることに成功し、現在では世界でも損失率がもっとも少ない国の一つに数えられている。

　この例とはまったく対照的に、発展途上国は過去30年間、経済的に良好な進展をとげることができなかった。高額の公債と非効率的な資産配分に阻まれ、さまざまな種類の新しい都市インフラを建造したり、既存の設備を維持するための投資を必要に備えて準備することができなかった。しかも適切な計画を欠き、管理の実践経験が乏しいということが、状況をさらに悪化させた。なかでも飲料水の適切な処理と廃水処理に関しては、その傾向は著しかった。

　近年、都市地域における飲料水の供給に関してはめざましい進展があったが、公衆衛生に関しては開発途上の多くの諸国で飲料水供給と同等の進展はまったく見られなかった。実例として最近の推定をあげてみると、衛生設備を利用できない住民数は、1990年の時点で4億5,300万人、すなわち都市人口の33％であり、1994年にはさら

に5億8,900万人、都市人口の37％となり、現在では都市人口のおよそ半数にあたる約8億5,000万人にまで増大していると言われている。この数値はすべて概算による推定値だが、発展途上国が現在直面している問題がいかに深刻であるかを示唆しており、そうした問題にできる限り早急に対処することが求められている。

継続的な都市化現象によって、給水と公衆衛生事業を整備するという点では大きな課題が引き起こされたが、その一方で、より強くより安定した国家経済の発展にとってこの都市化現象は重要であり、大きく貢献しているということも忘れてはならない。発展途上国の都市圏は、住民数では総人口の30％であるが、国民総生産においては60％近くを占め、大きく貢献しており、さらに社会的発展や文化の向上においても重要で優れた役割を果たしているものと思われる。このように、都市化現象は課題や難問ばかりでなく、発展や向上の機会をも提供しているのである。

主要都市が抱える大きな問題は、人口統計的推移を効率良く、公正に、なおかつ持続的に計画管理し、インフラ整備に必要な開発、業務、雇用を提供し、維持するのに必要な政府や地方自治のキャパシティーをはるかに超えた速度で都市化が進んでしまったことに起因していることが多い。加速的に上昇している都市成長率は、あらゆるレベルで、行政の限られた能力と資力を圧倒してきた。無計画で管理不十分な都市化プロセスは、あらゆる発展途上国において、社会と環境におけるストレスの重大な原因となっていることは疑いの余地がない。その影響は、広範囲に及ぶ大気汚染、水質汚濁、土壌汚染、騒音公害といった諸現象に現れており、そうしたことは発展途上国の都市居住者の健康と暮らし向きに大きな影響を及ぼしてきたし、この先何年もその状態はつづくであろう。さらに、時とともに歪みが増している不公平な所得配分、高い失業率や不完全就業、あらゆるレベルで頻発している汚職、高い犯罪率といった問題が山積みとなっている。

アジアの主要な集合都市の一つであるカラチの厳しい現状について、国連が発表した1988年の年次報告を下記に抜粋する。なお、その状況はアジア、アフリカ、南米のほかの巨大諸都市にも多少なりともあてはまるものである。

『自然の人口増加率が高く、しかも内陸から継続的に大量の移民が流入するカラチは、発展途上諸国の中でもっとも急速に成長している巨大都市の一つである。カラチは年間5％を超える成長をつづけており、そのため多くの基礎的な業務施設は、過度の使用

により崩壊寸前にまで疲弊している。それに加えて、公共地を占拠して集団で住みつき、カッチ・アバディスという居留地を形成している人びとが、カラチの人口の多くを占めている。水道などの公共サービスのないこの居留地は市内のあちこちに点在し、社会不安を温存する土壌となってきている』

　主要都市は二つの大きな問題に直面しており、それによってすでに深刻で複雑な状況が一段とその複雑さを増していることが多い。その第一の問題は、人口増加率の突然かつ急速な上昇である。これは、最初はほぼ横ばいの緩やかな上昇が数十年つづき、その後に突如として起きることが多く、またとりわけビジネスの中心街にその現象が多く見られる。その現象が一因となって人口密度は一挙に高くなり、それに伴い水の需要も高くなり、単位面積あたりの廃棄物の発生量も増える。既存の設備や業務ならびに当局の乏しい計画能力では、給水や公衆衛生業務に対するあっという間の急激な需要の増加にうまく対処することはおよそ不可能であった。

　もう一つの問題は、バラックが立ち並ぶ不法居住者の居留区域の存在であり、それは巨大都市が抱える全般的な問題を一層大きくしている。そうした居留地の居住者が都市人口全体の30〜60％を占めていることも珍しくない。ボンベイを一例にあげてみると、同市の人口のほぼ半数がそのような居留地で暮らしていると推定されている。こうした居留地域は狭いところに大勢が密集して住んでいるため、居留地内に給水設備や公衆衛生設備を設ける余地がほとんどないか、皆無の状態である。

　また、行政はどのレベルでも概して、正式に認められてない居留地の問題を二の次にしてあまり重要視せず、それによって状況はさらに悪化している。公的資力は、一般的に富裕層と社会的地位のある人びとの居住区域に注がれていることが多い。しかも、そうした不法居留区の住民は貧しく、公共サービスを提供しても適切な費用回収は不可能であろうとみなしている都市計画の専門家は多い。その結果、富裕層や中産階級の居住区域と比較して貧民層が暮らす居留地は、資力の配分やサービスの点で後回しにされるか、まったく無視される傾向にある。それに加えて、より良い生活を求めて地方の人びとが都会に常時流入してくるため、不法居留地の人口は絶えず増えつづけている。こうした状況から、居留地内である程度の公共サービスの便宜を利用できたとしても、その限られた便宜では新たに流入してきた移住者に対処することはできず、人

口の増大を抱え、給水や公衆衛生のサービスは一層不十分で不適切なものとなってきている。こうした事態が一因となって、もともと不十分であったサービスをさらに縮小する方向に進ませ、そのサービスの削減は居留地に暮らす人びとの環境と健康を脅かす危険をさらに増大させている。

水利用を制約する諸要素

　急成長をつづける発展途上国の中心都市が、飲料水を供給し廃水を適切に処理する体制を整えるには、複雑で時に相互に絡み合ったさまざまな障害に直面する。国連が総会決議で1980年からの10年間を「飲料水供給と衛生の国際の10年」(略してIWSSD) とすることを宣言したが、こうしたさまざまな国際フォーラムで採択された決議や宣言が、これまでに目に見えるような明白な効果を発揮したことは極めて稀である。「飲料水供給と衛生の国際の10年」が宣言された10年間に達成することを目指した目標は、いかに賞賛に値する目標であろうとも、各国内においてもまた国際的にも、この分野に対する資力配分に関して大々的な構造的変革がなければ達成は不可能であろうということが、すでに70年代の時点で明らかであった。この目標が達成されず、まさに期待はずれに終わったのは、驚くにあたらない当然の結末ともいえよう。しかしながらこの10年のあいだ、とりわけこの期間の開始直後と終了間際には、開発途上諸国の各国政府や外部の支援機関が、いつにも増して給水と公衆衛生の問題を議題として取りあげ、審議するという効果はあった。だが残念なことに、この10年間の実際の効果自体に関する実質的評価は実施されておらず、したがってこの10年の経験から学び得た教訓についても不明である。たとえば、「この飲料水供給と衛生の国際の10年が存在しなければ、世界の状況は現状とは違うものになっていたのだろうか？」「もしそうであるのなら、どのように、どの程度、そしてなぜ違っていたのだろうか？」といったことに明快な答えは出されていない。確固たる裏づけではなく単なる状況証拠からの判断であるが、発展途上国ならびに多くの外部支援機関は、給水と公衆衛生問題の重要性について国連の決議以前からすでに認識し始めており、1980年以降に着手された開発の多くは、おそらく、この10年間がなくても実施されたのではないかと思わ

れる。とはいえ、この飲料水供給と衛生の国際の10年によって明確な焦点が提示され、それを好機としてこの分野における活動計画を加速的に促進させた国もいくつか存在する。このように全体的に見て、給水と公衆衛生サービスを利用する便宜に関して、この10年がなければ進展しなかったであろうと考えられる前進もあり、おそらくこの10年はある程度の貢献を果たしたものと思われる。

発展途上国のすべての人びとが浄化飲料水と衛生設備を利用できるようにするには、同時進行で克服していかねばならない大きな制約が数多く存在する。その制約を克服していくことは容易なことではないだろうし、国連のような組織や数多く開催されている主要な国際フォーラムなどの場でいかなる決議が採択されようと、この先10年やそこいらで克服できるとは到底思えない。しかしながら、将来の見通しがまったく立たないというわけではなく、励みになるような有望な兆候もある。たとえば、今後数十年、発展途上国の人口増加率が徐々に低下していく傾向をつづけ、人口が変動しない安定した状態に近づけば、すべての国民に浄化水と衛生設備を提供するという課題を実現しやすい状況が生じるだろう。現在は人口増加によってサービスを提供する目標数が変動しているが、人口が安定するということは、変動に合わせて対応していく必要がなくなるということなのである。

世界中のあらゆる人びとに浄化水と衛生設備を提供するという大望ともいえる大目標の達成には克服すべき制約が数多く存在するが、ここでは時間も紙面も限られているため、その中の主要なもののみについて簡単に論議するにとどめる。

水不足

都市の給水と衛生設備の見地からすると、水不足によっての課題とチャンスの両方が提起されているといえよう。発展途上国のほとんどの主要都市は、費用効率良く開発できるような新しい水源がまったくない状態にあることを考えると、水不足は大きな課題である。アンマンから北京、マドラスからメキシコシティにかけては、都市の産業において水の枯渇状態がどんどん拡大をつづけているが、その枯渇を緩和させるために経済的に利用できる新しい水源はまったくない。

費用効率良く開発できる水源は、すでに開発されたか開発の途上にあり、利用できる水はすべて、すでにさまざまな使用目的に配分され尽しているか、配分過多の状態にあるため、飲料水をこれまで以上に供給するには、ほかの分野、とくに農業で現在使用されている水を配分しなおす以外に方法はないのである。国政としては、政策として明言していようと暗黙の了解であろうと、一般的にあらゆる使用目的の中で家庭用にあたる分野を最優先としている。しかしながら、水の配分を農業分野から家庭用に継続的に移行することは、社会的にも政治的にも決して容易な仕事ではない。そうした移行を実施することは、すでに注目されてはいるものの、行政が政策決定に慎重であることから、広く実施されるにはいたっていない。

　チェンナイ（以前のマドラス）地域は、水利の移行を実施した好例である。水利用の効率性を向上させるために、水路の整備が行われた。その最終的結果は、まさに実例として、農業分野から家庭分野への水の移送の実現であった。こうした実践例を目のあたりにして、マニラからメキシコシティといった発展途上国全体の多くの主要都市周辺で、農業関係者と都市の水利用者とのあいだで争いが激化している（Naranjo Perez de Leon and Biswas, 1997）。今後、さまざまな利益団体がますます水を要求するにつれ、そうした水をめぐる争いは、深刻さも地理的広がりも一層拡大する方向に進むことが考えられる。

　一方、都市化は事態を改善するチャンスとも考えられる。現在、都市の中心部は水の使用量は多いが、水を使用しているのは地理的に見て限られた範囲である。また、家庭での水の使用は、実際に消費するのはわずかであり、各家庭に供給される水はほとんどすべて、適切な下水網によって廃水として回収できるはずである。そして回収した廃水は、適切な処理を施せば、新たな水の供給源として役立てることができるはずである。この処理済みの廃水は、水質や生活文化を考慮すると用途は限定されるかもしれないが、ある種の目的には使用できるはずである。その結果、品質が保証された良質の水を、それが必要となるところに提供しやすくなる。処理済みの廃水を使用せずにそれと同量の良質の水を供給する場合、通常、廃水の再利用より限界原価ははるかに高額となり（Biswas and Arar, 1988）、新たな良質の水を獲得するのに時間もかなり要するはずである。

　再利用されるかどうかにかかわらず、都市圏で廃水は今後も必ず生じるはずである。

また、現状として、ほとんどの発展途上国における廃水処理の実態は極めて不十分なものである。そうしたことから、都市圏および周辺の住民の環境と健康を守るため、廃水を適切に処理することは必ず実現すべき重要事項と考えられる。

このように、都市圏の廃水は、適切に回収と処理を行えば、水不足を緩和する新たな水源として利用することができることから、水不足は廃水の適切な回収と処理を促す一つの好機と考えることもできるのである。

高額な費用

発展途上国の都市圏に給水および衛生設備を整備していくうえで、経済的要因は重大性を増しており、慎重に考慮されるべきである。

ほとんどの発展途上国では、簡単に開発できる水源はすべて、すでに開発されたか、その途上にある。それはすなわち、これから開発する水源は地理的、技術的、環境的に取り扱いがこれまでより複雑になるということであり、したがって新たな水源の水を利用し、都市圏に輸送するコストは、すでに完了した水資源開発プロジェクトや現在進行中のものと比べ、実質的にかなり高額となる。日本を例にとって見ると、貯水施設整備にかかる河川流量1㎥あたりの平均費用は、過去10年間で4倍近くに増大した (Bises, 1997a)。この増額された費用のほぼ20％は、新たに生じた社会的ならびに環境的な要求に起因するとみなされる。そして増額費用の大部分、すなわち約80％は、新しいプロジェクトの建設自体が本質的により複雑になっており、しかも建設に適さない地勢に位置していることが多いということによるものと考えられる。こうしたことから、新しいプロジェクトの建設費は、すでに完了したプロジェクトと比較するとかなり高額となる。

発展途上国の主要都市地域への給水を増やすための新しいプロジェクトの建設費に関する現在の状況は、日本のケースと類似しているようである。たとえば、さまざまな発展途上国に対して世界銀行が実施した家庭用給水に関する分析（1992年）では、1㎥あたりの開発コストに関して、次世代プロジェクトは現在のものより2～3倍になるものが多いと指摘されている。発展途上国の主要諸都市の給水にかかる1㎥あたりの費

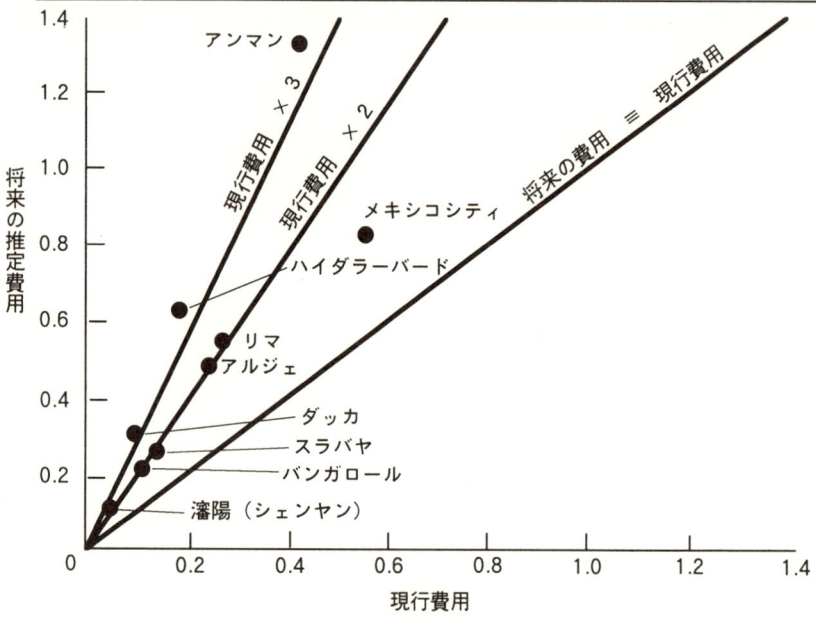

図1.2 水事業に掛かる現行費用と予測される将来の費用（1988 US＄／m³）

用に関して、1988年時点の現行費用と予定費用を固定ドル単位で対比させたものを図1.2に示した。

　廃水処理の分野では、状況はまったく改善されていない。都市で産み出される廃水は、まったく処理されてないか、処理されているにしても不十分なものがほとんどである。エジプトやメキシコシティといった多くの行政は、内外の政治的理由から、もしくは分析が誤っていたり不十分であったため、これまで先進国の基準を採用してきた。ロンドンやニューヨークにとっては適切で有意義な基準が、リマやアウンデ（カメルーンの首都）にとっては不適切で採用しがたく、時として逆効果の場合すらありうるということに関して、概して考慮が払われなかった。同様に、採用された基準が住民の健康にとって不可欠であるかどうか、あるいは規定された基準を実行するために必要な財源や管理能力が当該諸国にあるかどうかといったことについての真剣な分析が実施さ

れているのは、ごくまれだといえる (Biswas, 1997b)。そうした不適切な基準を公布したところで、もともと質が高いとは言えない都市圏および周辺の給水状況を改善するどころか、維持するのにさえ役立たなかったということは、至極当然のことなのである。水質基準の制定の背後に存在する本質的姿勢については、慎重に検討する必要がある。とりわけその基準の実施については、慎重な検討を要する。

融資調達と財務管理の制約

既存設備を運転し維持するために十分な資金を準備し、その資金を適時に投入することは、一般的に制約となりうる大きな要因である。現在、世界各地でさまざまな形態で民間セクターを参入させることが検討されているが、発展途上国の上下水道事業は、目下、公的セクターが主導権を握って運営している。そして、新しいシステムの建設ばかりでなく、既存の上下水道設備の運営と維持は、資金不足によりたびたび制約を受けているのが現状である。

しかも、都市圏の上下水道事業は、適切でない料金設定、料金の請求および回収の非効率的なシステムによって経済状況をさらに悪化させているケースがほとんどである。アジア31か国で実施された50の上下水道施設とその料金回収システムに関する分析から、下記のような欠点が指摘されている。

■接続されている水道管に計器が適切に取り付けられている確率は50％に満たない。さらに、カルカッタなどのいくつかの主要都市では計器がまったく取りつけられておらず、取り付けが行われていてもほんのわずかである場合が多い。定期的に監視し、故障した計器の取替えを行っているのは、標準ではなくむしろ例外的ケースといえる。

■北京、天津、ハノイ、ムンバイ（前のボンベイ）、タシケントといった多くの主要都市における、1世帯あたりの毎月の水道料金は1ドル以下である。それと対照的に、香港のように十分に管理されている都市の毎月の平均水道料は31ドルに達している。月々の水道料金が極めて安いと、水の浪費を促し消費率を高める結果となる。各都市における、水道料金を1としてそれに対する電気料金の比率を以下に示すが、4.0

以上の比率は一般的に水道料金が安いことを意味している。

　　　ファイサラバード　　18.5
　　　カラチ　　　　　　　12.7
　　　タシケント　　　　　 9.2
　　　カトマンズ　　　　　 7.8
　　　デリー　　　　　　　 7.7

■多くの水道事業の財務管理には、改善を要する遺憾なところが多い。たとえば、未収水道料金の総額は3か月の売上高より少なくなければならないが、ムンバイの場合は19.7か月分、カラチは16.8か月分、ダッカおよび上海が11か月分が未収となっている。

■公益事業の運転・維持費がどのようなものから構成されるかに関しては、さまざまな考え方がある。通常の運営・維持費は新たな投資計画によって修正がくり返されることが多い。そうした費用には、パイプ、バルブ、水道メーター、業務用車両などの取り替え、ならびに使途が不明な水道使用量の削減のために使われる費用が含まれている。このように、適切な状態が保たれていない新システムの建設に、多額の投資が実施されている。劣化がつづくことによって、システムの効率の悪さは確実に進み、結果として管理の悪いシステムを修復するために新たな投資計画を実施しなければならなくなっている。これは資本の使い方が極めて非効率的であるばかりでなく、運転および保守の実施状態が十分でないために、システムの効率が運転開始の時点からすでに着実に下降を始めているということである。全行程を通じて、上下水道事業の利用者は満足なサービスを受けられないということになる。

■水道事業には人員過多のケースが多く見られる。しかも適切な訓練を受けていない職員を非効率的に使っている場合が極めて多い。たとえば、水道利用者1,000か所あたりの職員の数を見てみると、シンガポールのような管理が行き届いた事業ではわずか2人であるのに対し、天津では49.9人、ムンバイで33.3人、北京で27.2人、チェンナイで25.9人とその数は極めて高くなる。この数字が高いということは、そのまま効率の悪さを示している。一方、数値が極端に低い場合は、多くの業務を民間セクターに請け負わせているということが考えられる。

管理上の制約

　上下水道事業の実績があがらず、効率が悪いおもな理由の一つは、管理が十分にされていないことにある。不十分な管理を引き起こす要因として、次の二つがあげられる。
1. 安い給料
2. 管理実践と意思決定プロセスへの定期的な政治介入

　多くの都市圏において、公共事業は公的セクターに属している。したがって公務規定に従うこととなり、必然的に管理者の賃金率は行政の給与体系によって決定される。一方民間の賃金は公的セクターよりもはるかに高いため、聡明で能力のある管理者は総じて民間セクターの企業に行く傾向にある。さらに加えて、公的セクターには政治家からの日常的な介入が民間セクターと比べて極めて多い。職員の補強から時には日常的なあまり重要でない事項の決定にいたるまで絶え間なく政治介入が行われながら、資格も経験も乏しい管理者が、数百万ドルも費やした上下水道事業を効率良く運営できるはずがないということを、政治家ははっきりと認識すべきである。

　アジアの発展途上諸国における水道事業管理者の給料を調査したところ、その額に大きな幅があることが判明した。年収が1,000ドル以下のところがあるかと思えば、14万5,000ドルという高額のところもあった。香港、シンガポール、台北、クアラルンプールといった運営状態の良い都市水道事業では当然のこととも言えるが、高額の給料が支払われ、その結果、有能な管理者を引き寄せ、継続的に雇用できる傾向にある。

　さらに効率的な水道事業では、迅速で効率的な決定が行えるように、管理者に財政にかかわる自主性や権限を認めているところもある。たとえば、バンコク市水道局は、地域の証券市場で投資資金を調達する財政上の自治権を有している。そして、当局の全般的な業績が良好であることから、一般市民がこの債権の公募に応じている。同様に、シンガポール公共事業局も職員の雇用、財務、物品やサービスの調達に相当の自治権を有しており、しかも全体として市民からも政治家からも賛同を得られる明確な料金政策を立てているため、政治的介入をまったく受けることなしに効率的に事業の運営が遂行されている。

それと対照的なのがメキシコシティで、シンガポールと比較すると同市の状況は際立った相違がある。水道局長の地位は政治的に任命される官職で、市長が新しくなるたびに局長も入れ替わってきた。ちなみに、1997年までは、市長の任命を大統領が直接行っていた。水道局長の任命に際して優先的に考慮されるのは、専門的な知識や管理運営の能力ではなく、政党や既存の政治組織との政治的な結びつきであった。そして、局長のみならず水道事業の運営を行う上層部全体の人事も、市長が変わるたびに入れ替わりがあり、そのため長期的で首尾一貫した方針や計画を作成し、実施していくことが妨げられてきた。新しい局長というのはほぼ全般的に、たとえ前任者と同じ政党に属していようと、大幅な方針の変更が正当化されているものと思いこんでいる。そうした事情から急激な方針変更が常習的に繰り返されたとしたら、長期的な基盤に立った効率的な運営が阻まれることは明白であろう。

　1997年の秋に実施されたメキシコシティの最初の市長選では、水道料金が一つの争点となった。現行の水道料金では、資本費用はおろか、運営・維持費すらカバーできそうにない現状にあるにもかかわらず、当時、立候補者の1人として選挙に出馬した現在の市長は、その時点で実施されている料金では貧困層には支払いが不可能とみなし、料金の引きさげ案を掲げた。メキシコ人権委員会によると、貧困を極めている人びとは、家に水道が接続されておらず、販売業者から水を購入せざるをえないため、一定量の水に対して高級住宅街の住民の5倍もの料金を支払っているということであった。ところが、現市長はこうした事実をまったく無視した方針を打ち出していたのである。都市水道事業は、その管理運営に対する政治介入が大幅に減少しない限り、効率化を図ることは不可能と思われる。水道事業は、明確に規定された透明性のある指針にもとづいて、専門的に有能な管理者が運営していくことが必要であり、たとえ指針の制定は政治的プロセスを経ていようと、運営は専門家に任せるべきである。制定された指針を忠実に守って運営を行えば、日常の業務に対する政治的介入は少なくなるはずである。

　また、いくつかの主要都市では公共の給水栓が広く使用されているが、これも水道事業の運営にとって一つの問題であり、十分な管理が実施されていないことを示す良いバロメーターである。バンコク、クアラルンプール、シンガポールといった水道事業の管理運営がうまくいっているアジアの諸都市では、水道の普及率が100％であるため、公共の給水栓は存在しておらず、そのことは注目に値する。公共の給水栓の存在とい

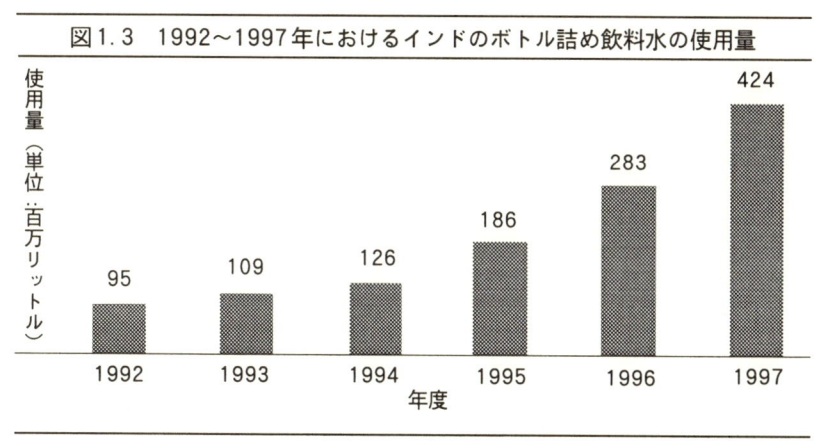

図1.3 1992～1997年におけるインドのボトル詰め飲料水の使用量

使用量（単位：百万リットル）

- 1992: 95
- 1993: 109
- 1994: 126
- 1995: 186
- 1996: 283
- 1997: 424

年度

出典：全インドボトル詰め飲料水製造協会

うのは、業務レベルが低く、水の浪費率が高いことを示していることが多々ある。それに加えて、そうした公共の給水栓からは料金を回収できないし、市当局としても市の税金から直接補助金を出すことに躊躇を示しているケースが多い。

環境および健康問題

　水質と健康は、効率的な都市上下水道事業の運営という問題において決して無視できない重要な要素である。

　発展途上国の大多数の中心都市において、市のシステムから給水された水をそのまま飲むことは、健康を脅かす相当なリスクを伴うこととなる。したがって、ごくあたりまえのこととして水道水を飲む前に煮沸することが多い。また、ここ最近、水用フィルターとボトル詰め飲料水の売上がねずみ算式に増大をつづけている。たとえば、インドでは1992年から1997年までの6年間という短期間に、ボトル詰め飲料水の売上がほぼ450％という驚異的伸びを記録した（上図1.3）。ボトル詰め飲料水の爆発的需要は、現在、ブラジル、インド、エジプト、メキシコといったすべての発展途上国共通の現象となっている。そうした需要を生み出した要因は、消費者のあいだで、公共事業が

供給する水は清潔ではなく、飲むと健康を害する危険が高いという強い懸念が広まったことに尽きる。そうした懸念はしかるべきものである場合がほとんどである。

消費者はボトル詰め飲料水を飲むのが習慣のようになってきており、その消費量はかつてないほどの伸びを見せているが、皮肉にも、そのボトル詰め飲料水の品質ですら適正とは思えないものが多々見られる。法的規制がなかったり、たとえ法的規制が存在していてもそれを施行する機構がなければ、品質管理はほとんどボトル詰め業者の手に委ねられているようなものなのである。しかもボトル詰め業者が実施している品質管理がかなりずさんであるとなると、消費者はお金を出してボトル詰め飲料水を買ったところで安全な水を手に入れることができないということになってしまうのである。

インドを例にとってみると、飲料水の基準は確かに存在するが、その基準を守るかどうかは自主性に委ねられている。また、ボトル詰め飲料水の製造工場の設立に関して明確な規定条件がないため、水源地や水を浄化するのに使用した技術工程やボトル詰めした飲料水の最終的な品質を提示することなく、自由に誰でも工場を建設できる状態にある。所轄官庁が定期的どころかまったく監視を行っていないため、さらにボトル詰め飲料水製造業者は野放し状態となっている。最近、インドの主要な週刊時事解説誌「India Today」(1997年12月22日号) が主要13銘柄のボトル詰め飲料水を対象に独自の調査を行ったところ、飲料水に関するあらゆる明細基準を満たしているのはわずか3銘柄のみであった。

考え方の変化

水道事業の管理者は、考え方をいくつか根本的に変える必要に迫られている。その中でぜひとも変えるべき2点についてのみ、ここで考察を行う。

第一にあげられるのが、都市水道事業に携わる多くの管理者は、十分な量の水が手に入らないのだから、毎日絶え間なく給水することは不可能であると考えている点である。しかしながら、次ページの表1.4に示した比較からも明白なように、綿密に調査を実施すれば、この考えは筋の通ったものとして通用する論理ではないことがわかる。なお、この表に使用された統計上の数値は、関連した市の事業体が提出したものである

表1.4 アジア諸都市の水道業務指数

	バンコク	北京	カルカッタ	デリー	香港	カラチ	クアラルンプール	マレ	ムンバイ	シンガポール
1人あたりの消費量（リットル/1日）	265	96	202	209	112	157	200	16	178	183
水道利用可能時間（時間）	24	24	10	3.5	24	1-4	24	24	5	24
使途不明水量（損失率%）	38	8	50	26	36	30	36	10	18	6
普及率（%）	82	100	66	86	100	70	100	100	100	100
生産費（US＄/m³）	0.173	0.061	0.011	0.037	0.580	0.042	0.131	2.646	0.052	0.309

ため、おそらく現実よりもかなり楽観的な数値が提示されていると思われる。

　前ページの表1.4で各都市の1人あたりの消費量を比較してみると、1日あたりバンコクでは265リットル、マレ（モルディブ共和国の首都）では16リットルと、両都市ともに24時間給水を実施しているにもかかわらず、消費量自体に大きな格差がある。一方、デリーは1日の1人あたりの消費量が209リットル、ムンバイは178リットルと比較的高い数値を示しているが、両市の1日の給水時間はわずか3.5時間から5時間である。このように給水時間が少ないのは、表向きの理由として水不足があげられているが、そうした考え方には明らかに根本的な間違いがある。

　こうした変則的事態は、管理者の考え方に原因があると思われる。デリーなどの諸市の管理者は、基本的な考えとして、十分な水が入手できないのだから「一部の住民にすべての水」を提供するよりは「全住民にいくらかの水」を提供する方が好ましいと基本的に考えているようである。しかし、実際にもし適切な管理が実践されれば、24時間体制で「全住民に水」を提供することは可能なはずである。

　断続的な給水が標準となっている都市の住民は、家に貯水タンクを備え、給水が行われるたびにそのタンクに水を満たすなどの準備をして、その状況に対応している。たとえば、カルカッタ郊外の上流階級の居住地区であるソルトレークでは、1日に4回、計5時間半の給水があるが、給水が再開されるたびに住民は貯水タンクが満杯になるように水を補給しているので、実際には各家庭では24時間絶え間なく給水されている状態となっている。しかも、多くの都市において、水道料金が極めて安いか、カルカッタなどではまったく料金がかからないため、貯水タンクから水が溢れているのはあたりまえの光景となっており、それが水の浪費を著しく増大させている。現在の実態から見て、断続的に給水を行っている場合、24時間連続して給水を行っている場合と比較して、より多くの水が浪費され、1人あたりの使用量も多くなる傾向にある。

　カルカッタ、デリー、カラチといった都市では、管理の実践に関して根本的に考え直せば、現在の給水量で24時間体制の給水制度を導入できることは明らかである。1日の1人あたりの給水量が100リットルを超えている場合、技術的見地からも経済的見地からも、都市圏に24時間体制の給水制度を実施できないわけはないのである。忘れてはならないのは、マレを一例として、1日の1人あたりの給水量がわずか16リットルであるのに、24時間給水をなんとか実施してきている都市もあるということである。

連続給水体制を準備することで、管理者に別の思惑が働くことも考えられる。過去の経験から見て、いったん給水を24時間体制ではなく、断続的な給水を行うという考えを受け入れた場合、給水時間は着実に減少しつづけるものである。それというのも、担当行政官の気に障るかもしれないむずかしい決定をするよりも、給水時間を削減していく方が楽な選択であると管理者が判断しているからである。

水道事業の管理者の考え方で、変えていかねばならない重要なものとして2番目にあげられるのは、システムからの現在の損失量を削減することよりも、新しい設備などを建設することに重きが置かれていることである。17の行政のアドバイザーを務める私の手もとに集められた情報によると、30〜40％の損失は、現在のところ、例外というよりむしろ標準的といえる。オアハカ、メキシコといった都市の損失高は60％にも達しており、まさに驚くべき状態である（Arreguín-Cortés, 1994）。

しかしながら、そうした損失を削減することに真剣に取り組もうとする姿勢は見られず、代替案として新たな水開発プロジェクトの建設が取り沙汰されることが多い。そして新しいプロジェクトにしても、完成すれば同じように非能率的な状況で運営される可能性が高いのである。技術的にも経済的にも、新たな水源を開発するより損失の削減を実施するほうが遥かに費用効率が良いにもかかわらず、水道事業管理者や政治家は損失の削減という選択肢にしかるべき関心を寄せないのである。なぜこうした不合理な状況が生まれるかということは、ほとんどの場合、下記にあげる3種類のグループに属している人たちが現在抱いている考え方や利益によって説明がつくであろう。

1. 政治家。政治家というのは概して、既存のシステムの効率を改善するよりも新しいプロジェクトの建設の方が支持票を獲得できると考えている。そのため、新しいプロジェクトの建設には莫大な予算を配分するが、システムを改善し、効率良く維持していくことに割り当てる予算は不足しているのが現状である。
2. エンジニア。エンジニアは新しいプロジェクトの建設には魅力を感じるが、既存のシステムの運用と維持はあまり有能でない人間に任せれば良いと考えている。
3. 請負業者およびコンサルティング会社。新しいプロジェクトの建設には多大な資金が必要であり、とくに既存のシステムの運用と維持に認められる予算と比較するとその額は著しく高額であるため、新しいプロジェクトが承認されるべく政治家お

よび水道事業管理者に対してロビー活動を懸命に行う。彼らは政党への最大の献金集団の一つでもある。

こうした考え方を変えることができない限り、ここ当分のあいだ、発展途上国の都市圏の住民に安全な飲料水と衛生設備の便宜を提供することはほとんど不可能といってよいだろう。しかしながら、システムからの損失をすべてなくそうとしても、それは実行不可能な選択であり、7〜12％の損失は（さまざまな要因が影響するため、都市によって状況もさまざまであり、数値にも幅が生じる）受け入れねばならないだろう。損失の削減をさらに進めようとすると、それにかかる費用がどんどん増大し、結果的に損失をなくして節約した水の費用よりも高くなってしまうことが考えられる。したがって、この範囲の損失は受け入れねばならないのである。ちなみに、イギリスとウェールズでは、給水事業はすべて民間セクターが実施しているが、システムの損失を15％以下に削減することに成功したところは一つもないことを付け加えておく。

結論

上述したさまざまな観点にもとづいて考察すると、発展途上国の都市圏の全住民に浄化水と衛生設備の便宜を提供することは21世紀の主要な課題の一つとなるであろうが、その課題はかつて経験したことがないほど広大で複雑であることは明らかである。国際フォーラムでは必ずといって良いほど一見説得力のある採択がなされるが、そのようなお決まりの美文ではこの複雑な難題を解決することはできないであろう。21世紀への準備段階において、私たちには二つの選択肢がある。一つは、これまで通り「旧来のやり方」をつづけるということである。このやり方では、不十分な給水と不適切な下水処理という負の遺産を未来の世代に遺すような状況を増長させるのみであろう。もう一つの選択肢は、政策決定の権限を持つ人間や水道事業管理者の考え方を変える努力を真剣につづけ、その変化を加速させ、次の世代の時代に都市住民全員が安全な飲料水や衛生設備を手に入れることができるようにするというものである。それを実現させることは、決して容易なことではないが、十分な政治的意思と適切なシステム管理があれば、実現は可能なはずである。ここでシェークスピアの諌めの一節が思い起こ

される。

「人間は、時として、自分の運命を意のままに支配することができる。ブルータス、私たちが劣った人間であるのは星回りのせいではなく、自分たち自身に責任があるのだ」

(杉山賢一素訳)

参考文献

Arreguín-Cortés F. I. 1994.
"Efficient Use of Water in Cities and Industry," in *Efficient Water Use*, edited by H. Garduño and F. Arreguín-Cortés, National Water Commission, Mexico, pp. 61-91.

Biswas, Asit K. 1997a.
Water Resources : *Environmental Planning, Management and Development*, McGraw-Hill, New York

Biswas, Asit K. 1997b.
"Development of a Framework for Water Quality Monitoring in Mexico,"*Water International*, Vol. 22, No. 3. pp. 179-185.

Biswas, Asit K. and Arar, Abdullah. 1988.
Treatment and Reuse of Wastewater, Butterworths, London.

Bos, E., Vu, M. T., Massiah, E., and Bulatao, R. A. 1994.
World Population Projections, 1994-95, published for the World Bank by Johns Hopkins University Press, Baltimore, MD.

India Today, 22 December 1997.
"Bottled Water : How Safe ?" pp. 64-68.

McIntosh, A. C. and Yñiguez, C. E. 1997.
Second Water Utilities Data Book: Asian and Pacific Region, Asian Development Bank, Manila.

Naranjo Pérez de León, María F. and Biswas, Asit K. 1997.
"Water, Wastewater and Environmental Security Problems : A Case

Study of Mexico and the Mezquital Valley," *Water International,* Vol. 22, No. 7. pp. 207-214.

Okunlola, P. 1996.

"Lagos under Stress," *The Courrier,* November-December, pp. 50-51.

United Nations, 1988.

Population Growth and Policies in Megacities: Karachi, Population Policy Paper No. 13, Department of International Economic and Social Affairs, United Nations, New York.

United Nations, 1997.

"Comprehensive Assessments of the Freshwater Resources of the World," Report of the Secretary-General, Committee on Sustainable Development, 5th Session, E/CN. 17/1997/9, United Nations, New York.

World Bank, 1992.

World Development Report, Oxford University Press, New York.

2 首都・東京の水管理

高橋　豊

東京の上水道の歴史

初期の給水システム

　16〜17世紀の時代、江戸の町は当時まだヨーロッパにも存在しなかったような総合的な給水システムをすでに備えていた。江戸の町は300年近く繁栄をつづけたが、給水システムはその繁栄の基盤の一つを担っていた。1590年、徳川家康は大久保藤五郎に給水システムの基本計画の作成を命じた。その基本計画にもとづいて神田上水の一部が完成し、つづいて江戸の町の西部を流れる多摩川を利用した、全長43kmの玉川上水が1654年に完成した。それによって、江戸の中心部およびその周辺に間断なく給水することが可能となった。この極めて優れた給水体制は、いわゆる古典的技術と称せられるものにもとづいており、ポンプに頼らず、重力による水の自然な流れを巧みに利用しており、殺菌は施されていなかった。東京の水事業に関するおおまかな年表を次ページの表2.1に掲載する。

近代的上水道の始まり

　開国とともに、日本政府は西ヨーロッパで開発された先進的上水道の技術を採り入れた。まず1887年初頭、大規模な外国人居留地のある横浜に、英国人ウィリアム・パ

表 2.1　東京の水事業史

1590	江戸幕府の創始者・徳川家康が大久保藤五郎に、調査と基本計画作成を命ずる。神田浄水の一部が完成
1654	玉川上水が完成
1898	淀橋浄水場が運転開始
1923	関東大震災により水道設備が著しく損傷
1924	境浄水場が運転開始
1926	金町浄水場の完成
1934	山口貯水池の完成
1938	小河内ダムの建設が開始
1945	第2次大戦中に設備が破壊
1957	小河内ダムの完成（多摩川水系）
1959	長沢浄水場が運転開始
1960	東村山浄水場が運転開始
1964	多摩川水系で深刻な水不足：配水が最大で50％制限される
1965	新宿副都心計画により、淀橋浄水場が閉鎖
1966	朝霞浄水場が運転を開始
1967	矢木沢ダムの完成（利根川水系）
1968	下久保ダムの完成（利根川水系）利根取水堰並びに武蔵水路の完成
1970	小作浄水場が運転を開始　多摩川浄水場からの取水を中止
1971	利根川河口堰の完成
1975	美園浄水場の運転開始
1976	草木ダムの完成（利根川水系）
1985	三郷浄水場の運転開始
1991	奈良俣ダムの完成（利根川水系）
1992	金町浄水場に高度浄水処理設備の第1段階が完成　多摩川冷水対策施設の完成

出典：東京都水道局（1994）

ルマー（William Palmer）の監督下に近代的上水道が建設された。つづいて1898年、淀橋浄水場が運転を開始した。運転開始当初は、8万人の住民に対し1日に給水できる

2 首都・東京の水管理

図2.1 1900～1995年における東京の水道業務の展開

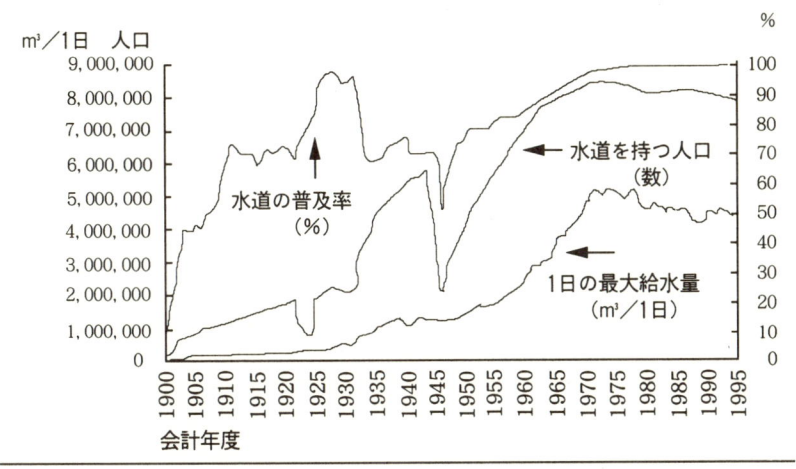

出典：東京都水道局（1994）

量は、わずか16万6,800㎥であったが、人口が増大し、飲料水の給水事業が拡大するのに伴い、上水道設備は拡大をつづけ、私企業や付近の市町村が運営するシステムを吸収していった。東京の給水事業の展開を図2.1に、1日あたりの平均給水量を次ページの図2.2に示す。

図中の数字から、給水システムが著しく拡大したことがわかるが、それは必ずしもスムーズな経過を辿ったわけではなく、1923年9月1日の関東大震災、第2次世界大戦といった大きな打撃がいくつかあった。なかでも終戦間近の空襲によって給水設備は大々的に破壊され、その復旧は遅々として進まなかった。加えて、1940年の多摩川における深刻な水不足、1947年のキャサリン台風による東京東部における洪水被害、1964年夏の多摩川上流域における降雨量の減少による深刻な水不足といった難事が、東京の給水事業を襲った。

1923年の大震災により壊滅状態となった給水設備の再建にあたっては、耐震構造を採用したばかりでなく、淀橋浄水場で使用されているポンプを蒸気式から電動式に変え、市外区域の再開発を目的とした区画整理を実施し、給水網のおおがかりな改良や拡

図2.2　1900年〜1995年における1日当りの平均給水量の増加推移

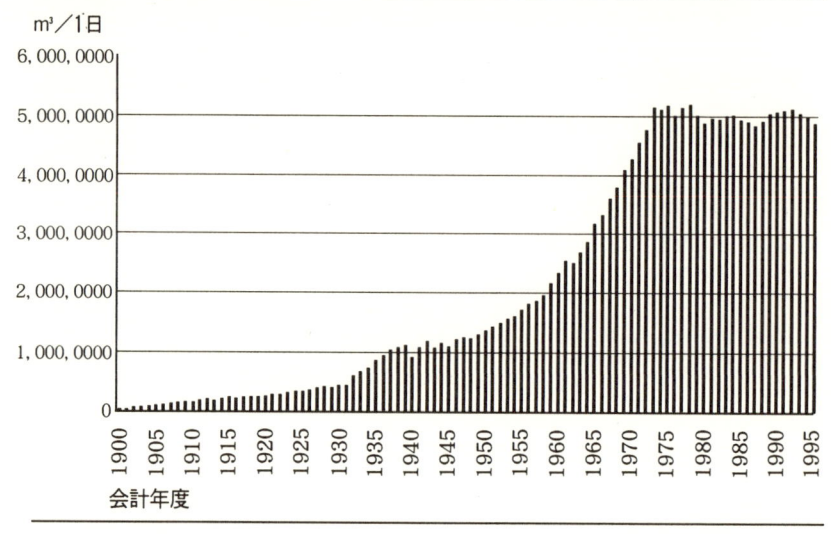

m³／1日

出典：東京都水道局（1994）

大に取り組むなど、新しい貯水システムの建設も組み入れた。1940年に多摩川で例年にない深刻な水不足が起き、その結果として給水源の強化が図られ、また新たな井戸の建設、そして近隣の水系が連結され、緊急給水対策が完璧に実施されるようになった。

小河内ダム計画

　人口の急速な増大に対応するための画期的な対策として、東京都水道局は小河内ダム計画の推進を決定した。小河内ダムの高さは149mあり、それは当時の給水専用ダムとして世界最大の高さであり、また当時の日本最高が小牧ダムの79mであったことを考えると、まさにエポック・メーキングといえる計画であった。小河内ダムによって生まれた貯水池（後に奥多摩湖と命名された）の貯水量は約1億8,000万m³であった。しかしながら、河川下流域の水利権を獲得するのに支障が生じたため、工事の開始は1938年まで延期された。その上、第2次世界大戦中は、労働力と資材の不足から工事を中断せざるをえなかった。

終戦を迎え、1948年に工事は再開され、1957年に完成した。そして直ちに東京の水道設備の給水能力は格段の飛躍をみた。この小河内ダム完成から1年も経ずして、相模川から東京に水を引く目的で、長沢浄水場が東京の隣県にあたる神奈川県の川崎市に完成し、東京への給水は1959年に開始された。また、1957年に水道法も制定され、給水事業の促進が、日本全国を通じ、重要な政策として位置付けられていった。

戦争による損傷と漏水の増大

第2次世界大戦は小河内ダムの建設を中断させたばかりでなく、水道設備に多大な損害を与えた。1944年になると、日本全国どこの都市も空襲が一段と激しさを増したが、とりわけ東京は集中的な空襲が繰り返され、水道施設は完全に破壊された。終戦を迎えた1945年8月から、戦争によって損傷を受けた水道設備の再建が開始された。東京の水道管は、戦争によって多大な損傷を被り、その後のメンテナンスも不十分であったため、漏水が相当量にのぼっており、漏水箇所の修理は重大な課題であった。

1915年以降の漏水率の変遷を次ページの表2.2に掲載したが、1930年以降20％あまりだった漏水率が、終戦を迎えた1945年には一挙にほぼ80％に跳ねあがった。1946年までに、なんとか68％までに減少させたものの、当時の給水システムは冗談で「ざる型給水設備」と言われていた。漏水箇所を検出し、問題に対処するために都庁は専門家を登用し、1955年には漏水率を22％に減少させるところまでにこぎつけた。しかし、この22％という率もまだ満足できる数字ではなく、引きつづき努力を重ね、その結果、漏水率は1993年には10.6％にまで低下した。しかしながら、1993年の年間配水量は17億m^{3}であったので、10.6％の漏水があるということは、年間で1億7,000万、すなわち小河内ダムの総貯水量と同量の水が漏出していることになる。しかも漏れ箇所のほとんどが水道本管ではなく、膨大な数の末端の配水管にあったため、位置を確認し、問題に対処するのが容易ではなく、時間と労力を要した。漏水率を10％に下げるのには長い歳月がかかったが、今後も絶え間ない努力を継続する必要がある。

1964年の深刻な水不足

小河内ダムが完成した1957年ごろから、東京の人口は急激に増加した。それは折しも、都市への人口集中時代から高度経済成長の時代に移行する時期にあたっていた。

表2.2　1915年〜1995年における東京の水漏れ率の推移

年	率（％）
1915	12.3
1930	21.2
1935	25.8
1945	80.0
1946	68.0
1950	30.0
1955	22.0
1960	22.0
1965	19.2
1970	17.3
1975	16.9
1980	15.6
1985	14.7
1990	12.2
1995	9.9

出典：東京都水道局（1950〜1995）；東京における水道事業に関する年次報告、東京都庁

　人口の増加と生活水準の向上によって、結果として、必然的に飲料水の消費も都市のさまざまな活動に使用される水量もともに増大するという事態が招来した。そのため、東京の水道による水供給の年間増加量は約30万m^3に達した。

　上水道の需要量が急速に増大している最中の1963年から1964年にかけて、小河内ダムの上流域にあたる多摩川の上部流域で、降雨がほとんどないに等しい水不足の状態が生じた。とりわけ、雨期にあたる1964年の5月から6月の降水量は極端に少なかった。当時の東京の水源は、小河内ダムを含む多摩川水系（約60％）、江戸川（約20％）、相模川（約10％）、地下水およびその他の水源（約10％）から構成されていた。矢木沢ダムなどの利根川上流域沿いのダムは当時はまだ建設中であったり、計画の段階であったため、東京都民に水を供給する上水道システムにこの地域からの水を使用することは不可能であった。多摩川水系上流域における降水量の不足は1964年の8月20日までつづき、最大時で1億8,000万m^3を誇る小河内ダムの貯水量は200万m^3にま

で落ち込んだ。これは東京の水供給にとって、決定的な打撃であった。東京都水道局は、水使用に厳しい規制を設けざるを得ず、東京の山間地域では1日中水なしの生活を余儀なくされた。自衛隊の給水タンカーが連日のように出動し、市民は配給される水をもらうために長蛇の列にバケツを持って並ぶという日々がつづいた。

折しも当時、1964年10月10日に開会するアジアで最初の東京オリンピック開催に向けて、ホテル、首都高速、東海道新幹線、地下鉄などの建設ラッシュがつづいており、その建設現場や新たに建設されたホテルも、この水不足に悩まされた。

利根川上流のダムの建設工事がまだ完成していなかったため、武蔵水路（利根川と荒川を結ぶ人工水路）の建設日程が予定より早められた。東京に送水する総合給水システムの一部としてのこの水路によって、8月20日までに当面の一時的給水を実施することに成功した。さらに幸運なことに、8月の下旬には多摩川上流域でこの時期として正常な降雨がみられ、水の使用に対する制限も徐々に解除される方向に向かった。そして、東京オリンピックは水に関してはなんの不安もなしに開催されるにいたった。

利根川上流域の水源開発

東京への給水を目的とした利根川上流の水源の開発が1926年に東京都議会に提案され、1936年に具体的な議論がスタートした。しかし、実際に計画が実行されたのは第2次世界大戦の終戦を待ってからのことであった。1963年3月、利根川から東京に送水する計画が国会において「利根川水系水資源開発基本計画」として承認された。この計画にもとづき、水源開発は国家水源開発計画の一端となり、そのプロジェクトの多くは1962年に設立された水資源開発公団によって遂行された。東京都庁は、工業用水も含めた水を多目的ダムという手段で給水するための費用に対して、部分的な財政責任を担うこととなった。前述した1964年の東京の深刻な水不足の期間中に、緊急対策として秋ヶ瀬取水堰と朝霞水路が建設された。加えて、武蔵水路も公団の手で建設された。このような対策により、利根川の上流にダムが完成するまで、予備の水量さえあれば利根川水系から取水することが可能となった。利根川上流域の水は、武蔵水路を通って、利根大堰を経由して、荒川へと流れ込み、朝霞浄水場で浄化され、その水を導水管で東京に送るように計画された。朝霞浄水場は1966年に完成した（その前年の1965年、東京の最大の浄水施設として重要な役割を果たしてきた淀橋浄水場が撤収さ

れた。その跡地は、新宿副都心計画の開発に利用され、東京都庁、ホテル、オフィスなどの高層ビル街へと変貌した)。

朝霞浄水場 (90万m^3／1日) と東村山浄水場 (30万m^3／1日) が建設されてから、東京への給水量は1日あたり120万m^3にまで増大した。利根川上流の矢木沢ダムが1967年8月に、利根川支流にある下久保ダムが1968年11月に完成したのをもって、1968年には計画されたすべての建設工事が完了した。その結果、東京への給水量は劇的に増大した。さらに、利根川水源開発プロジェクトの各計画が一つづつ完成し、1965年からは給水事業を東京の都心部だけではなく多摩地域にまで拡大することとなった。利根川河口堰の工事が1971年に終了し、渡良瀬川や鬼怒川など流域のダム建設と朝霞浄水場の拡張工事が1960年代から70年代にかけて実施された。

しかしながら、1970年代以降、ダムの建設予定地の同意を得ることが次第にむずかしくなっていき、将来的に水の需要と供給とのバランスをとるのに問題が生じることが予想されている。東京都水道局は1973年に「節水に関する声明」と題した公式声明を発表し、初めて水の需要の管理と節水の必要性を都民に訴えた。それと時をほぼ同じくして、政府も「節水を意識した社会」にしようということを提案し始めた。さらに、1973年河川上流の貯水地域における困難な状況に対処するための法案「貯水地域特別措置法案」が国会で可決された。補償金によってすべてを解決しようとするタイプとは異なる対策を打ち出すことによって、大きな前進がみられ、それはダム建設政策の歴史における一つの転換期となった。

ダム建設に対する批判は、上流域の貯水地域に対する対策が不十分であったことに端を発している。結果として、ダム建設が環境に及ぼす影響が考慮され、環境対策費が上乗せられるようになってきた。そうした状況により、建設費は一挙に跳ねあがった。八ツ場ダムおよび利根川の支流である吾妻川沿いのいくつかのダムは、すでに政府の建設予定リストに載っていたが、可能性のあるダム予定地は一般的に減少しつつあり、ダムだけに頼るやり方では、東京に給水するための水源を将来的に確保することが次第にむずかしくなってきている。

東京の水道事業はほぼ100年に渡って数々の複雑な難問を経験しながらも、その役割を十分に果たしてきたといえる。だが、現在、取水地点における水質汚染などの環境問題、住民へのサービスの向上、地震対策など新たな問題が浮上してきている。

現状

一般的考察

　東京の水道事業は、1,200万人の人口を抱える近代的大都市・東京をささえる巨大で複雑なシステムとなっている。この章では現状の概要を示し、日本のほかの諸都市や世界のいくつかの主要都市との比較を試みる予定である。

　現在、東京の水道に水を提供する水源は、利根川水系（80.2％）、多摩川水系（16.7％）、相模川（2.9％）の三つの主要水系と、わずかながら地下水（残りの0.2％）に頼っている。この水源に関して、浄水場に関連した分類を次ページの表2.3に示した。利根川水系に関連したダムと浄水場の多くは、1960年代の後半以降に完成したもので、東京都民が必要とする水のほとんどを賄っている。

　給水に使用されている多摩川水系と利根川水系のダムを51ページの表2.4に列挙した。多摩川水系には小河内ダムのほかに三つの貯水池があり、それは1920年代と30年代に建設されたものである。その貯水池は多摩川水系の取水堰からの水を取水して短期間貯水し、東村山との境にある浄水場に送水している。1996年の時点で、主配水管の長さは2,009km、細管は1万9,887km、併せた全長は2万1,896kmであった（52ページの表2.5を参照）。

　現在の浄水場の重要な課題の一つは、給水源がいかに汚染されていようと、安全で味の良い水を産出しなければならないことである。とくに、江戸川からの水を処理する金町浄水場は、従来の急速ろ過システムではもはや安全で味覚の点でも問題のない水を供給することができなくなってきていた。1972年ごろを境に、かび臭さが目立ち始め、粉末の活性炭によるろ過を開始したが、満足のいく結果は得られなかった。そのため、オゾン、生化学、活性炭による処理を組み合わせた高度浄水処理システムが導入されるようになった。このシステムの処理能力は52万m³で、この浄水場における1日の総処理能力160万m³の約1/3である。やはり江戸川から取水している三郷浄水場においても1994年に類似の問題が発生し、その問題に対処する目的で、かび臭さと白濁の原因となるアンモニア基窒素ガスを取り除くために金町浄水場と同じ高度浄水処理システムを目下建設中である。

表 2.3　東京への給水のための浄水場

水源	浄水場	容量 ($10^3 m^3$/1日)	占有率 (%) 各プラント	占有率 (%) システム	処理方法	完成年代
利根川水系	金町	1,600.0	23.0		急速ろ過法 部分的高度浄水処理	1926
	三郷	1,100.0	15.8	80.2	急速ろ過法	1985
	朝霞	1,700.0	24.4		急速ろ過法	1966
	美園	300.0	4.3		急速ろ過法	1975
	東村山	880.0 385.0	18.2		急速ろ過法 急速ろ過法	1960
多摩川水系	小作	280.0	4.0		急速ろ過法	1969
	境	315.0	4.5	16.7	緩速ろ過法	1923
	砧－上	114.5	1.7		緩速ろ過法	1928
	砧－下	70.0	1.0		緩速ろ過法	1922
	多摩川*	(152.5)	—		急速ろ過法 緩速ろ過法	1917
相模川水系	長沢	200.0	2.9	2.9	急速ろ過法	1959
地下水	杉並	15.0	0.2	0.2	塩素付与	1932
合計		6,959.5	100.0	100.0		

出典：東京都水道局 (1994)

＊多摩川の水質汚染により、多摩川浄水場での生成は中止されている

表2.4 多摩川水系と利根川水系のダム

名称	有効容量 (10^3 m³)	集水区域 (km²)	ダム 型	高さ (m)	長さ (m)	完成年代
村山上貯水池	2,983	1.3	遮水壁のあるアースダム	24	318	1924
村山下貯水池	11,843	2.0	遮水壁のあるアースダム	33	587	1927
山口貯水池	19,528	7.2	遮水壁のあるアースダム	35	691	1934
小河内貯水池	185,400	262.9	非越流直線コンクリートダム	149	353	1957
藤原ダム	35,890	233.6	重力式ダム	95	230	1957
相俣ダム	20,000	110.8	重力式ダム	67	80	1959
薗原ダム	14,140	439.9	重力式ダム	77	128	1965
矢木沢ダム	175,800	167.4	アーチンダム	131	352	1967
下久保ダム	120,000	322.9	重力式ダム	129	303	1968
草木ダム	50,500	254.0	重力式ダム	140	405	1976
渡良瀬貯水池	26,400	—	ピット(窪み)式貯水池	—	—	1989
奈良俣ダム	85,000	95.4	ロックフィル	158	520	1991

出典：東京都水道局 (1994)

表2.5　1984/5年から1993/4年までの期間における東京の水道業務特性

	1984/5	1987/8	1990/1	1993/4
水道の便宜を持つ人口（1,000人）	10,919	11,019	10,973	10,928
水道普及率（％）	99.7	99.9	100	100
配管の長さ（km）	19,280	20,164	20,884	21,484
施設の容量（$10^3 m^3$/1日）	6,079	6,629	6,629	6,959
年間総給水量（$10^6 m^3$）	1,743	1,696	1,773	1,763
1日の最大給水量（$10^3 m^3$）	5,777	5,485	5,955	5,737
1日の平均給水量（$10^3 m^3$）	4,775	4,634	4,858	4,830

出典：東京都水道局（1994）

　河川の汚染が進んだため、高度浄水技術が求められるようになり、その結果、浄水にかかる費用が増大した。大阪の水道事業においても、水源にあたる琵琶湖と淀川の汚染が深刻化しており、同様の問題が発生している。

　社会環境の変化に適切に対応し、多様化している要求に迅速に取り組むため、新しいテクノロジーの開発が進められている。現時点でもっとも重要と思われるのは下記の領域である。

■浄水技術の開発。
■送水および配水システムの改善。
■直接給水システムの改良。
■漏水防止技術の改善。
■資源およびエネルギーの有効利用。

工業用水

　高度経済成長期に入ると、工業用水の需要が急速に増加し、東京では工業用水専用の供給が開始された。江東区では1964年に、城北地区では1971年に工業用給水がスタートしたが、その東京東部地域では地下水の過度の汲みあげによる地盤沈下の問題が深刻化していった。地下水の汲みあげを中止させるために、代替として工業用水専

用の水道が建設された。こうした対策は1975年以降に実施に移されたが、そのように対策を講じたことが東京東部地域の地盤沈下が収まった原因の一つであるとみなされている。

しかしながら、工場の移転や節水政策などによって、1974年以降、工業用水の需要は減少しており、工業用水の一部は焼却炉、洗車、水洗トイレに使われるようになり、用途の転換を余儀なくされた。それでもなお、工業用水は供給過多の状態にあり、工業用水産業の収支は赤字状態がつづいている。老朽化した施設の問題もあり、事業構造を完全に見直すことが迫られている。

処理済下水の利用

水需要の増大に比例して、下水の量も増大する。日本の下水システムの普及率は1995年の時点で50％であり、下水に関する限り日本はまだ発展途上国であるといえる。しかしながら、東京都区内に限った場合、現在の普及率は100％である。

処理済下水は、飲料水を除き、水洗トイレも含めさまざまな用途に使用されはじめている。それに加えて、江戸時代に構築された玉川上水と野火止上水が平常時ですら枯渇してきているのに対処する目的でも、処理済下水が使用されている。多摩川の上流域にある下水処理浄水場から、毎日約4万3,000㎥の水が、玉川上水には1986年から、野火止上水には1985年から送水されるようになった。また、かつて淀橋浄水場があった新宿副都心に、1984年以降、落合処理場から最大で1日8,000㎥の処理済下水が送水されている。

それに加えて1995年からは、平常時ですら流量が著しく減少している渋谷川、目黒川、呑川に1㎥／1秒の割合で処理済下水が補給されている。

平常時にこうした河川の流量が減少した最大の原因は、下水システムが拡充したことであるとされている。東京の下水システムは、1時間に50mmを越す大雨に対処できるように設計されており、その結果、ほとんどの雨水は下水システムを通って排水され、大雨の時ですら小さい河川による排水は必要なくなってきている。換言すると、地表を流れていた水が地下の流水へと変わっていったのである。

下水システムの拡充が原因で排水量が著しく減少した河川に、環境バランスを保つために下水処理場から処理済下水を還流させるというのは、なんとも皮肉な話である。

下水システムの使用を中止することによって小さな河川を生き返らせたという例が、ヨーロッパのいくつかの都市で見られる。下水システムは近代化の象徴であったが、もはやそうとばかりも言えないようである。水量が本来の量より著しく減少した河川に処理済の下水を流入させるという新たな対策は、21世紀の文明とはなんぞやということに関する見解にも影響を及ぼすことであろう。

「節水型都市づくり」に向けて

　1973年のオイルショックは、全世界に経済混乱を引き起こした。日本も例外でなく深刻な影響を受け、それ以来、国策として省エネ政策をとっている。

　1973年1月、水の需要と供給のバランスを図り、それを管理するために、東京都水道局は全国に先駆けて「水道需要を抑制する施策」を公式に発表した。当時、東京の水需要量が増加しているにもかかわらず、ダム建設に反対する市民運動の影響を受けて、水源開発は計画通りには進展していなかった。そのため、将来的に給水量の不足が生じることが予想された。

　住民の水道需要が恒常的に増大していることに伴い、80年間にわたって水道局は水源開発プロジェクトを立案し、遂行してきた。したがって都水道局が打ち出した新たな「水道需要を抑制する施策」は、東京の水道需要計画における重大な転換点であった。さらに、日本では飲料水の供給は各都市が管轄する独立した事業であり、需要量を管理することは収益の減少を意味することを考え合わせると、この新方針は都水道局における劇的な方針変換であったといえる。

　東京都水道局の公式発表とほぼ同時に、政府の水行政担当部門が「節水型社会」を提案した。水の消費量が高い東京など諸都市が節水を重視した政策をとったことにより、その影響で、その政策は日本全国に広まった。

　1987年、同年の深刻な水不足の教訓を生かすべく、「節水型都市づくりを考える懇談会」が東京都水道局の中に設立された。この委員会の報告書では、従来の水保全システムを強化し、水を再利用する考え方を普及させることによって、節水の必要性を自覚した都市社会をつくる必要があると明言している。その後、水道局は日常生活における住民の節水意識を促すべく、PR活動を積極的に促進してきた。また、製造業者に対しても水を節約できる蛇口、トイレ、洗濯機などを開発するように要請を行ってきた。

効率的な水利用の促進に関しては、1984年以降、個々の建物や地区ごと、あるいは広い地域で水の再利用が実施され、処理済下水と工業用水が水源として利用され始めた。

水道局は漏水防止対策の一環として、地表での水漏れが発見された場合には、その日のうちに修理作業を実施することを規則として定めた。また、地下で漏水が起きた場合、最小流量測定法によって予想される漏れ水量を判定し、電子漏水検知機や相関式漏水検知機などを用いて水漏れ箇所の所在を検出することを実施した（作業はすべて夜間に実施された）。その結果、1977年には漏水率は16.1％に、1995年には10％以下にまで減少した（46ページに呈示した表2.2に示す通りである）。目標は21世紀初頭までに7％にまで減少させることである。水漏れを防止するため、現在では配水管の材料として延性金属とステンレス鋼が使用されている。

日本ならびに世界の諸都市と比較した東京の水道事業

日本の首都・東京は日本最大の都市である。面積にして2,183k㎡、日本の総面積の0.6％を占め、人口は1,200万人近くで、総人口の9.5％に及んでいる。人口密度は1k㎡あたり5,500人で、全国平均の17倍にも達している。

水道の利用者数、設備能力、配水量に関して、東京と日本の他の主要都市との比較を次ページの表2.6に呈示した。また、世界の主要都市における1人あたりの1日の最大水消費量を57ページの表2.7に呈示したが、その表で比較してみると、米国のデトロイトの給水量は抜きん出て高いが、東京より消費量が少ない都市も少なくない。これは、各市の水利用に対する姿勢と習慣の違いが映し出された結果である。とはいえ、深刻な環境問題に直面している現在、各市ともに節水を図る努力をするべきである。

将来の展望

給水事業の新たなる目標

100年前、東京に近代的な水道事業が開始され、以来、水源を確保し、設備を維持するために多大な努力が払われてきた。その努力は、ともかくやっと実を結んだ。しか

表2.6 1994年の日本の主要都市における水道事業の特性

都市	水道の便宜のある人口 (1,000人)	1人あたりの1日の平均給水量 (リットル)	1人あたりの1日の最大給水量 (リットル)	給水施設の容量 (1000 m³/1日)	水道料金 (円/1000 m³)	配管の長さ (km)
札幌	1,706	314	381	785	1,194	4,826
仙台	922	382	460	463	1,266	2,824
川崎	1,193	437	509	1,026	587	2,135
横浜	3,310	399	486	1,780	587	8,406
名古屋	2,146	386	478	1,424	570	4,990
京都	1,426	485	619	980	700	3,598
大阪	2,603	580	729	2,430	772	4,993
神戸	1,504	415	503	833	762	4,172
広島	1,091	382	490	644	576	3,627
北九州	1,018	360	441	710	751	3,544
福岡	1,214	296	386	705	927	3,372
東京	10,928	430	513	6,960	791	21,484

出典：東京都水道局（1994）

表2.7 世界諸都市の水道事業の特性

都市	水道の便宜のある人口(1,000人)	配管の長さ(km)	水道の便宜を持つ住民1000人あたりの配管の長さ(km)	1人あたりの1日の最大給水量(リットル)
バンコク	4,800	8,086	1.7	479
シンガポール	2,558	3,905	1.5	250
ケープタウン	2,200	3,094	1.4	426
ローマ	2,830	4,810	1.7	636
ウィーン	1,470	2,950	2.0	393
ジュネーブ	304	911	3.0	829
ロッテルダム	1,100	2,700	2.5	－
デトロイト	3,469	5,517	1.6	1,764
東京	10,928	21,484	2.0	513

出典：東京都水道局（1994）

し今日ではもはや、水道にかかわる問題は、必要な水量を確保するだけにはとどまらず、一連の新たな問題が浮上してきている。そうした問題に対処するため、東京都水道局は1997年、次の四半世紀に向けた7項目の重要な目標を提案した。

水不足に強い上水道

近年、1964年夏のような深刻な水不足は起きていない。しかしながら、降水量が少なく、水の使用に制限が課される事態が数年おきに発生している。水はさまざまな分野で使用されているため、給水制限が市民生活や活動に及ぼす影響は極めて重大である。

日本の水道事業が目指す目標は、ほぼ10年ごとに起きる深刻な水不足の時にも安定した給水を行うことである。しかし、東京の水道事業はまだその域に達していない。米国のサンフランシスコとニューヨークの水道事業は、歴史的に最大級の水不足が起きても、それに耐えうるように設計されており、ロンドンでは50年に1度という深刻な水不足にも耐えうるように考案されている。東京の水道に使われる利根川水系と多摩川水系の貯水池が保有する1人あたりの貯水量はわずか30㎥であるのに対し、サン

フランシスコでは1人あたり520㎥、ニューヨークは280㎥となっている。また、パリは90㎥、ロンドンは35㎥であり、決して高い数値ではないが、パリの水源であるセーヌ川、ロンドンの水源であるテムズ川は流量の変動が極めて少なく、そのため安定した給水を行うことが可能なのである。しかし、東京の水道は1人あたりの貯水量は極めて乏しく、給水の余裕度は決して高いとはいえない。したがって、水不足に強い水道事業のシステムを確立することは重要課題である。

安定した給水を行える水道

　水質に関連した災害が近年多発しており、1995年だけを例にとっても299件に及んでいる。水質汚染災害のほぼ60％は、油が原因である。この問題に対処するため、関連行政機関が開催した会議を経て、緊急連絡と情報収集のための専用チャンネルが通信網に確立された。

　水道設備、とくに浄水施設に関連した災害には、有毒の油による水源の汚染、施設の老朽化、落雷や降雪による電気系統の故障などが含まれる。水道管に関する事故としては、交通機関による振動、導管の老朽化、土壌浸食による亀裂、道路工事やガス管工事などの土木工事による損傷などがあげられる。

　水質や水道設備にかかわる事故が発生したときにも、安定した給水を確実に実施できるシステムを確立していかねばならない。

大震災への備え

　1995年1月に勃発した阪神淡路大震災は、関東首都圏を直下型地震が襲った場合の先例として生かすべきである。大地震に襲われた場合、東京の老朽化した水道管が壊滅状態になるであろうことは明白である。阪神淡路大震災以降、東京都水道局は地震の衝撃に耐えうる貯水池、取水設備、浄化設備、送水設備、配水設備の強化を進めてきた。また、緊急事態発生時の飲料水を確保するために、2kmごとに貯水基地を配置することを計画している。この目的のために、既存の浄水場や給水施設は貯水基地として使用されることになるだろう。給水所として、すでに緊急用水タンクが、たとえば東京都区内には45基、多摩地区には7基が設置されている。各タンクは1,500㎥が貯水されており、避難場所に指定されている公園に設置されている。東京都内には169の

緊急給水所があり、常時貯水されている飲料水の総量は91万m³で、1,200万人の東京都民1人が1日に3リットルを消費した場合の3週間分の水量に相当する。
　地震災害時に起こりうる最悪の事態を想定して、飲料水と消火用水を確保する手段を確立していかねばならない。

水質の維持
　東京の将来の水管理という観点から見て、水質を維持する対策を真剣に考える必要がある。金町浄水場で開始された高度浄水処理システムは、水源汚染に対処するための一時的な対策と考えるのではなく、危険性のある新しい化学物質が数多く開発されている現在、先駆的な例として有効に生かすべきである。

公正で効率的な給水
　平常時においても、災害時や水不足の時においても、水道事業が目指すのは利用者に公正かつ効率的に給水業務を提供することである。そうしたシステムを確立する手段を求めていかねばならない。

環境を考慮した水道設備
　浄水処理、給水業務やその施設の運転などあらゆる段階で、省エネ、効率的なエネルギー使用、資源のリサイクルを考慮して水道設備を設計していくべきである。

利用者の立場に立った水道事業
　利用者が平穏な日常生活を送れるようにするには、利用者からの情報の収集を行うとともに、利用者に情報を提供するという相互情報システムを奨励していくべきである。水道事業が利用者にとって親しみがあり、わかりやすいものであるということは重要なことである

将来の水源政策
　水源開発に関する従来の概念は、ダムや河口堰の建設を含む河川開発によって新たな水源をつくり出すことに限られてきた。現在およびこの先しばらくも、こうした従

来の河川開発は、水源開発の主要なテクノロジーとして続行されるであろう。しかし、河川開発のみに依存するのではなく、さまざまな開発技術を組み合わせて、水の需要と供給のバランスをとる必要に迫られている。

水という資源が循環する資源であることを考えると、循環のあらゆる段階で水を資源として考えるべきである。つまり、水源は河川、湖、池、地下水の水に限るのでなく、雨水や処理済下水からの水などあらゆる形態を含めて考えていくべきである。

ビル内での使用や環境用途として処理済下水を利用するということは、東京でもすでに小規模ながら実施されているが、さらに一歩踏み込んで将来の水源政策の長期的構想における重要なステップとして考えていくべきである。処理済下水の利用は、コスト、管理問題、法律の制定など解決すべき問題は山積みであるが、21世紀の実現すべきもっとも重要な課題として取り組んでいく必要がある。この目標を達成するには、いくつかの地域ではすでに実践しているが、処理済下水を河川上流域に還流させる、必要とする場所どこにでも地下の導管を通して送水する、といったさまざまな方法が存在する。

処理済下水の使用は、たとえばそれによって水需要の増大に適応することが可能となるとか、処理済下水は水を消費する場所の近くで産出されるなど、多くの利点がある。また、処理済下水の利用は、水再利用率をアップさせる有効な方法でもあり、効率的な水利用という最終目標の実現にも大きく貢献している。

一方、海水の淡水化に関して言えば、淡水設備の建設費と運転費が極めて高く、設備におけるエネルギー消費量も相当量に達する。しかも、東京の場合、きれいな海水を取水するには東京湾に長大なパイプを設置しなければならないだろう。こうしたさまざまな問題から、当面は海水の淡水化という構想は実現不可能とされている。

従来の河川計画による水源開発は、東京のような大都市では限界に達しているといえる。ダム用地は消費地からどんどん離れていく傾向にあり、またダム開発が自然環境ならびに社会環境に及ぼす影響を厳しく監視する必要もある。そのため、環境問題に取り組むための対策費が発生し、それによってダム建設費が跳ねあがるという結果が生じている。

利用者が節水意識を持つように促進することは、将来の水源政策において重要な位置を占めることになるだろう。水源開発が高額の費用を必要とし、むずかしい局面を

迎えていることから、水需要の増大を抑制することは死活問題である。この目標を達成するため、水が貴重な資源であり、節約して使用しなければならないという事実を利用者に認識させることが必要である。節水装置の使用を広め、広報活動を強化することが求められている。そうした努力は、水源地域に限るのではなく、地球環境の悪化に対処するために基本的かつ必須の対策として広く実施していくべきである。

水循環と都市文明

急速な都市化と水循環の変化

　都市化は水循環に影響を及ぼす。前述したように、下水道システムの拡充によって、河川水量が減少し、その結果、河川や水路の環境悪化が引き起こされた。また、道路が舗装され、農地が宅地に変貌したことも、水循環に変化をもたらす原因となっている。

　東京の都市化現象は1950年代に始まり、人口は1950年代の後半から1960年代にかけて急速に増加し、現在は1,200万人を抱え、「巨大都市」の名をほしいままにしている。そのように急速な都市化現象は、東京の水環境に大きな変化をもたらし、新たな洪水災害を引き起こす原因となった。1958年9月26日に襲来した狩野川台風は、1日に392mmという1875年以来最高の記録的大雨を降らせ、東京西部の新興住宅地に大きな洪水災害をもたらした。その後、降雨による被害は新たな宅地開発と平行して増大していった。そのおもな原因は、大雨が降っているあいだの水循環に変化が生じたことにある。

　東京の都市化に付随して、住民は高い生活水準を求めるようになり、それは河川や水循環に多大な負担をもたらすという結果を招いた。そうした負担には、水管理、水利用、環境、景観に対するものが含まれている。水災害に対する防止策として河川改良工事が実施され、堤防は以前より高くなり、河川や小川沿いの景観が損なわれた。また、河川付近への交通の便を良くするために高速道路が建設され、それによっても河川沿いの景色は損なわれてきている。

　東京では、河川および水循環を復元するためのプロジェクトが近年になってようやく着手され、目下進行中である。そのプロジェクトには、浄水場の高度浄水処理システ

ム、河川への処理済下水の放流、高層ビルにおける処理済下水の利用、都市再開発工事の奨励、東京を象徴する川ともいえる隅田川沿いの大堤防の開発における河川改良工事などが含まれている。

水再利用の理念

　都市開発は都市生活の利便性と経済効率に大きく寄与したが、同時に東京の水循環の性質を変貌させた。その結果、1985年以後、都民は新しいタイプの洪水災害を受けたり、水位の低下、都市の気温管理力の低下、近年とみに加速してきたヒート・アイランド現象といった問題に悩まされるようになった。東京の水道事業は、増大する水需要を満たすことに躍起になり、ダム建設という手段で水源の開発を行ってきた。しかし昨今、従来の計画案に縛られない、21世紀にふさわしい構想にもとづいた新技術が将来の水管理に向けて求められている。

　それは、再利用という理念の具現化といえるであろう。資源の再利用という観点からすると、天然資源である水には再利用という特性が本来備わっている。1980年代の後半に始まった処理済下水の河川への再投入やビル内での利用は、たとえ限られた範囲であるにせよ、技術進歩の歴史という観点から見て、水再利用策の先駆けとして認識すべきである。

　将来の東京において処理済下水の利用は増大していくことが予測されており、それに取り組むために、新技術を開発していかねばならない。この目標を達成するためには、受容しうる水質の水を低価格で提供することが重要となる。処理済下水の産出を管理する機関、ならびに水道事業や河川の管理機関、それに処理済下水の使用が予想される環境の関連機関は、相互に関係しあっている。水の再利用という理念を具体化するためには、包括的な管理運営が必須である。それを学問的に達成するには、複数の専門にまたがった学問分野の開発と分野間の協力が必要である。現時点では、処理済下水は処理施設から地下を通ってビル、河川、水路に送水されている。しかしながら将来に向けて、浄水場に水を提供している河川の上流域に処理済下水を戻すための数多くのテクノロジーの研究も同時に進められている。

　そうした状況において、処理済下水の利用は水源開発の一環として認識されねばならない。将来において大都市用の水源開発は、ダム、処理済下水の利用、墨田区ですで

に実施されているような雨水の利用、既存の水利権の転換などを組み合わせて多様に進めていく必要がある。開発計画の立案者と執行者は、再利用を考慮に入れない計画はその地域の本来の水循環に悪影響を及ぼすということを、しっかりと認識しなければならない。そうした考えが受け入れられない限り、水の再利用という理念が東京の都市計画の基本要素として適用されることは不可能であろう。

　水を再利用するというコンセプトは、東京の水道にとどまらず、将来のあらゆる巨大都市の水管理に適用すべきであり、とりわけ水に関連するインフラの将来計画にはその適用が強く望まれる。水に関連したプロジェクトはますます巨大化し、複雑化する傾向にあり、再利用というコンセプトは国境を超えて影響力を拡大している。したがって、水の再利用というコンセプトが、水と環境にかかわる世界的な問題の鍵を握っていることは間違いないといえよう。

謝辞

東京の水道事業にかかわるデータの収集にご協力いただいた東京都水道局の技師、田原功氏に、心からの謝意を表します。

参考文献
東京都水道局 1994.
　　1994年度の東京の水道、東京都庁
東京都水道局 1996.
　　東京の水道に関する年次報告、東京都庁（日本語）
日本水道協会 1996.
　　日本の水道に関する統計（日本語）

3 関西主要都市圏における水質管理問題

中村雅久

はじめに

　京都、大阪、神戸といった大都市、ならびに琵琶湖〜淀川〜大阪湾の水系（次ページの図3.1を参照）の周辺に点在する市町村を抱える関西地区の人口は1,800万人で、そのうち1,400万人が琵琶湖の水から給水を受けている（66ページの表3.1を参照）（注1）。この地帯は、とりわけ大阪湾から瀬戸内海にかけての帯状地帯で産業開発が著しく進み、同時に琵琶湖周辺の低地帯で大規模な稲作農業が行われているという特徴を持つ。上下水道網は複雑に絡み合って発達しており、この地域の生活と自治体および産業や農業の高レベルの活動をささえている。

　関西地区は従来、必要な水源を琵琶湖と淀川に依存してきた。したがって、琵琶湖〜淀川〜大阪湾水系は、過去100年のあいだに洪水予防施設を設置したり、水源の管理運営システムを開発するなど、自然の水系から管理された水系へと徐々に転換することを余儀なくされた。水管理のために一連のエンジニアリング計画が実施されたが、そのなかで最新かつ最大のプロジェクト、琵琶湖総合開発計画（LBCDP）は、開始から25年を経た1997年3月に完成した。琵琶湖の周囲に新しい堰と堤防を建設したことが功を奏し、現在では深刻な水不足の時でも、琵琶湖の周辺および下流域の都市生活お

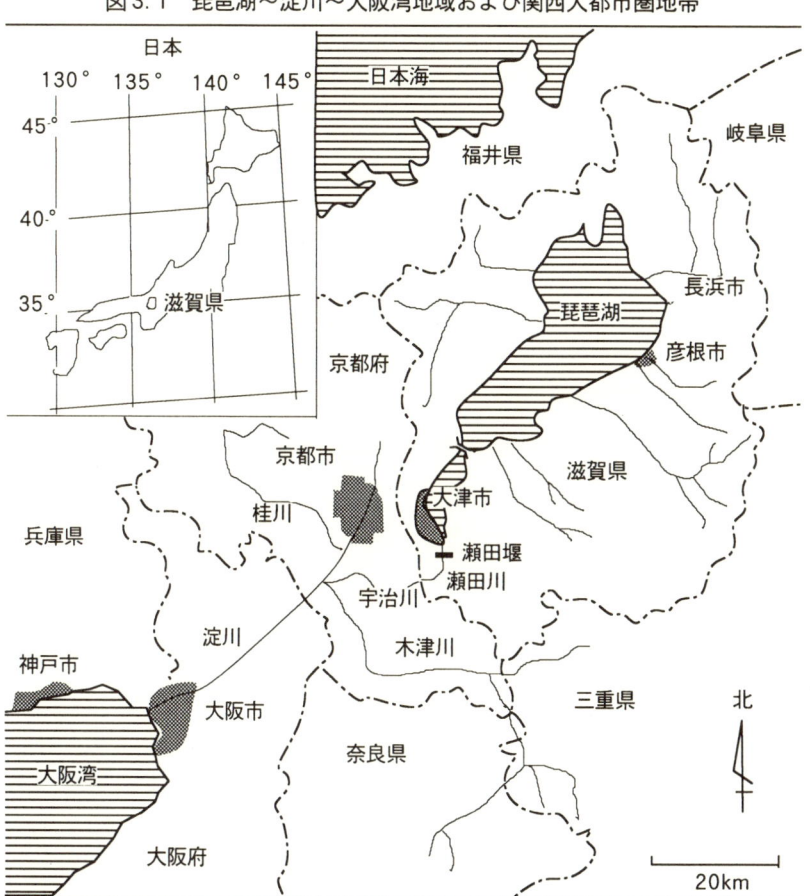

図3.1 琵琶湖〜淀川〜大阪湾地域および関西大都市圏地帯

よび産業や農業で必要となる水量を供給できるよう、琵琶湖の水を以前と比べ大幅、かつ安定して淀川に放流できるようになっている。洪水の問題に関しても、現在では、琵琶湖に流れ込むすべての河川と灌漑用水路に対しポンプ施設と制御水門を新たに設置し、それを利用することによって以前と比べて容易な対処が可能となっている（中村・秋山、1991：中村、1995）。

表3.1　琵琶湖の水の供給を受ける人口（1994年現在）

県名	管轄区域内の人口	琵琶湖の水による給水を受ける人口	琵琶湖の水への依存度
滋賀	1,289,277	1,012,185	79%
京都	2,602,351	1,789,509	69%
大阪	8,719,584	8,525,052	98%
兵庫	5,466,316	2,612,801	48%
総計	18,077,528	13,939,547	77%

　しかしながら、関西地区は水管理に関して、いまだ、真剣に取り組まねばならない多くの未解決の問題を抱えており、とりわけ水質に関する問題は深刻である。琵琶湖周辺の水源システムおよびインフラを改善するには、流域の開発をさらに推し進めることによってより深刻で、さらに複雑な環境問題が引き起こされることが予想される。水質問題がますます複雑化している現状を考えると、この問題自体ですら対処しがたい難問であるが、現在では水量の問題とも絡み合っており、上流域にとっても下流域にとっても、琵琶湖〜淀川〜大阪湾水系の管理問題は、極めて大きな課題となっている。

　この章では、水系に関する関西地区特有の特徴に注目し、現在の物理的・制度的構造に関するこの水系の進展とその影響について概論していくつもりである。さらに、個々の小区域や自治体が直面する問題と水質管理に関連する幅広い範囲で水系全体が直面している問題、すなわち上流と下流の関係、廃水管理システムの改善、大阪湾の水質、琵琶湖の富栄養化現象の防止といった持続性のある水利、総合的な流域管理、健全なる生態系の達成など関心が高まりつつある重要課題に関連するすべての問題について触れていく所存である。

関西大都市圏

　関西大都市圏は、大阪（人口264万人）、京都（人口150万人）、神戸（人口141万人）といった主要都市のほか、大津、奈良、和歌山などの中規模の都市を含む多くの市町村

を周辺に抱えている。この地域の工業生産高は1990年の時点で40兆5,000億円で、国内総生産の12.4％を占めており、全国第3位を誇っている。

　大阪は長い歴史を通してつねに、商業の町として、また多くの新しいビジネスが生まれる場所として知られている。第2次世界大戦中に大阪は市の大半が破壊されたが、戦後数十年のあいだに、急速な復興をとげ、めざましい工業化を達成し、大阪湾沿岸に沿って南と西方面に伸びる阪神工業コンビナートと呼ばれる工業地帯が形成された。同時に、市内および周辺地域の住宅と商業が混在した地区に、多数の小規模製造業が急激に増加し、都市化および半都市化した地域が周辺部に制御できない勢いで拡大していった。かつては大阪を東洋のベニスとまで言わしめた水路網が大阪湾の周辺に網の目のように広がり、淀川を通って船で商品を運ぶのに使用されていたが、その水路網が消えていった原因はそうした発展パターンにあると言われている。

　いにしえの都・京都は、いつの時代も豊かな文化的遺産、景観的遺産を誇ってきた。この古都は、神社仏閣が多数存在し、多くの観光客を引きつけてきた。しかしながら、この町は水源に恵まれておらず、しかも19世紀の工業化において大阪の下流域よりも大幅な遅れをとった。こうした状況に触発されて、当時の京都府知事は琵琶湖と京都市を結ぶ水路の建設について研究を開始し、その水路は1891年に完成した。それが起爆剤となり、京都は経済力を回復しはじめ、着物織物と酒造という伝統的な産業以外にもさまざまな製造業が開発され、発展するにいたった。また水路の建設以来、京都は深刻な水不足に悩まされることはなくなった。

　大阪の西方30kmほどのところに位置する港町・神戸は、国際貿易の主要港としての役割を果たしており、それによって繁栄を誇ってきた。しかし神戸は、背後に高原地帯がつらなる細長い沿岸地帯に位置しており、空間的にかなり窮屈な立地条件にある。しかしこの町は、ここ数十年のあいだに沿岸の浅瀬の干拓が実施され、それによって大きな変貌をとげた。かつてはいくつかの主要鉄鋼メーカーや造船会社がこの地域の産業構造において支配的な位置にあったが、現在では低価格の家庭用品を製造する中小の製造業者が数多く進出している。大阪から搬送される淀川の水が、この町の住民の生活と産業をささえるのに利用されている。しかしながら、1995年1月に勃発した阪神淡路大震災によって、神戸市は産業施設も含めインフラの多くと都市機能が壊滅的な破壊をみた。市は利用できる資源のすべてを稼動させて、上下水道施設を含む大都

市システム全般を再建し災害から復興するのに努めている。

　こうした大都市の周辺には、多数の小規模の市町村が存在するが、都市開発が広範囲に実施されているため、明確な境界線はないも等しくなっている。かつては大都市の中心地帯で運営されていた多くの産業が、戦後、徐々に郊外地域へ移転を開始し、その傾向は現在もつづいている。その結果、郊外地域では新しい市町村が誕生し、その人口は増加をつづけている。関西大都市圏では、水質と水量の両面に関する水管理問題が極めて重要であり、同時に複雑でもある。大阪、京都、神戸の各大都市はそれぞれに、解決しなければならない固有の問題を抱えており、水事業に関する独自のシステムの開発を行ってきた。これらの主要都市から生ずる廃水を、回収処理し、放流しなければならず、その廃水は降雨後の表面流水とともに、淀川の主水路に到達する前に、副水路に流入する経路がある。河川の水が最終的に大阪湾に到達するまでの30kmに満たない短い区間で、水の流出と流入を完結させねばならない。これについては、次の節で幾分詳しく論じていくつもりである。

関西地区の水源

琵琶湖〜淀川の水系

　関西大都市圏は近畿地域の中央部に位置しているが、この近畿というのは日本海に面している北側と、太平洋に面している南側との自然環境の格差が大きい地域である。北部は年間降雨量が3,000mmを超えているが、それと比べて南部は概して乾燥しており、かなり温暖である。中央部の低地帯では、周囲の山脈に降る雨水の流去水が琵琶湖に集まるが、この地帯自体の実際の降雨量は年間で1,600mm〜1,900mmとかなり少ない。3,848k㎡の琵琶湖を含め淀川の全集水域は8,240k㎡で、その約半分が森林地帯である。残りの半分のうち約30％は水田が大半を占める農業地帯であり、住宅やそのほかの開発に利用されているのは20％に満たない。

　琵琶湖周辺の山脈および淀川の支流は、ほとんどが深い森に覆われており、その森は自然の貯水池としての役割に加えて、琵琶湖と淀川に注ぎ込む質の高い原水を産み出す巨大なフィルターの役割も果たしている。しかし、降雨量の変動を補う総合的な水

源管理を行うため、流域には建設中も含め12のダム（農業灌漑用は除く）が存在する（次ページの図3.2参照）。つまり、この地帯は自然条件には恵まれているものの、大阪湾にいたるまでの長い下流域の消費活動を担うという大きな課題を抱えてもいるのである。

　琵琶湖～淀川～大阪湾水系は、この水系の流域外に位置する神戸も含め、関西大都市圏の都市生活、産業、農業の水需要をささえる水源としての役割を果たしており、多様な給水システムを用いて、取水が行われている。なお71ページの図3.3に示す通り、下流域の需要の大半をささえているのが淀川の本流である。また廃水は、下水網で回収され処理が施された後、琵琶湖～淀川水流へ、ないしはもっと小さな水流を経由して大阪湾や瀬戸内海に直接放流されている。街路の流去水も、廃水と同様に処理される。したがって、関西地区の水質管理問題の論議には、琵琶湖～淀川～大阪湾水系のみならず、大量の水が放流される大阪湾～瀬戸内海の水域が必然的に含まれることになる。

　琵琶湖～淀川～大阪湾の水系には独特の特徴がある。琵琶湖と淀川は、都市生活、産業、農業の広範な活動をささえており、大阪湾は1万km²に満たない狭い地域に集中する海運活動をささえている。琵琶湖分水界の最北端から大阪湾河口の南の入江までの直線距離は、200km足らずである。大阪湾は、面積にして琵琶湖より多少大きい程度で、貨物や乗客の海上輸送活動や漁業活動が盛んに行われている大阪港をささえる理想的な湾である。また、大阪湾の南東端には、関西国際空港用に新たに建造された島があり、注目を集めている。

琵琶湖総合開発計画

　表面積（674km²）においても容積（27.5×10^9 m³）においても、日本最大の淡水湖である琵琶湖には、大小さまざまな規模の121を数える河川（小川も含めると400を超える）が流れ込んでおり、その豊富な湖水は、琵琶湖集水区域のみならず、奈良と和歌山を除く関西大都市圏の下流域においても、家庭用水および産業用水の水源として多岐に利用されている。こうしたことを可能にしているのは、琵琶湖から流れ出る唯一の自然河川である瀬田川の存在である。瀬田川は、京都府内に入ると宇治川と呼称が変わる。宇治川は、京都と大阪の県境で木津川および桂川と合流し、その地点から下流は一般的には淀川と呼ばれている（65ページの図3.1を参照）。淀川の流量に占める割合

図3.2 琵琶湖〜淀川地域の水源開発計画

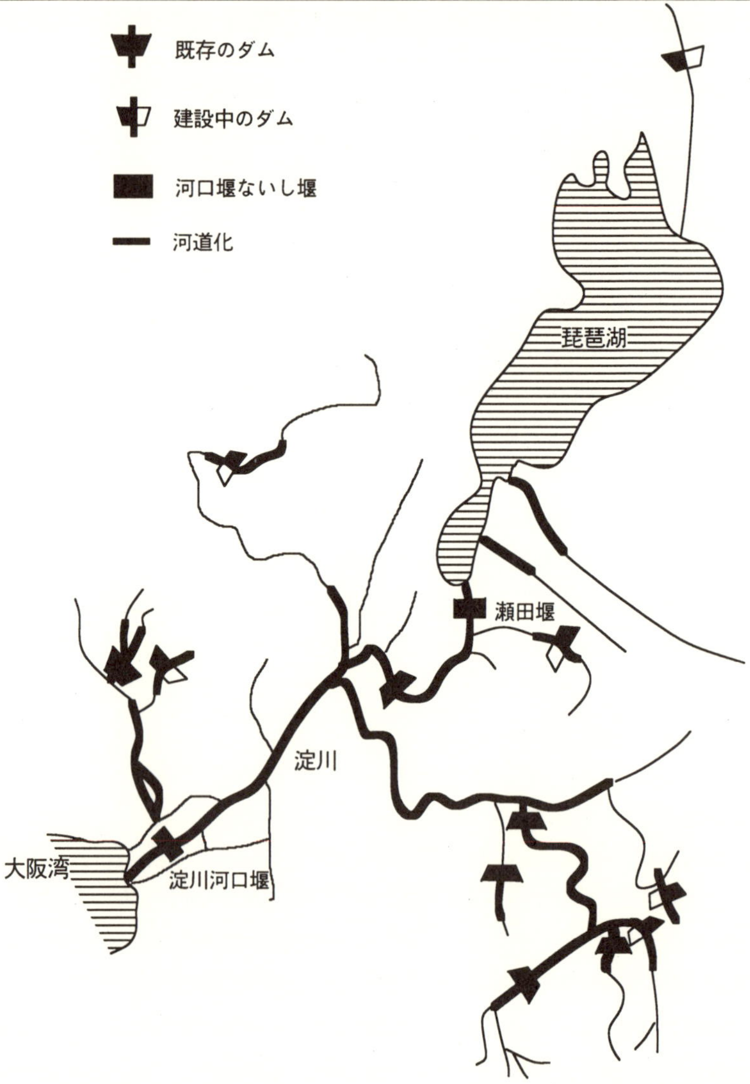

- ♱ 既存のダム
- ♰ 建設中のダム
- ■ 河口堰ないし堰
- ― 河道化

琵琶湖

瀬田堰

淀川

大阪湾

淀川河口堰

出典：琵琶湖〜淀川水質保存機構 37頁（1996）

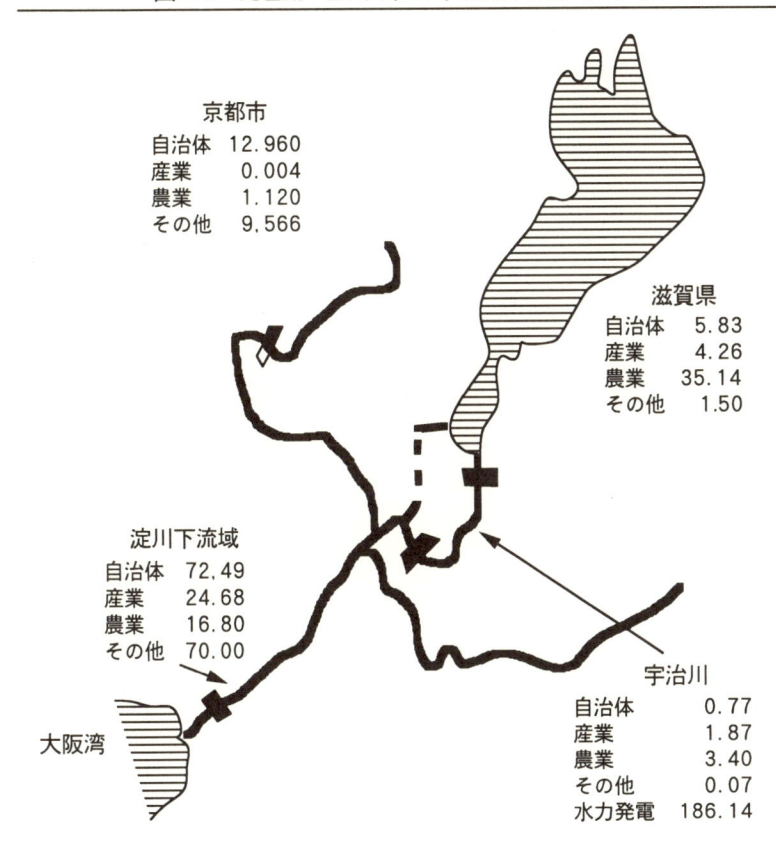

3 関西主要都市圏における水質管理問題

図3.3　琵琶湖〜淀川地区の水利権の配分（m³／秒）

京都市
自治体　12.960
産業　　 0.004
農業　　 1.120
その他　 9.566

滋賀県
自治体　 5.83
産業　　 4.26
農業　　35.14
その他　 1.50

淀川下流域
自治体　72.49
産業　　24.68
農業　　16.80
その他　70.00

大阪湾

宇治川
自治体　　0.77
産業　　　1.87
農業　　　3.40
その他　　0.07
水力発電 186.14

データは、滋賀県庁、琵琶湖環境・水質政策課の1997年度資料から取得

は、宇治川からの水が64.2％、木津川が18％、桂川が15％となっている。

　淀川〜宇治川そして琵琶湖から構成される水系全体の公式名称は、淀川水系である。この水系の年間平均流量は毎秒177.6m³、高流量は226.8m³、低流量は117.0m³である。高流量に対する低流量の比率は0.52で、この数字は全国の主要水系の中でもっとも高く、淀川水系が極めて安定した水源であることを示している。加えて淀川水系は、

優れた水源の条件としてあげられる特徴を多く備えている。まず、天然の理想的な貯水池であり、同時に河川流量を調整する役割も果たしている琵琶湖の恩恵に浴していることがあげられる。次にこの淀川水系は雪解け、春先の降雨、台風と年に3回水量を補充する機会に恵まれており、それもこの水系独特の好適な特性といえる。さらに淀川水系全体は、それぞれの気象条件が異なる三つの河川の水系によって構成されており、そのため個々の水系において流量の変動があっても、他の水系が補い合うことができるという利点がある。淀川水系全体の流域は、周囲を囲まれたいくつかの低地帯によって構成されており、そうした地理的な特性によって、高地帯の水を回収し、その水を低地域内で使用することが可能となっている。また同時に、淀川上流域にある低地域は、自然の地下貯水池としての役割を果たしている。それは最終的には、淀川下流の水量を豊富に保つのに大いに役立っているといえる（藤野、1970）。

琵琶湖管理事業が進展してきたさまざまな段階の中で、もっとも早期に着手され長期にわたったのが、洪水と干ばつの管理である。かつて集水域の稲作農家は周期的な洪水と干ばつに悩まされていたが、1905年に琵琶湖からの唯一の流出河川である瀬田川に堰が建設されて以来、その被害の深刻さは和らいだ。この大水・干ばつ管理段階は、数十年後に水源管理段階へと引き継がれることになる。淀川という経路によって下流域に必要な水を供給している琵琶湖水系は、必要かつ十分な水量があった。しかし、1960年代に日本の驚異的な経済成長が始まり、淀川の流量だけでは当時の下流域の需要を満たすことが困難になり、たちまちに琵琶湖の水問題が緊急テーマとして浮上してきた。産業用水および生活用水の不足が見込まれるという見解にもとづき、水資源としての琵琶湖の開発をさらに推進すべきであるということが論議された。関係各部署間で長きにわたって政策上の激論が交わされた後、中央政府の支援を受けて、滋賀県と下流域の府県および市町村の行政は、1972年、琵琶湖総合開発計画（LBCDP）と呼ばれる大規模な水源開発プロジェクトに着手することに合意した。

このプロジェクトの基本理念は、水が不足する時期に毎秒40㎥の水を追加放流できるようにすることであった。それに付随する貯水位低下を通常より1.5m低い位置に設定した。このプロジェクトは、水源開発計画、洪水管理とそれに関連する水管理計画、集水域の開発に対する補償公共事業計画から構成され、この計画は、当初10年計画として考案された。しかし、終了予定の1982年の段階で、このプロジェクトを構成

する各計画を完全に完了するにいたらなかったため、直ちに10年間の延長が決定された。その後さらに5年の延長が決定され、最終的に25年の国家プロジェクトとなった。総予算1兆9,000万円（およそ190億ドル）をかけたこのプロジェクトは、1997年3月についに完成を見た。

　この開発プロジェクトを遂行した結果、琵琶湖の水を下流域の需要に応じて適切に放流することが可能となり、さらに流入水系および川岸周辺の改良を実施することによって洪水の被害をさらに軽減することも可能になるものと思われる。加えて、このプロジェクトの財政計画によって広範なインフラ開発が実施され、それによって開発プロジェクトが実施されている期間中に達成された経済開発においても、将来的な可能性においても、滋賀県の経済状態は遥かに向上している。しかしながら、琵琶湖の水中環境はこの期間中に、下記に述べるように、著しい変化をこうむることとなった。

琵琶湖水系地域の水の変化

琵琶湖水系地域の変化の特徴

　地域の地理的特性は、その地域に存在する水系の構造上の輪郭を決定するもっとも重要な要素であるといえる。琵琶湖〜淀川の流域における大都市開発は低地帯で実施されているが、この低地帯は高地と山々によって分断されており、直接のつながりを容易に持つことが阻まれている。そうした低地域を結ぶ道路は、同心円状ではなく、どちらかといえば放射線状の形を呈しており、それによって都市の開発にも独特の特徴が現われている。こうした理由により、上下水道のシステムも多かれ少なかれ独自に、そして精密に開発されている。

　人口統計においても、関西大都市圏独特の特徴がある。その中でももっとも重要な特徴の一つに、この地域の人口密度が全国平均の2.3倍に及んでおり、日本の3大主要都市圏の中でももっとも高い数字であることがあげられる。この流域は、土地単位ごとの水利用も汚染発生度も高いが、それは他の要因も無関係でないにしろ、人口密度が高いことによって生じた必然的な結果であるといえよう。

　阪神工業地帯として知られている大阪〜神戸間のベルト地帯は、第2次世界大戦のな

かばまでは日本最大の工業地帯であった。しかしながら、戦後20～30年のあいだに、新たな工業国の勃興により製鉄業や造船業といった重工業の競争が激化し、業績が落ち込み、阪神工業地帯の産業生産高は下降線をたどり始めた。不運にも、自動車製造業のような戦後の日本で隆盛となった産業が阪神工業地帯にはなかった。関西地区の経済を支えていたのは、鉄鋼、化学、繊維といった産業で、たとえば繊維産業が全産業に占める割合は関東が27.5％、中部が25.7％なのに対し、関西地区は33.7％となっている。また、食品、衣服、ゴム、プラスティック、皮革製品といった家庭用消耗品を生産する製造業の割合が比較的高く、関東の26.5％、中部の25.7％に対し、関西は33.0％を占めている。それに伴い、コンピューターや視聴覚機器などの電気・電子製品ないしハイテク製品を製造する産業の割合は、関東が46.5％、中部が48.9％であるのに対し、関西は33.3％にすぎず、ほかの地域より低い。上述の産業分野の中で関西地区が高い割合を示している初めの二つの分野は、3番目の分野より遥かに多量の水を集中して使用する。そのことから、関西地区は生産単位ごとに放出する汚染負荷の程度が関東や中部地区より高いことが予測される。ただし、汚染源となる産業の立地を厳しく規制している琵琶湖の低地帯には、こうした一般的傾向はあてはまらないといえよう。

給水

　予想されている通り、関西大都市圏には多くの給水システムが存在する（完全装備された水処理システムが87か所、部分装備の小型処理システムが郊外に292か所、産業用水の給水を含む特別用途の処理システムが63か所存在する）。琵琶湖の水は、大阪府58％、京都府20％、滋賀県9％、兵庫県8％、奈良県4％、三重県1％といった割合で供給されている（琵琶湖～淀川水環境会議事務局、1996、28頁）。ライフスタイルの変化によって、風呂、シャワー、洗車といった非消耗型の用途に使用される水量が増加し、自動洗濯機、食器洗い機といった大量の水を必要とする家庭用品の使用が拡大したことにより、市町村における水の需要は増加をつづけている（次ページの図3.4を参照）。一方、工業用水に関しては、産業活動の性質が変化してきたことと、保水に対する意識が高まってきたことによって、需要が着実に減少する傾向にある。

　日本の場合、原則として、市町村の給水システムの管理に対する責任はその自治体の

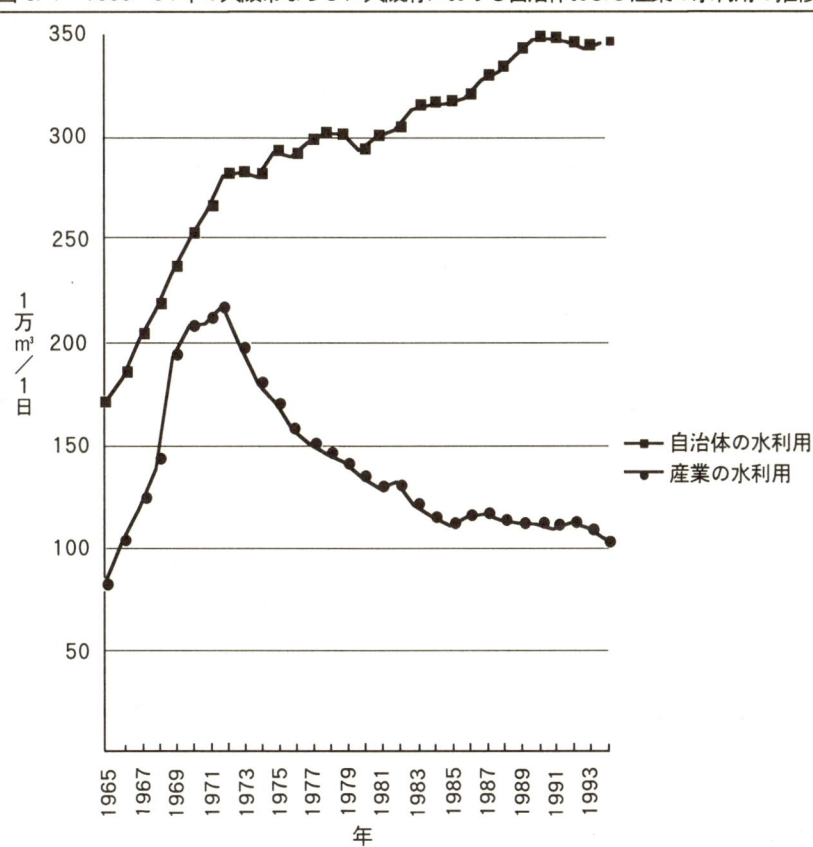

3 関西主要都市圏における水質管理問題

図 3.4　1965～94年の大阪市ならびに大阪府における自治体および産業の水利用の推移

出典：大阪府ならびに大阪市から取得したデータ

行政が負うこととなっている。したがって、行政は管轄区域内に水源を求め、システムを建設し、管理しなければならない。

京都の給水システムは、日本で最初の急速砂ろ過を装備した蹴上浄水場を含む4か所の浄化設備から構成されており、水源はほぼ全面的に琵琶湖の水に依存している。琵琶湖疎水と呼ばれ、1890年と1970年に完成した2本の琵琶湖水路は、両方を併せると、市の必要量より遥かに多い毎秒23.35 m³の水を供給している。水質は、水路の取

水口がある琵琶湖南部流域の水質と同じである。京都浄化施設は、化学汚染と細菌汚染に対する一般的な懸念に加えて、琵琶湖の水に生息するある種の植物プランクトンが原因で初夏に水がカビ臭く、悪臭を発生させるという問題に頭を悩ませている。廃水は、淀川に注ぎ込む2本の支流に流し込まれる。

大阪市には、庭窪、豊野、柴島の3か所に浄水場があり、そのプラントが四つの配水地区に給水を行っている。この三つの浄水場はすべて、水源を淀川に依存しており、合計で毎秒23.49㎥、すなわち1日に2億300万㎥の水利権がある（大阪市水道局、日付なし）。これらの浄化プラントに流れ込む水の水質は、琵琶湖の水質ばかりでなく、都市と半都市開発地帯を流れる支流から淀川に流入する水の水質によって多大な影響を受けている。この水質に関して、とりわけ、1970年に大阪の給水に発生し始めたカビ臭などの異臭問題が、琵琶湖と淀川の水質の悪化に対する消費者の意識を喚起するという点や、大阪市と大阪府の水道事業が処理システムの改善の必要性を重要視するという点においても、象徴的かつ重要な問題となった（大阪府水道部水質試験場　1995などを参照）。また加茂川の上流に京都府の下水処理施設があることが、大阪市と大阪府が極めて高額の生産単位費用をかけてでも上質の水を産出する高度の処理技術を導入し、それに頼らざるをえない事態を招く要因の一つとなっている。1990年代のなかばにようやく、大阪市と大阪府は水道料金の値上げの必要性を一般市民に納得させ、この問題に着手するための財源を準備できるようになった。

水の需要が急速に増加し、その一方で水源が限られているという状況の中、京都、大阪といった大都市を除くと、県の行政が管轄する地域の給水システムの開発を促進し、その一方で市町村の各自治体が独自の給水システムを開発し、運営していくということは不可能である。大阪市の周辺地区を例にとってみると、大阪府水道局は39の中小の自治体に卸値で処理水を供給している。大阪府の行政は現在、村野、三島、庭窪の3か所で浄水場を運営しており、さらに二つの給水システムを建設中である。阪神水道事業団と称する第3セクターの地域給水事業体が、大阪府の西部と神戸市を含む兵庫県の東部の市町村に水を提供している。

関西大都市圏の産業用水の開発には、独自の歴史がある。産業用水の給水システムが設置される以前は、大阪の産業は河川や地下水から直接に取水していた。戦後、とりわけ1950年代〜1960年代にかけての産業の急速な発展期に、大量の地下水が摂取さ

れるようになり、それは大阪西部の沿岸地帯が深刻な地盤沈下を引き起こす原因となった（注3）。さらなる地盤沈下を防ぐため、地下水の摂取に代わる給水、とりわけ産業用水を供給する必要に迫られた。こうして大阪市と大阪府の数か所の給水システムが産業用水専用の設備として用いられるようになった（次ページの図3.5参照）。大阪市では、4か所の浄水場から1日27万1,400 m³の水が4か所の業務区域に供給されている。また、大阪府の2か所の水処理施設からは、1日約34万4,000 m³の水が供給されている（1995年現在）。

汚染防止と廃水管理

関西大都市圏の大気、水、土壌の汚染の歴史と、地方行政が講じた汚染対策を再検討するというのは、膨大な仕事であり、本書の範囲を超えている。しかしながら、効果的な汚染対策を講じるには、簡単にでも背景を考察することは重要なことである。「世界銀行・EX株式会社、1995 別冊1」の113ページに掲載されている文書に、大阪市の経験について極めて重要な考察が記載されている。

1. 戦前から地盤沈下は大阪にとって極めて深刻な問題であった。国が対策を打ち出す以前から、官と民の両セクターが協力して、地盤防止条例を制定し、対策を実行するためのシステムを確立した。
2. 大阪市は公共機関と民間が協力して問題に取り組んだ。大阪市長は、産業汚染の除去を市の最重要政策として優先して取り組み、科学者や研究者と協力し、利用可能なテクノロジーにもとづいた汚染防止戦略を考案した。
3. 大阪市は、「大阪市汚染防止設備設置用ローン」であるとか、中小企業向けの「汚染源施設移転のための敷地購入制度」といった財政支援策を制度化し、財政援助の配分を決定する際に、そうした汚染防止に関連した援助を優先している。
4. 都市廃水に関しては、大阪市は、戦前から始まっているインフラ整備と基本政策についてのガイドラインを制定した。

1970年に大阪市の河川に排出された生化学的酸素要求量（BOD）は1日573tで、その60％が産業廃水であったが、1990年にはBODは1日160tと大幅に減少し、しかも産業廃水が占める割合は20％以下となり、これはこの都市廃水の問題を考察していく

図3.5 大阪市および大阪府の産業用水給水システム

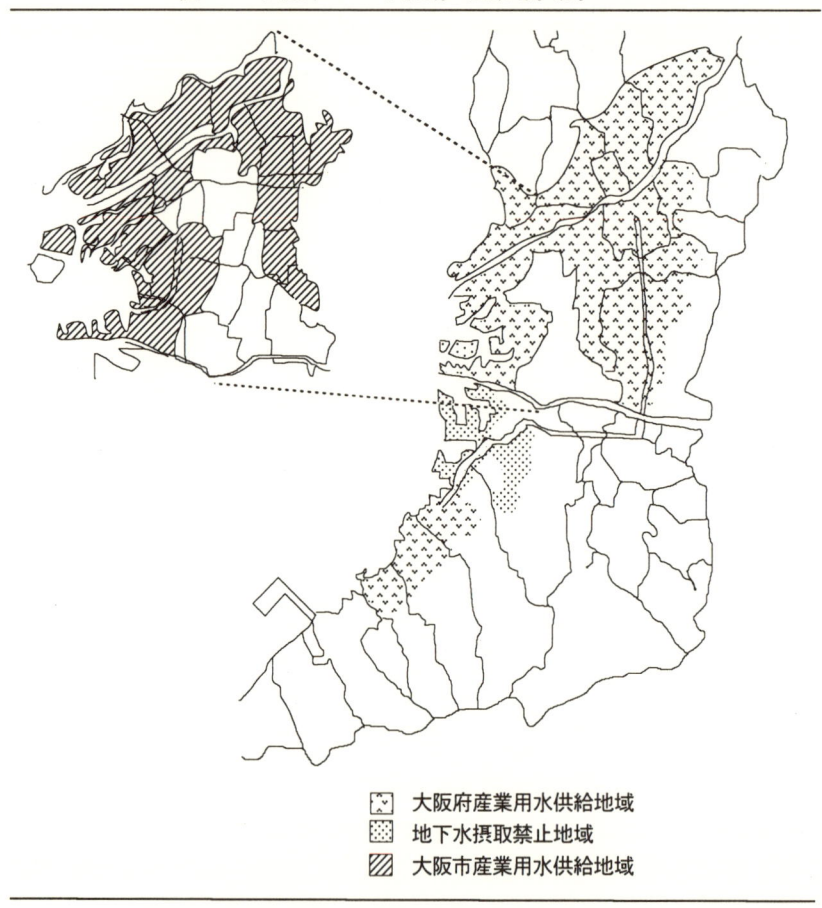

```
[図] 大阪府産業用水供給地域
[図] 地下水摂取禁止地域
[図] 大阪市産業用水供給地域
```

出典：大阪自治体上水道事業所 35ページ（日付なし）：大阪府 111ページ(1996)

うえで極めて興味深い事例である。かつての深刻を極めた大気、水、土壌の汚染問題に取り組む一般的なプロセスは、関西地区の自治体のあいだで、さらにいえば日本のほかの地域においてもあまり大差がなかった。ちなみに、地域の特定の問題に対処するための方策は各々、大きな違いがある。

関西大都市圏における地方自治体の下水システムの開発を概観してみると、大阪、京

3 関西主要都市圏における水質管理問題

都、神戸の各主要都市は、管轄範囲内はほぼ完璧に網羅した下水業務を行っているが、各市の業務にはそれぞれの地域の特定条件を反映した独自の特徴がある。

この3都市の業務の中でもっとも注目に値するのが、大阪市の下水システムである。大阪市の管轄地域内では、下水道の普及率はほぼ100％を誇っており、しかも1人あたりの下水道料金は日本全国でもっとも安い。16世紀にかの有名な大阪城の築城とともに開方式の下水道が構築され、その一部は適切な改修が施されて現在も使用されているが、それを考慮に入れなくとも、現在の下水システムの開発は100年以上の歴史がある。大阪市が下水システムの開発を極めて重要視してきたのには、それなりの理由がある。なかでも、大阪が沿岸の低地という地勢であることにより度重なる洪水を経験してきたということが、真っ先にあげられる理由の一つである。したがって、下水システムを考案する際に、洪水を防止するための治水に多大な力を注ぎ、その結果「合流式」と呼ばれる下水システムが利用されるようになった。

合流式下水システムでは、未処理の汚水のみならず雨水も回収し、処理施設に流し込むことができるが、そのためには通常より太いパイプと大型の設備が必要となる。しかしながら、大雨の際には、大型の下水処理場ですら対処しえない。対処しきれず溢れ出た水は「越流」として流路に排出せねばならず、それは下水処理場自体から溢れ出た水による流路の汚染を引き起こすという事態を招く。既存の合流式下水システムの改良は、大阪市が直面している大きな課題である（未処理の汚水と混合されることなく雨水のみを排水できる分離型の下水システムが下水システム全体の中で占める割合は、わずか1.1％にすぎない）（大阪市下水道事業局、1993）。

京都市はというと、下水システムの建設に関する実行可能性調査を早くも1894年に着手したが、実際の建設に関する真剣な活動を開始したのは、公共事業による失業対策の一環に組み入れられた1930年のことであった。しかも、その1930年というのは折しも戦争前の日本の財政状態が思わしくない時期にあたっていたため、下水システム建設計画を精力的に遂行する姿勢は見られなかった。1934年になってようやく、加茂川の高濃度の汚染に対処することを第一の目的として、下水処理場が稼動するようになった。現在日本第3位の規模を誇る鳥羽処理場は1936年に稼動を開始し、京都市はこの施設の業務範囲を徐々に拡大していった。その結果、現在では、市全体の下水道普及率は97％に達している。京都の下水システムの特徴は、合流型と分流型を組み合わ

せている点にある。それはすなわち、大雨の後は、廃水のほぼ40％を流路に放水しなければならないということを意味している。市が運営する四つの下水処理場（鳥羽、吉祥院、伏見、石田）は京都市の必要を満たすべく、染色や醸造といった京都の代表的産業を含めたさまざまな分野の産業から排出される廃水を処理するために特別な考慮を払っている。

　1951年になってようやく計画的開発がスタートした神戸市の下水システムは、ほとんど全面的に分流型の下水システムを取り入れている点で、大阪市や京都市と大きく異なっている。7か所の処理場が120万㎥近くの廃水を処理しており、そのうち4か所は瀬戸内海沿岸に位置している。神戸市の地勢というのは、沿岸の埋立地、丘陵地帯、さらに一段高い高原地帯から構成されており、そのため各システムは個々に独立した独自の開発が行われた。そして神戸の下水システムにおいて特筆すべきは、1995年に勃発した阪神淡路大震災によって下水網と処理場に著しい損害が引き起こされたことである。目下の最大の関心事は、損傷した設備の修復、大地震にも耐えうる設備の再建ならびに改築するためのテクノロジーの開発、そして栄養分を除去し、さらなる富栄養化汚染から瀬戸内海を守るために現在のシステムを改善することの正当化という3点であるといえよう。

　大阪、京都、神戸の3都市が管轄する範囲外の下水システムにとっても、淀川と大阪湾の環境保護は大きな関心事である。規模の小さい地方自治体の多くは、自治体独自のシステムを開発するのに十分な財源を調達することは不可能であり、いくつかの自治体が合同して地域の下水システムの開発を行ってきた。関西地域には20の地域下水システムがあり、その発展段階はそれぞれのシステムによってさまざまである。大阪府の場合は、12の地域下水システムが42の市町村を管轄しているが、その普及率は4市町村が100％近くであるのに対し、17市町村では50％以下であるといった具合に状況はまちまちである（1995年現在）。大阪府全体の下水道平均普及率は63.7％である。京都府の場合は、2か所の地域処理場が、淀川の水質保護に直接かかわる極めて重要な役割を担っている。洛西浄化センターは1979年に、洛南浄化センターは1986年に稼動を始めた。京都市全体の下水道の普及率は、1995年の時点で、73.6％と報告されている。

　琵琶湖の水質を保全するための下水システムは、別個の重要な問題である（82ペー

ジの図3.6参照)。滋賀県では、過去から現在にいたるまで、家庭汚水が主要な汚染源である。家庭汚水を処理する汚水システムは、大規模なものから各戸専用のものまで多岐に渡っている。地域のシステムも含めた自治体の汚水システムが、いずれは流域の平坦な地域全体をカバーすることになるだろうが、現在の時点では下水道が普及しているのは住民の47％にすぎない（実質的には、住民の50％が下水を利用できる状態にある）。この下水システムには、琵琶湖を富栄養化させないよう保護するために、養分を除去する高度な処理設備が装備されている。

大規模な下水システムのほかに、農業地域用の小規模な汚水処理設備や、「浄化槽設備」と総称されている各場所で個別に設置されている種々の汚水処理設備もある。こうした小規模な汚水処理設備の中には、高度な処理能力を備えているものもある。この小規模な汚水設備を利用しているのは、住民の17％である。下水道も小規模の汚水設備もない残りの36％もの住民は、今もって、通常の水洗トイレの設備がないことになる。水洗トイレのない家庭から回収される排泄物は、12か所の屎尿処理設備に運ばれ、そこで有機物と養分とが処理される。

地域の下水道システムを徐々に拡大し、農業地帯の小規模な汚水設備や各家庭の浄化槽設備しかない地域もその管轄下に統合することが計画されており、2010年ごろまでには、地域のシステムと大津市が運営するシステムとを併せると、住民の90％近くに下水道を配備できるようになる予定である。ただし、残りの10％の住民は、農業地域の共同体が運営する設備に頼らざるをえないであろう。

関西大都市地域の水質問題

上流と下流との関係

琵琶湖～淀川～大阪湾水系は、上流と下流とのあいだにさまざまな関係があるため、その水質に関する概要は極めて複雑である。そのなかで、広い範囲にわたって流域の開発が行われている琵琶湖周辺および上流と、大都市地域を抱える下流との関係は極めて明確である。琵琶湖周辺の上流域では、琵琶湖総合開発計画によるインフラ開発によって、ここ数十年のあいだに文字通り、実際の水利状況が変貌してきている。すな

図3.6　滋賀県下水システム

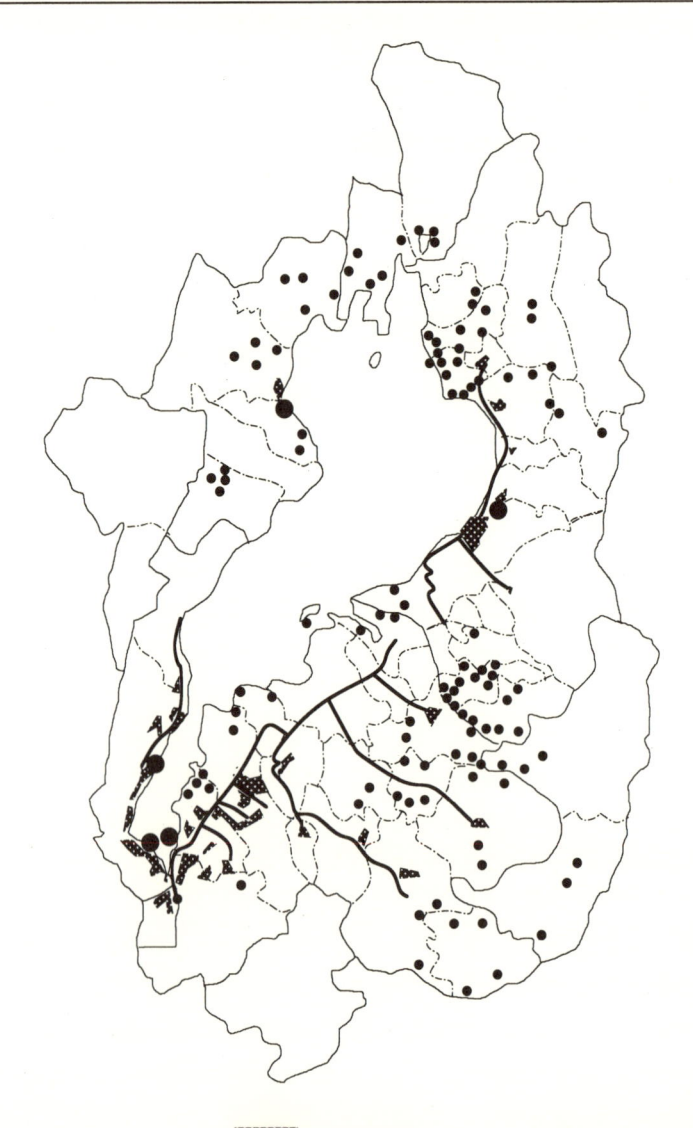

▨　地域が運営するシステムが配備されている地域
・　地方下水設備
●　地域下水処理場
──　下水幹線

出典：滋賀県

わち、琵琶湖は取水や配水用の新たな基礎構造が整備されたことにより、豊富で安定した水量や高い水質を確保できるようになり、河川の水や地下水より魅力的な存在となっている。市町村で使用される水および農業用水の80％近くは琵琶湖の水によって供給されており、その供給された水は、処理済（ほとんどは市町村によって給水された水）も未処理（ほとんどが農業用の戻り流れ）も含め100％近くが琵琶湖に戻されている。

琵琶湖〜淀川〜大阪湾水系全体では、上流と下流との関係において地域色がより強く出ているものも存在する。たとえば、上流の廃水を排出する地点と下流の取水地点とのあいだには問題を抱えた関係が多く、とりわけ淀川の中間から下流にかけての地域はとくに問題が多い。淀川の主要な2本の支流が枚方で合流するが、その地点と大阪湾の河口との30kmほどの短い区間に、排出点と取水点が集中して存在している（次ページの図3.7）。いくつかの主要取水点の上流には、廃水を排出する処理場が存在し、時にはかなり大量の廃水が排出されるばかりか、大々的な都市開発を推進している地域から出る汚染された水を排出する水路や河川も存在する。処理するために回収された廃水は、徹底的な浄化プロセスを経てから消費者に配水すべきことは明らかである。

この上流と下流との関係は、まず第1にこの水系全体として滋賀県と下流域の行政に関連するケース、そして第2に京都と大阪に関連するケースという二つのケースにわけて、制度上・政治的な状況に関してさらに詳細に検証すべきであろう。

まず滋賀県と下流域の行政に関連する第1のケースでは、下流域の期待と上流域の付託という考えとのあいだに対立が存在する。つまり、下流域の地方行政機関は、琵琶湖総合開発計画に財源を供出していることから、当然の権利として、上流域に位置する滋賀県はできる限り琵琶湖の湖水をきれいに保つべきであることを要求している。下流域の利用者が手にする水の水質は、琵琶湖の水質に大きく左右されるのである。一方、滋賀県の立場からすると、琵琶湖はもともときれいな水を誇っており、県は自然から与えられたその偉大な財産を守り、育成することに長年努めてきており、琵琶湖の水をきれいに保つということは、義務というよりはむしろ委託された任務であるとしている。しかしながら、この委託と考えているということは、県が琵琶湖の水質を維持したり、もとに戻すのにかかる費用を負担すべきことを意味しているのではない。むしろ他者、とりわけ下流域の利用者に財政負担を肩代わりさせるべきであるという考えに、自然

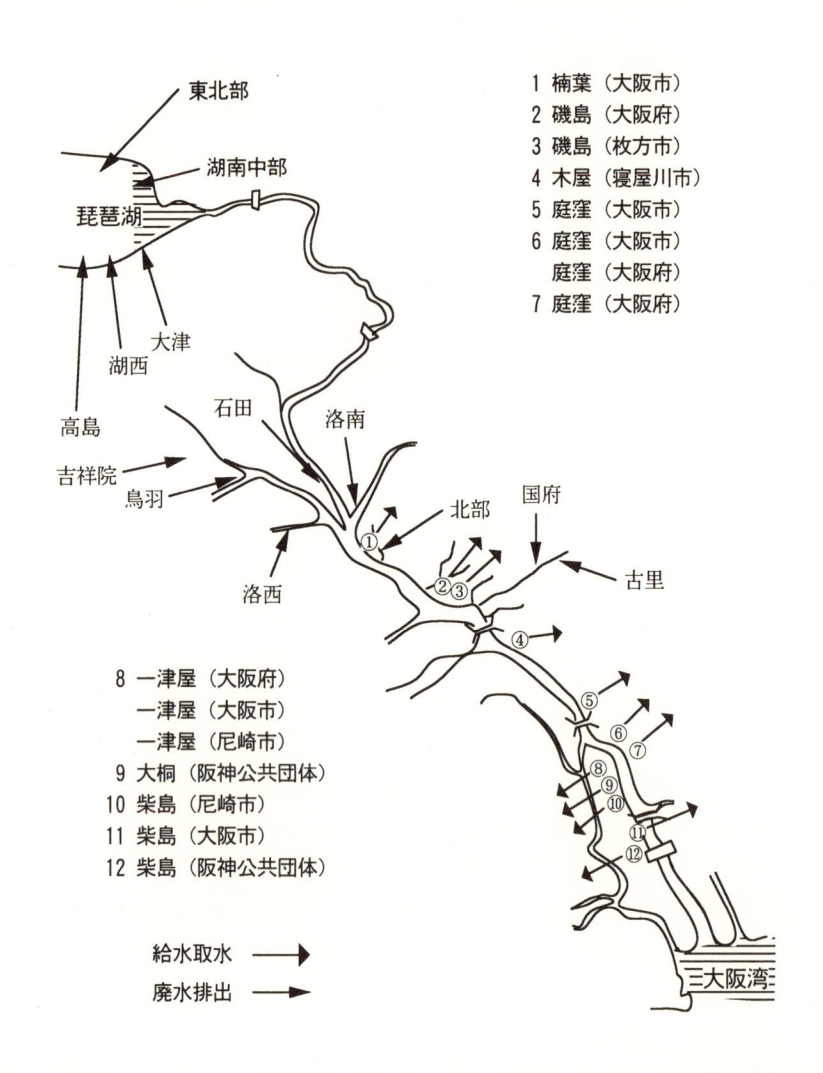

図3.7　琵琶湖〜淀川の流路沿いの給水取水点と廃水排出点

1　楠葉（大阪市）
2　磯島（大阪府）
3　磯島（枚方市）
4　木屋（寝屋川市）
5　庭窪（大阪市）
6　庭窪（大阪市）
　　庭窪（大阪府）
7　庭窪（大阪府）

8　一津屋（大阪府）
　　一津屋（大阪市）
　　一津屋（尼崎市）
9　大桐（阪神公共団体）
10　柴島（尼崎市）
11　柴島（大阪市）
12　柴島（阪神公共団体）

給水取水　──→
廃水排出　──→

注：縮尺率なし。出典：大阪府水道部水質試験所の図 1995年4ページを基に作成

と傾く。だが、湖水がどの程度きれいであれば十分なのか、湖水を望ましい水質にするのにどの程度の費用がかかり、どこが負担すべきなのかを決定することはむずかしい問題である。国家と下流域の地方自治体の分担金も含め、琵琶湖総合開発計画の協定によって捻出された費用では、きれいな水の琵琶湖を実現させることはおよそ不可能であり、その意味で琵琶湖総合開発計画における環境保全費は琵琶湖水質の改善・維持という任務を遂行するのに十分なものとは言えなかった。

次に上流域である京都と下流域である大阪との関係という第2のケースについてみてみると、淀川の水質に関連して、興味深いが同時に解決の困難な問題が存在する。大阪の給水事業所にとって、淀川の水質を妥当なライン、すなわち少なくとも原水の水質を技術的にも心理的にも許容できるラインに保つことは死活問題である。さもなければ、水処理にかかる費用が法外に高くなるばかりか、自分たちが使用している原水が京都から排出される廃水によって著しく汚染されていると大阪府民が考えた場合の心理的作用は極めて大きくなるであろう。琵琶湖の水自体も、京都の廃水が排出される淀川上流に流れ込む支流の水も、水質にかなりの問題があるため、大阪府はすでに原水の処理に甚大なる努力を払ってきている。琵琶湖の水は富栄養化現象が起きており、淀川の水は上流の都市から排出される水と農業によって汚染されている。一方、京都にしてみると、処理費用を適正に押さえながらも、排出廃水を流域の水利用者が許容できるとみなすレベル以上の残留汚染のない水質に保つことは極めて重要なことである。下流域の給水組織は、京都市に汚染の影響をさらに削減するように求めている（注4）。

廃水管理システムの改善

上述の京都と大阪との問題から、放流水面体の汚染防止力と汚染された原水を飲料用にするための処理力の両面に関する疑問が提起されている。このテーマはいくつかの複雑な問題を抱えている。

まず第1の問題として、琵琶湖～淀川～大阪湾水系の上流域にある汚染の発生地点における防止策が、京都、大阪、神戸といった大都市と比べて大きく遅れをとっており、いまだ不十分であるということがあげられる。たとえば、琵琶湖の流域では、公共の下水設備を利用できるのは、全県民のわずか54％である。琵琶湖～淀川～大阪湾水系の流域に位置する京都、大阪、神戸の3都市以外の自治体でみると、下水設備の普及率は

およそ60〜70％で、残りの住民は、有機物や養分の除去が不完全な衛生設備を利用しているのが現状である。換言すると、将来において上流域の下水道便益の供給が向上すれば、それによって上流と下流の関係状態にも必ずや良い影響があるものと推察される。

次に発生地点が特定されない汚染の問題があげられるが、この問題に対する関心は、年々、大きくなっている。発生地点を特定できないノンポイント汚染には、琵琶湖流域の農業に起因するものと、都市、とりわけ淀川流域沿いに位置する都市を発生源とするものの2種類があり、それに関しては詳しい検証が必要である。

発生地点不特定の農業による汚染は、化学的酸素要求量（COD, 49％）、総窒素（TN, 56％）、農薬という項目で測定した有機物が大きく作用を及ぼしていることが判明しており、深刻に懸念されている。汚染源として特定できる地点は年々厳しく管理されるようになっており、それに伴い発生地点が特定されない農業汚染の占める割合が増大する傾向にあり、しかもこの種の汚染の管理は技術的にも財政的にも見通しが立っていない状態である。今後、琵琶湖畔の水の生物相に及ぼす富栄養化現象と有毒物の相乗作用によって、植物プランクトンが異常発生したり、多様を誇っていた生物の種類が減少するといった事態が引き起こされ、生態系はさらに甚大な被害を受けることになると予測されている。

都市からのノンポイント汚染は、道路からの流出水が主たる原因となっており、毒性の有機物や無機物を含んでいる。この汚染された水が飲料用水として供給され、それを長期にわたって摂取した場合、健康に対する複合的なリスクがある。そのため、この汚染に対する関心は、年々高まってきている。たとえば、大阪大都市圏流路と淀川沿いの有機リン酸トリエステルの濃度データ（福島ほか、1992、次ページの図3.8参照）によって、大和川沿いの都市流路の汚染レベルは相当に深刻であることが裏付けられている（**注5**）。化学薬品の使用管理、道路の清掃、交通機関や輸送手段の計画、さらには土地利用計画にいたるまで、路上流水が放流水面体に直接排出されるのを防ぐのに必要な関連事項をすべて網羅して、それと緊密に関係させながら下水計画を推し進めない限りは、こうした深刻な事態を阻止することは困難であると思われる。

福島、山口両氏の所見によると、流域システムの調査を行ったところ、調査地点より上流地域での化学薬品を使用するさまざまな種類の活動において、モリネート、フェニ

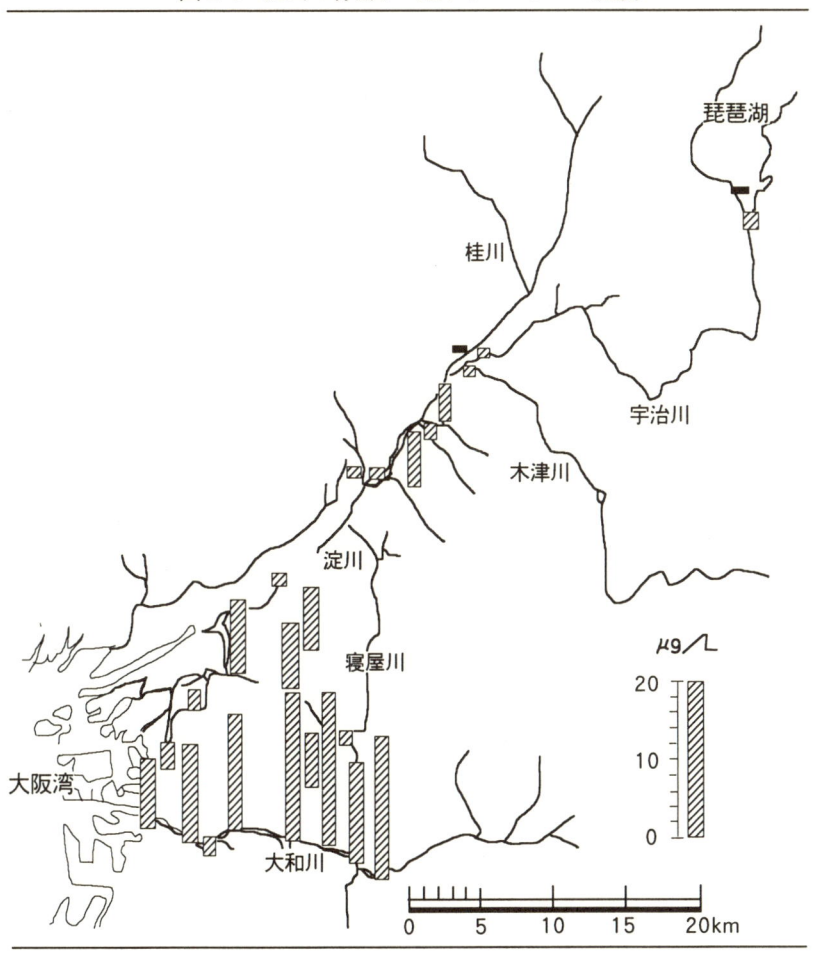

3 関西主要都市圏における水質管理問題

図3.8 淀川の有機リン酸トリエステルの濃度

出典:福島他、1992、274ページ、図2

トロチオン、イソプロチオラーネといった殺虫剤が高濃度で散布されていることが判明している、ということである。個々に関しては、モリネートは、琵琶湖流域の稲作地帯で広く使用されていることから、淀川の主流路自体で多く検出されている。フェニトロチオンは、専ら園芸や家庭の害虫駆除用に使用されていることから、淀川主流では

なく、都市近郊の流路において高濃度で検出されている。イソプロチオラーネは、水田の害虫駆除剤としても、またゴルフコース、公園といった都市にある緑の多い行楽地帯の防虫剤としても広く使用されている殺虫剤であり、そのため淀川水系と近郊の流路の両方から検出されている（次ページの図3.9参照）。

すでに上述したように、琵琶湖〜淀川〜大阪湾水系は、流路沿いに位置する大規模な下水処理場から膨大な量の排水が流入している。その下水処理場は、すでに性能の改善をはかったか、もっと水質の高い排水を産出するために改善をはかっている途上であるが（琵琶湖流域下水道浄化センターのように、飲料水とほぼ同質の排水を産出できるレベルに達しているものもある）、全体の状況は適切というには程遠く、処理場から排出される水が水系全体の主要な汚染源となっているのが現状である。なお、勢力の強い台風が襲来した時に、長さ数km、口径数mに及ぶ臨時の地下貯水施設に初期の流出量を貯水し、結合されている下水管からの流出水を処理できるよう、設備の改善をはかる計画が現在進行中である。

大阪湾の水質

大阪湾の水質は、終戦後から1970年代の後半までの時期は、極めて粗悪であった。琵琶湖と違い、大阪湾は給水目的を担っていないため、長いあいだ、水質の悪化は京阪神工業地帯の産業発展のためにはやむをえない必要悪とみなされてきた。しかし、有害な汚染因子を含む産業廃水の削減が厳しく求められ始め、高地帯において下水設備が普及し、それが家庭汚水の流入による大阪湾の負荷を削減するに功を奏し始めるに従い、大阪湾の水質状態も改善傾向に向かった。

大阪湾の水質管理の歴史を簡単に振り返ってみると、1970年代初期に初めて大規模な赤潮発生が観測され、以来、海洋環境の富栄養化防止が国の環境計画における最大の関心事となった。1973年に瀬戸内海環境保全特別措置法が公布され、総量規制、すなわち瀬戸内海を護るために廃水負荷の総量を管理する政策が採択された。関西大都市圏全体にとって、大阪湾と瀬戸内海の富栄養化の防止は多大な関心事である。廃水負荷の総量を削減する政策では、指定された放流水面体に排出する1日の廃水容量が50m³を超える産業は、計画的に投入される養分の量を削減することが求められている。たとえば、瀬戸内海をさらなる富栄養化から護るために、上記に該当する産業が排出す

図3.9 琵琶湖〜淀川水系における残留農薬分布

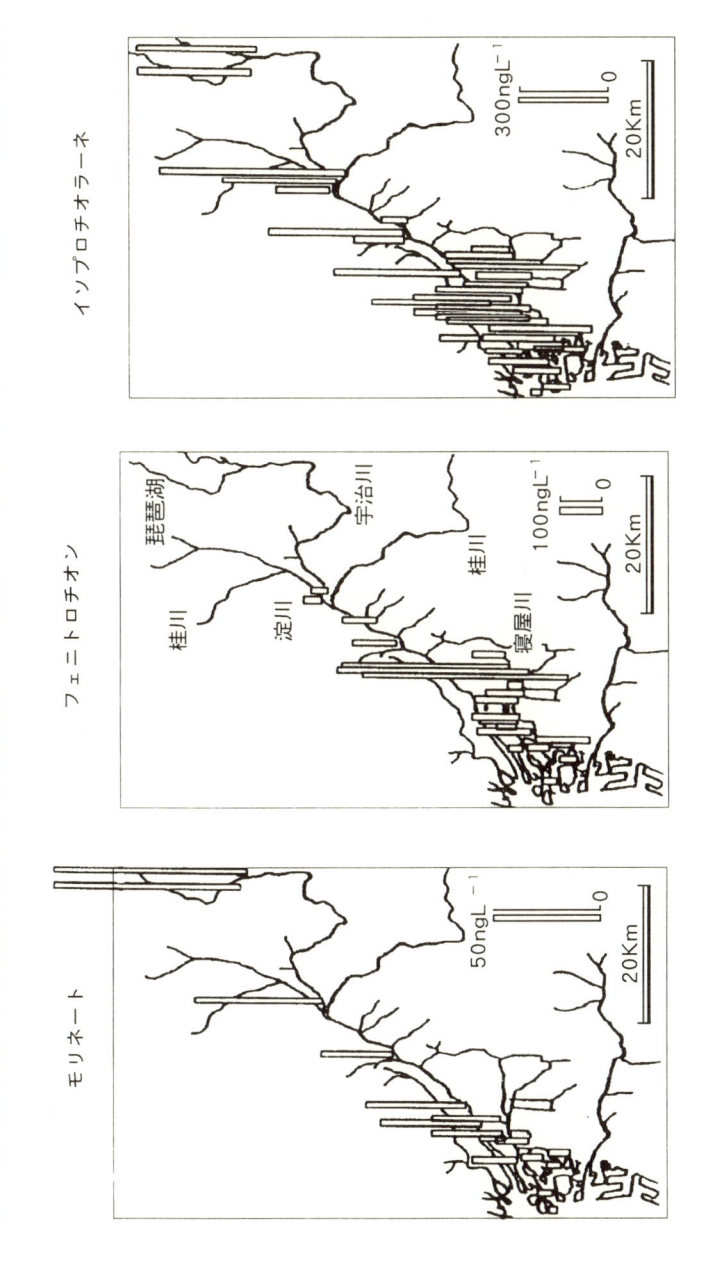

イソプロチオラーネ

フェニトロチオン

モリネート

出典：福島、山口両氏、1992年

る廃水1リットル中の窒素（N）の濃度は120mg、リン（P）は16mgを超えてはならないし、1日の平均濃度についても廃水1リットル中窒素は60mg以下、リンは8mg以下でなければならない。

　廃水負荷総量規制政策では、産業ばかりでなく、自治体が運営する廃水処理設備に対しても、設備からの流水の養分含有量をさらに削減できるように処理設備の能力を向上させることが求められている。この計画が導入されてからも大阪湾の富栄養化現象の状態は思うように改善されなかった。そのため、次期の政策再考の機会に、地方自治体が養分除去力を向上できるように、投資の増額が要求されることが予想されている。1973年に施行された特別措置条例にもとづき、関係する県の行政は5年ごとに計画を立案し、それを修正しなければならない。その最初の計画は1978年に立案されたが、それらは概して、廃水負荷を要求されているレベルにまで削減するのに、さまざまな規制計画と設備建築計画に依存したものであった。そうした当初の計画が、たとえば兵庫県庁では1993年に、下水道の建設や廃水総負荷量の削減のための他の計画において規定されている計画遂行予定と矛盾していないかといったことの見直しを行った。

　合成化学薬品に関連する汚染の概要に関しては、検出された濃度レベルと分布からみて、大阪湾の状況は淀川の上流からの影響が顕著であることが判明した（福島、1996）。

琵琶湖の富栄養化防止

　琵琶湖の水質悪化は、1977年初めに北部流域の東湖岸に沿って大規模な赤潮が発生するという形で、突如深刻な様相を呈した。それまで北部流域は清浄が保たれていると信じられてきたため、「ウログレナ・アメリカーナ」というこの植物プランクトンが発生したということは大きな衝撃であった。そして、それ以来、赤潮は毎年のように観察された。赤潮発生という事態がきっかけとなり、滋賀県は1980年、リンを含有する合成洗剤の使用および販売を禁止する「滋賀県琵琶湖の富栄養化の防止に関する条例」（琵琶湖富栄養化防止条例）を制定した。数十年の長期にわたって、琵琶湖の水質を改善するために、幅広く多数の管理対策が導入された。厳しい罰則規定を設けた「水質汚濁防止法」が1970年に制定されたことにより、早くも1970年代なかばまでには、大規模産業が琵琶湖に流入する流路に汚染源となる廃水を排出するのが放置されるような

ことはなくなった。そして、1980年に制定された富栄養化防止条例により、養分の放流に対する管理規則も追加され、産業に対する規制規定は一層、厳密かつ厳しくなった。小規模産業からの廃水も、徐々に管理されるようになってきている。ただし、産業の総流出量との比較において微々たる量にすぎない零細産業の廃水に関しては、いまだ十分には規制されていない。さまざまな環境計画が実施されたにもかかわらず、化学的酸素要求量（COD）、総リン量（TP）、総窒素量（TN）といった水質を示す代表的な指数は、琵琶湖の水質の改善があまり進展しなかったことを示しているばかりか、次ページの図3.10が示すとおり、近年、CODの値は悪化傾向にある。

では、もっと長期的な期間で見た水質傾向はどうであろうか。この件に関しては特定した数か所の水の透明度と湖北部の湖底溶解酸素という二つを、長期的な傾向を示す指数として利用することができた。この指数が示すところでは、1977年の赤潮発生以前からすでに琵琶湖の水質は徐々に悪化してきたといえる。加えてこの指数のほかにも、琵琶湖の生態系に起きていることを示すもっと微妙な徴候が存在する。たとえば、93ページの図3.11が示すように、琵琶湖の有害な植物プランクトンの優勢種に好ましくない変化が生じている。こうしたすべての指標を統合してみると、1980年代のなかばまでは、悪化傾向が加速しており、その後その速度は緩みはしたものの、悪化傾向そのものはいまだ覆されていないことが判明した。

琵琶湖に汚染源となる廃水の流入量を減少させる展望はあるのだろうか？　汚染を発生する産業の規制と、家庭や商業施設への下水道の供給は、汚染発生源の管理戦略における二つの主要ポイントである。琵琶湖総合開発計画における環境プロジェクトに対する特別予算の期限が終了した現在、時間（どの程度早く）、そして財源の運用（どの程度の金額）は汚染管理の推進に多大なる影響を及ぼす根本的な考察事項となっている。

廃水の排出量の管理に関する関心は、この10年間に徐々に、汚染源発生地点を特定できるものから、特定できないものへと変化してきた。発生地点を特定できないノンポイント汚染源のおもなものは、下記の四つである。

(1)　雨水。
(2)　森林や平野部からの流出水。
(3)　水田からの流出水。

図3.10　1979～1996年間の琵琶湖の水質の変遷：TPおよびCODに関して

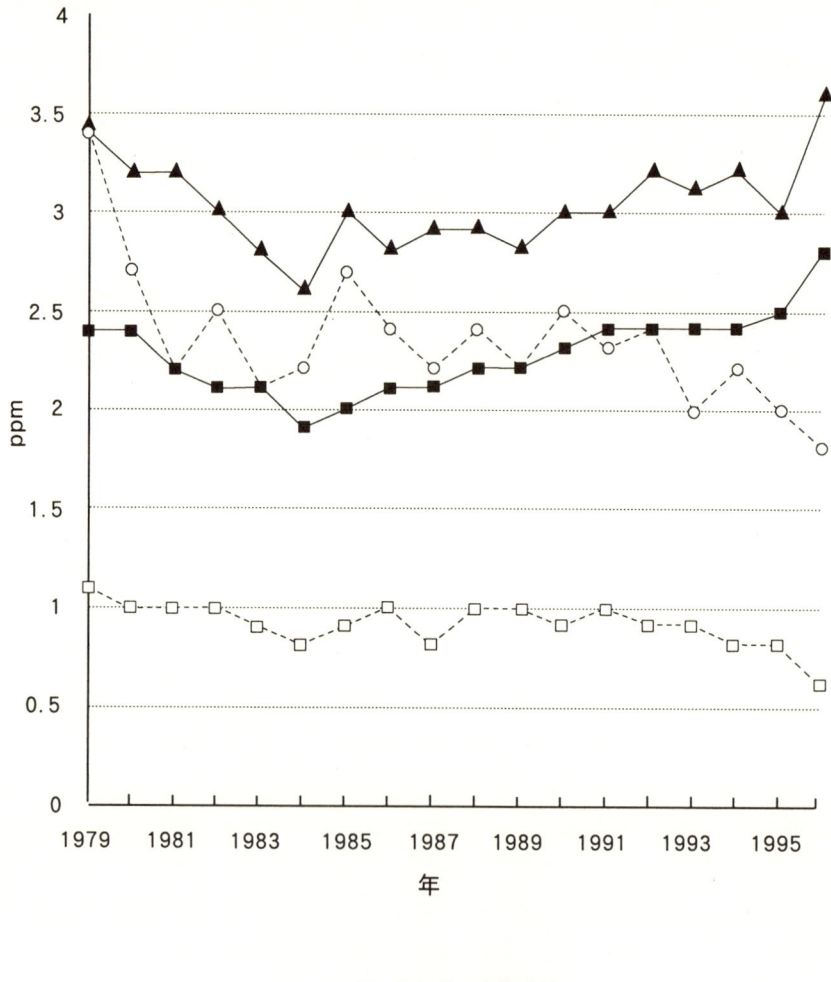

- - ○ - -　TP（×100）：南部流域
- - □ - -　TP（×100）：北部流域
──▲──　COD：南部流域
──■──　COD：北部流域

出典：滋賀県1997年

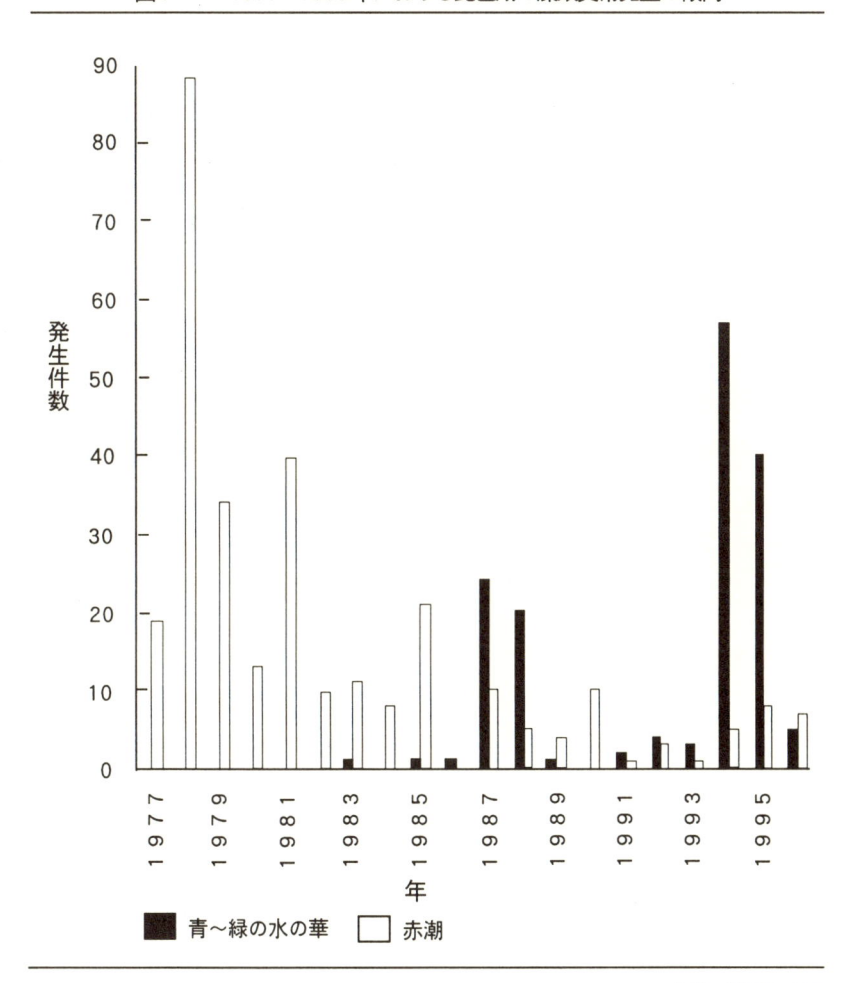

図3.11　1977～1996年における琵琶湖の藻類異常発生の傾向

発生件数／年

■ 青～緑の水の華　□ 赤潮

出典：滋賀県 1997

(4) 都市圏からの流出水。

　ノンポイント汚染源に対する総合的な管理システムは、開発に多額の費用がかかるばかりでなく、法的・制度上の施策が必要であり、現時点ではその準備が整っていると

は決して言えない状況にある。なかでも、降雨による発生地点不定の汚染や大雨による流出水の琵琶湖への流入に関しては、とりわけ対処がむずかしい。それに加えて財源の使途についても、当面は発生地点を特定できる汚染源の管理に向けられているようである。

都市圏および農業地帯が汚染源となるノンポイント汚染に対する管理計画は、まさに準備段階に入ったばかりである。乾燥した気象条件下では、構築物を用いた手段と用いない手段を組み合わせて、水田からの流出水を極めて効果的に管理することが可能であろう。現在の各行政の政策を見てみると、乾燥した気象条件下では、個々の水田を発生地点不定の汚染源としてではなく、特定汚染源とみなす傾向にある。灌漑用水の適切な管理と肥料や農薬の過剰消費を削減することは、乾燥した気象時の流出水の管理を成功させる鍵である。農業地帯における最適な管理実践を促進し、財源をより効果的に運用するための技術開発を推進することが今後の課題となってくるであろう。

概要および新たに浮上しつつある問題

概要

これまで述べてきたように、関西大都市圏における上下水道の管理、水生生態系環境の開発は、琵琶湖〜淀川〜大阪湾水系の形態的特徴から大きな影響を受けてきているが、その反面それぞれの開発が水系の形態に及ぼした影響も大きい。これまでの過程において、京都、大阪、神戸といった大都市圏と近郊自治体を包括する大都市圏外の両方の領域、また琵琶湖流域の都市地域、郊外地域、田園地域において、さまざまな物理的システムや管理の取り組みが数多く考案されてきた。全般的な状況についていえば、直面している問題は地域によって大きな違いがある一方、廃水に関連したインフラ整備への投資はいずれの地域も今後も継続して必要になるであろう。とりわけ、下水道の普及は、琵琶湖の富栄養化現象を大きく減少させる意味でも、また急速に都市化している琵琶湖流域地帯の基本的な環境基盤整備を改善させる意味でも、その普及率をあげることは滋賀県にとって極めて重要な問題である。

新たな問題

　新たに浮上してきた重要な問題を大きく分類すると、下記のようになると思われる。
1) 持続可能な水利。
2) 総合的な流域管理。
3) 健全な生態系の育成。

対策を講ずるのに役に立つよう、この3点について少し詳しく述べてみる。

持続可能な水利

　関西大都市圏の水需要は増大傾向をつづけており、それを満たすことと密接に関連して、ここ数十年の琵琶湖〜淀川〜大阪湾水系管理の主目的には、持続性の高い水利を達成するということがつねに根底にあった。具体的にいうと、持続性の高い水利というのは、関西地域の上下水道管理計画に関係している各市町村と各県の行政に課された命題である。持続性の高い水利を達成し、十分な量の用水を確保するために乗り越えなければならない大きな課題は、琵琶湖総合開発計画の完了によって、原則的にはクリアできたといえる。ただし、それは水量に関してのみに限定した場合の話であって、水質についてはあてはまらない。

　下流域の市町村に関して言えば、給水に適した水質条件を満たした琵琶湖の水を持続的に使用できるかどうかは、浄水にかかる費用に大きく左右される。たとえば、大阪市は淀川の水を飲料に適した水質にするための高度な処理を施すのに必要な費用を支払ってきたし、今後も支払う用意はあるが、琵琶湖水系全体の水質改善（それもわずかしか見込めない改善）については、単に採算が取れないという理由で、それにかかる費用を負担する意思はないように思われる。こうした状況を鑑みると、持続性に関する包括的な定義にもとづいて、水量と水質の両方に関連した持続性の高い水利について論究していくことが望まれる。おそらく、そうした論議によって、領域全体の総合的管理を行う方向へと進むことができるものと思われる。

流域の総合的管理

　琵琶湖〜淀川〜大阪湾水系の取水権は、建設省（現国土交通省）の管轄下に厳しく規制されており、その意味ではこの水系の水量管理は統括されているといえる。限られ

た水利権を増やすことを可能にするために、琵琶湖総合開発計画では水不足が起きると予想されている時期に補充の水を産出することが計画された。琵琶湖流域内の総合貯水調整システムとともに、琵琶湖総合開発が完了し、水量の総合的管理に関しては大幅な改善がみられた。しかし残念なことに、水質について言えば、琵琶湖～淀川～大阪湾水系で総合管理が十分に実施されてきたとはいえない。

　琵琶湖～淀川～大阪湾水系のように広範囲で複雑な構造を持つ水系では、その領域内の各自治体が実施している水質管理は、方法も多種多様であろうし、完成度もさまざまであろう。個々の自治体にとって、もっとも負担がかからない方法というのは、すでに確定されている周囲の水質基準を参考にし、淀川全体の水質傾向をしっかり把握しながらも、それぞれの自治体が独自の水質計画を立て、それを遂行していくことであるだろう。琵琶湖～淀川～大阪湾水系の水質管理は、現時点ではこのレベルに到達したといえよう。そして、汚染発生地点を特定した従来の水質パラメータに関しては着実に水質が改善されており、すなわち廃水排出基準および周辺の水質基準に適合している状態であり、それに関しては極めて良好な経過をたどっている。しかし、この完成度ではまだまだ問題がある。すなわち、たとえば発生地点が不定のノンポイント汚染や生態系保全の悪化などの人体や生態系を脅かすリスクといったことに関する懸念は増大しつつあり、そうした問題に取り組むには、十分に完成されたレベルに達していないということである。水系流域全般に渡った広く総合的な戦略を開発する必要があり、水系にかかわりを持つあらゆる関係者が今まで以上に協調し、調和のとれた方法でその戦略を実施していくべきである。そうした体系的な取り組みは、これまでかなり限られた範囲にとどまっていた。

　現在、琵琶湖と淀川の管理に関係する各所に共通の関心事となっている問題に取り組んでいる組織が三つある。その一つ、淀川水質汚濁防止連絡協議会は、水質保全、下水計画、水質モニタリングを強化することを目的として、1958年に設立された。現在25の参加団体を抱えるこの協議会は、給水源の水質に影響を及ぼす事態が発生した際に稼動する緊急連絡システムも確立した。

　第2の組織、淀川水質協議会は、淀川から原水を取水している主要給水組織によって、1965年に設立された。この協議会は、給水源の水質のモニタリングおよび調査、政府と上流域に位置する京都府と滋賀県の府県と市町村の行政や諸機関への上流と下

流との関係に関連する問題に関する請願、取水地点より上流にある汚濁防止施設の排水流出口の設置位置に関する相談、原水に汚染が生じた場合の緊急体制の強化、水質汚濁防止の促進といった活動を担当している。

　第3の組織、琵琶湖・淀川水質保全機構は、琵琶湖と淀川の水質を改善するための技術的な回復策において地方行政が互いに協力できるように、1993年に設立された。この組織が実施した活動としては、水質管理に適したテクノロジーの研究と開発、水質改善計画の促進、水質に関するデータや情報の処理などがあげられる。さらには、河川や水流の美化と快適さを高める活動に一般市民の参加を促進することも、この組織の活動の一つである（水谷、1993）。

　水行政に関連する公共機関と違い、こうした組織は市町村の行政管轄体をも巻き込んだ政策を展開していくということに関しては、ほとんど効力を発揮できない。したがって、琵琶湖〜淀川〜大阪湾の水環境のより良い管理を実施するために、総合的な政策や計画を遂行する権限や財源を有した機関を設立することに多大な関心が寄せられている。だが、そうした機関の設立を推進することに政治的同意は得られていないようである。水量の問題は琵琶湖〜淀川〜大阪湾水系を管理する現在の体制によって解決されたが、水質に関してどれだけ関心を寄せているかという点では地方行政のあいだで大きな温度差があるのが現状である。水系流域の管理政策の統合とはなにか、またこの湖〜川〜湾という独特の水系に関する水質の効果的管理とはどのようなものかを明確にするには、さらに厳密な研究が必要である。

健全な生態系の確立

　京都、大阪、神戸と周辺の市町村のいずれにおいても、琵琶湖総合開発計画によって、水管理体制の基本的な物理的構造や能力が変わるところはなかった。それは、この琵琶湖総合開発計画が基本的に、琵琶湖自体に関連する施設に対する土木工事は含まれていたが、下流域の施設に関してはまったく関与していなかったこと、さらにはこの総合開発計画において琵琶湖およびその流域に対して水質に関連する多大な投資が行われたものの、この計画は基本的に水量の改善をはかる計画であったということに起因している。その一方で、琵琶湖総合開発計画が実施されていた25年という期間中、琵琶湖の水質と生態系の保全の問題が急浮上し、深刻な懸念を生み、とりわけ滋賀県に

とっては予断を許さない状況となっていた。

琵琶湖水質の管理は、今やまさに新たな段階に突入しようとしている。その新たな段階とは、廃水負荷をさらに削減することを目的とした発生地点の特定および不定の汚染を防止するための対策、ならびにCOD、TP、TN以外のパラメータから見た琵琶湖の水質改善を伴う琵琶湖の生態系の保全をさらに高レベルで達成するための汚染防止策の導入といったことになるだろう。新たな段階の特徴としては、次の3点があげられる。

1) 保護流域を拡大するための再区分。
2) 移行帯（沿岸性環境と水生環境の移行地帯）の復元。その範囲として、かつて開発が行われた、琵琶湖に付随ないし隣接した湖も含む。
3) 優先流域の総合的管理。

保護流域を拡大するための再区分には、時間をかけた政治的プロセスがおそらく必要であろう。流域はほぼ全域にわたって個人が所有し、なんらかの生産が行われているため、現在の土地所有者に対し補償金を支払うなど金銭的な奨励策を考案していく必要があり、それが今後の重要な懸案となるであろう。移行帯保全に関しては、琵琶湖および多数の水路の沿岸領域を含め、農業地域と都市地域のあいだの緊密な協力がぜひとも必要となってくると思われる。優先流域の総合管理に関しては、これまでは行政のさまざまな分野（洪水防止、灌漑、下水道システム）が水量と水質の両方の管理を独自に推進してきたが、それを各分野がもっと協力し合えるような体質をつくることが、この問題の鍵を握るものと思われる。

結論

水管理問題は、水源開発の時代から生態系保全の達成という新しい時代に移行する必要があることは、誰もが認識しているはずである。にもかかわらず、それを達成するには、考え方と行政の長期的計画の取り組み方を根本的に変えねばならないところがある。水源開発にしろ、あるいは上下水道といった公共に必要な基礎構造の改善にしろ、インフラ開発計画の時代には、通常では政治的決定にもとづき、明確な量的指標を

設定し、その目標を実現するために必要な財源を運用するという取り組み方がなされてきた。目標の達成を評価する際、運用できる資源の不足ないし能力の欠如が理由で計画の遂行が遅れていないか、またその遅れはどの程度であるかということが問題となった。しかし、生態系の保全を達成することが目標となっている現在では、計画に取り組む姿勢を一変させる必要があるはずである。目標が不明瞭であったり、量数で表すことがむずかしい場合、目標を達成に導くプロセスは、徐々に変化し漸進的に発展させていくものとなるはずである。すなわち、生態系にとって十分に健全な環境とはどの程度であるかを考慮し、決定していくには、一般社会の価値観を考慮に入れるべきであり、その価値観はつねに評価を繰り返していかねばならないはずなのである。

注

1. 関西大都市圏に含まれるのは、大阪の北東部までの滋賀県（琵琶湖地区）と京都府、大阪の西部までの兵庫県、大阪の南に位置する紀伊半島の中部および西部の奈良県および和歌山県である。琵琶湖〜淀川〜大阪湾水系の管轄領域は関西地区にほぼ等しいとみなされているが、奈良県と和歌山県はこの水系の給水域には属していない。
2. 京都市に接続する2本の水路および宇治水力発電ダムサイトへの取水水路（琵琶湖から下流に向かってすぐの場所にあり、瀬田川から流れている）は、琵琶湖からの補充の流水路である。
3. 大阪湾沿岸の低地帯は、数百年前に干拓が施される以前は広大な湿地帯であった。
4. 水質管理の総合システムは実現すれば、おそらくそれは理想的なものであろう。しかしながら、淀川の例にあるように、制度的背景も政治的背景も異なるなかでそれぞれ独自に発展してきた上下水道システムの管理を調整することは、概して非現実的な構想である。下流域の給水システムと鳥羽にある鳥羽処理場との連帯関係は、淀川の上下水道システムの調整に成功した興味深い実践例である。鳥羽処理場は、下流域の給水機関の要求により、冬期中の規制基準を超える窒素アンモニアの濃度を低下させることに努め、それに成功した。それまで下流域の給水機関は、付属の処理場で塩素の投与量を増大させねばならず、それは結果的にトリハロメタンあるいは発癌性物質の濃度を高めるという事態を招いていた。

5. リン酸のトリアルキルエステルやトリアリルエステルといった有機リン酸トリエステルが、耐火性剤、可塑剤、作動液、潤滑剤として添加されている。1980年以降、水の総生産量は著しい増加をとげているようであり、1985年の時点で総量はほぼ1万5,000トンと推定されている。環境汚染に関する大きな懸念は、多くの有機リン性の農薬との構造的類似性から発している。構造と毒性の相互関係に関する確実なデータがないため、こうした化合物の環境への作用や影響は類似していると推測するのが無難であろう（福島ほか、1992）。

6. 琵琶湖総合開発計画の当初の計画では、琵琶湖の水質は主要項目に含まれていなかった。しかし1982年にこの計画の10年の延長が決定され、その際に、環境に関する計画を実施するために、相当額の投資が予算に組み込まれた。

（杉山賢一素訳）

参考文献

琵琶湖淀川水環境会議事務局 1996.
　琵琶湖－淀川を美しく変える為の試案（日本語）

琵琶湖淀川水質保全機構 1996.
　琵琶湖・淀川の水質保全（日本語）

藤野. 1970.
　「淀川の水資源開発と水質保全」 **土木学会誌**55巻No.2、13－18頁（日本語）

福島. 1996.
　「水環境における人工有機化合物の同定と生物濃縮機構に関する研究」 博士論文 京都大学　日本

福島、山口 1992.
　「琵琶湖・淀川水系、大阪市内河川に見る農薬汚染の特徴」 **環境技術**21巻No.4、271-276頁（日本語）

福島、川井、山口 1992.
　"Behavior of Organophosphoric Acid Triesters in Japanese Riverine and Coastal Environment,"　「日本の河川における有機燐酸トリエステの作用と沿岸環境」 *Water Science and Technology*, Vol.25, No.11, pp.271-278.

兵庫県 1996.

兵庫県環境白書（日本語）

水谷 1993.

「水道水源の水質保全」**都市問題研究**No.45 106-120頁（日本語）

中村 1995.

"Lake Biwa : Have Sustainable Development Objectives Been Met?," 「琵琶湖：持続性のある開発目標は達成されたか？」 *Lake and Reservoirs: Research and Management*, Vol.1, pp.3-29.

中村　秋山 1991.

"Evolving Issues on Development and Conservation of Lake Biwa-Yodo River Basin," 「琵琶湖・淀川流域の開発と保全に関する進展中の問題」 *Water Science and Technology*, No.23, pp.93-103.

大阪市水道局　日付なし

Water Supply System in Osaka,（大阪の上水道システム）

大阪市下水道局 1993.

For a Cleaner, Healthier Environment: Osaka Sewage Works（より清潔で、より健康的な環境：大阪下水道事業）

大阪府 1996.

大阪府環境白書（日本語）

大阪府水道部水質試験所 1995.

琵琶湖と淀川の水質（日本語　ただし英語の概要つき）

滋賀県 1997.

滋賀県環境白書（日本語）

World Band and EX Corporation. 1995.

Japan's Experience in Urban Environmental Management. Prepared by the Metropolitan Environment Improvement Program of the World Bank.

4 インドの巨大都市ムンバイ、デリー、カルカッタ、チェンナイにおける用水管理

ラジェンドラ・サガーネ

はじめに

　インドの巨大都市が抱える都市基盤の欠陥を述べるのは気力がくじけるような仕事であり、大都市は見るに耐えない悲惨な現況を呈している。その欠陥は将来、ますます増大しつづけ、一層切実な問題となるであろう。現在そうした暗い見通しを立てざるをえないのは、水源の不足、体制の不適切な構造、財源の不足、運営および技術の技量不足といったさまざまな問題を抱えているからである。さらに、問題を解決すべく時宜を得て適切に行動するには、行政の政治的支援が必要であるが、そうした支援が不足していることも将来に対する不安材料の一つである。
　インドでは、都市は人口において全国民の27％を占めるにすぎないが、国内総生産については50％以上の貢献をしており、巨大都市が国の富を生み出す担い手となっている。しかしながら、大都市は高い人口密度、無計画に広がる居住地、スラム街、交通

公害、環境破壊、増大する貧困、失業、社会緊張や社会不安といった経済発展に伴う数々の問題に苦しんでいる。その結果、多くの都市で環境（土壌、水、大気）の悪化傾向が進む一方である。

インドの都市圏の状況

インドの人口は、1981年に6億5,800万人であったが、1991年には8億4,400万人となり、2001年には10億人、2025年には15億人になるものと予想されている。1991年の人口調査によると、都市圏には3768の市や町があり、そこに居住する総住民数は2億1,700万人で、これはインドの総人口8億4,400万人の25.75％にあたる。100万人以上の住民を抱える大都市は、1981年には12か所であったのが、現在では23か所に増加している。この23都市の住民数は、インドの都市人口のほぼ1／3、全国総人口の1／12を占めている。都市化は国の成長過程に貢献するが、同時に、基本的な公共事業やインフラの需要と供給とのあいだに大きなギャップが生じることによって都市生活の物的・環境的な質が悪化し、成長という明るい見通しに影を投げかけることが往々にしてある。

インドの巨大都市

人口の増加傾向

人口を基盤に考えると、ムンバイ、カルカッタ、デリー、チェンナイ、ハイデラバード、バンガロールの6都市は、巨大都市の部類に入る（次ページの図4.1）。インドの総人口の15分の1がこの6都市で暮らしている。そしてこの6都市の人口は、1951年から1991年の40年間で3,300万人増加し（10年ごとの平均増加数は820万人）、さらに1991年から2001年の10年間で1840万人の増加が見込まれている。しかし、この6大都市の人口がインドの総人口に占める割合は、1951年で20.1％、1991年で21％、2001年の予測は21.53％とほぼ一定している。

図4.1 インドの巨大都市

（地図：デリー、カルカッタ、ムンバイ、ハイデラバード、バンガロール、チェンナイ、アラブ海、ベンガル湾、インド洋）

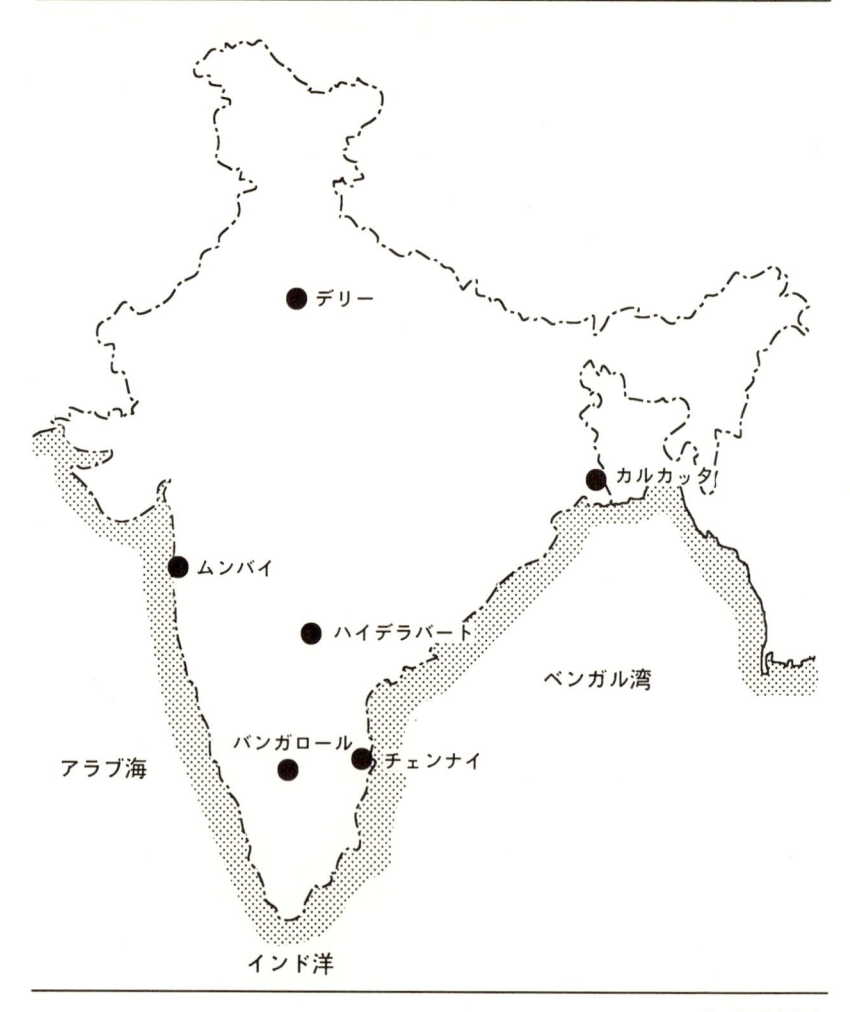

注：縮尺度なし

　インドのスラム街の人口は総人口の6％であるが、都市人口の増加人数のほとんどがスラム街におけるものである。スラム街の人口比率は、ムンバイとカルカッタが40％、デリーが35％、チェンナイが30％で、巨大都市の平均は35％となっている。ス

ラム街によって一般的な都市計画経済に大きなひずみが生じるため、その人口の推移は計画立案に多大な影響を及ぼしている。

巨大都市の特権的待遇

　巨大都市は、政治、産業、経済のあらゆる面で重要な位置を占めていることから、ほかの都市よりも明らかに有利な立場にある。このため多くの人口が集中する結果を招いた。政府は巨大都市の問題に対しては敏感であるため、巨大都市は政府からより良い対応を受けており、大規模でコストも膨大な計画に関しても、予算配分において優遇され、ほかの市町村より迅速に承認される。全インド都市化委員会の推奨により、中央が支援して、巨大都市のインフラ整備計画が1993〜1994年に導入された。この計画の対象となったのは、1991年の時点で400万人以上の人口を抱えていたムンバイ、カルカッタ、チェンナイ、バンガロール、ハイデラバードの各都市である。州政府と中央政府がそれぞれ資金の25％を負担し、残りは公的金融機関ないし資本市場によって調達された。住宅都市開発公社（HUDCO）は、この資金構成に参加することに概ね同意した。

インド4大巨大都市における給水問題

　インドの4大都市の人口と給水状況を次ページの表4.1に詳述したが、この4都市すべてに共通した大きな問題がいくつかある。

不正確な人口予測

　人口増加が著しく、計画段階で予測された人口に予定より遥かに早い時期に到達してしまい、そのため水源のみならず配水網を早急に増強する必要が生じている。今後、新しい計画を構築する際には必ず、人口調査に重点を置く必要がある。

増加する人口

　巨大都市は、雇用、教育施設、商売上の機会などあらゆる点でチャンスが大きい。そ

表4.1 1997年度のインド4大都市の給水状況

都市	人口（単位：100万人） 1991	1997	2021*	スラム街の人口 (%)	給水可能水量 (100万/1日) リットル	1人当りの平均給水量 (リットル/1日)	使途不明水量 (%)	主要水源 (%) 表面水	地下水
ムンバイ（ボンベイ）	9.90	11.00	16.00	40	2,600	236	40	100	—
デリー	8.42	11.00	28.20	35	2,700	245	25	87	13
カルカッタ	8.10	11.86	26.25	40	1,400	120	30	90	10
チェンナイ（マドラス）	5.36	5.42	13.90	30	350	65	30	75	25

*年間4％の予測増大数

のため、地方や小さな市町村から絶え間なく大勢の人びとが流れ込んできており、彼らの大部分はスラムに住みつき、スラム街の拡大という結果を招いている。

増大する水の需要

生活水準が上昇し、生活様式が変わり、支払い能力が高まったことで、水の消費量が増大している。

不十分な配水網

人口が増加し、水の需要が高まったことによって、配水が不十分となり、もともと手薄であった給水系にさらに負担をかけている。新しい定住者がかつてないほどに増加していることによって、人口密度が高くなることを考慮に入れずに設計されている既存の給水本管は、過度の負担を受けている。もう一つの深刻な問題は、給水管の付着物と老朽化により送水能力が低下していることである。

水質問題

給水を担当する公的機関は、都市住民の需要に応じることに忙殺されて、水質問題にしかるべき注意を払うことを怠っていることが多々ある。劣悪な水質を招くおもな原因を下記にあげてみる。
- 逆流の原因となる断続給水が行われている。
- 圧力が低い。
- 機能が不十分な計器が使われている。
- 漏水の検知や修復作業が欠如している。
- パイプの状態管理が不十分である。
- 汚染トレーサーである残留消毒薬の監視が適切に行われていない。

使途不明の水

インドではほぼすべての都市において、使途不明の水の比率が極めて高い。4大都市におけるその比率は、ムンバイ40％、デリー25％、カルカッタ30％、チェンナイ30％となっている。

地方自治体は、水の管理および節約、漏水の防止、検知、修復に最大限の力を注ぐべきである。目に付く漏水を止めただけでも、給水できる量は著しく増大し、収益もあがるはずである。節水は給水運営にとって重要な位置を占めており、節水が励行されるようにするには、一般市民の意識を高めるキャンペーン、NGOの協力、女性や子どもたちに対する教育が不可欠である。

ムンバイの給水状況

　インドの商業の中心地であるムンバイは、カルカッタ、デリーと並び国内最大の人口を抱え、世界でも10本の指に入る巨大都市である。人口はすでに1,100万人を超えており、2021年までには1,600万人に達するものと予測されている。

水源
　ムンバイの給水は、大ムンバイ地方自治体が管理している（次ページの図4.2参照）。1860年から1972年にかけて6か所の水源が開発され、その6か所は現在も河川、ダム、湖からの水の供給を行っている。そして1981年から1997年のあいだに、世界銀行の支援を受けて、「ボンベイ上下水道総合プロジェクトⅠ、Ⅱ、Ⅲ」が開始され、さらに3か所の水源の開発が推進されている。この水源は、それぞれが1日4億5,500万リットルの給水能力がある。さらに、即座の実施が求められている第4のプロジェクト（プロジェクトⅢ—A）に対する資金援助を世界銀行に申請中である。

　現在の水の需要は1日に約35億3,000万リットルあるのに対し、給水量はほぼ29億1,500万リットルであり、21世紀が始まって10年も経たないうちに供給が需要にまったく対処できない事態になると予測されている。

　給水の80％が生活用水で、残りの20％が非生活用水である。しかし、料金収入に関して見ると、この数値は逆転し、非生活用水の利用者からの収入が80％で、生活用水の利用者からが20％となる。

　ムンバイの1人あたりの平均最低給水量は次に呈示した通り、利用者層によって大きく異なっている。

4 インドの巨大都市における用水管理

図4.2 大ムンバイの水源

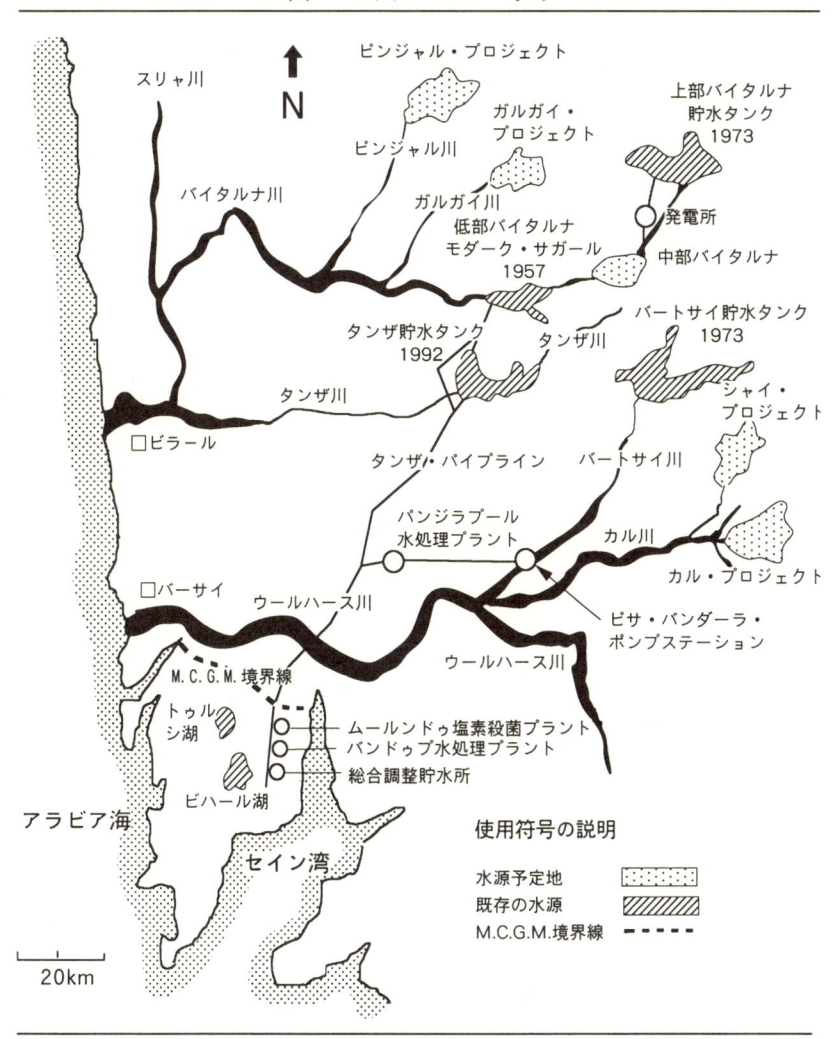

使用符号の説明
水源予定地
既存の水源
M.C.G.M.境界線 - - - - -

スラム街（給水塔からの配水）　　　　　　　45リットル
賃借住居（共同トイレが備わったアパート）　90リットル

アパート、新築ビル	135リットル
高級住宅街ならびに五つ星のホテル	200リットル

　水道管からの給水に加えて、わずかな量であるが、井戸からの給水もある（全給水量の1％）。地方自治体は井戸の造成に補助金を支給している。ムンバイでは断続的に、1日合計4時間の給水が行われている。

用水管理の問題

　ムンバイでは、老朽化している全配水網も、下水システムも、ともに状態は決して良くない。その結果、漏水するところはすべて汚染源となっている。水を節約し、汚染を食い止める目的で、水道管の亀裂やジョイント部分に漏水防止の補強作業が実施されている。2002年までに、全長350kmの水道管にモルタルを塗りつけることが計画されており、断水時間中に作業を行い、現在までに40kmの工事が完了している。古い管には、付着物があったり、雑草が生えていたり、中には小石で塞がれているものもあり、圧力や給水量の低下を招いている。非常に古い鋳造管は状態が良く、新しい管が却って劣化が早い。こうした状態から、末端での圧力が10psiになるよう圧力水頭7mで設計されていても、実際の作動圧力は水頭1.5mと同じ程度に低下している。近々に130kmの配管の取り替え工事を実施するように提案されている。

　保守管理にも問題が存在する。たとえば、電話線や電力ケーブルが古い水道管と同じ埋設溝に隣り合って敷設されており、そのため漏水箇所の修理に問題が生じる。しかも、古いコンクリート道路には管路が装備されていないため、そうした道路の下で水道管が破裂したり水が漏れた場合には、道路を掘り返す必要が生じ、修復期間が長引いてしまう。また、脇道が過密状態であるため、水道本管を迂回させることが不可能となっている。

　2階建ての古い家屋を多層アパートに建て直す工事があちらこちらで進められており、それによって水の需要がほぼ3倍に増加するという事態が生じている。アジア最大のスラム街であるムンバイのダーラビ街でも家屋の改築が進められており、それによってさらに水の需要が増大している。

　近隣地区から未処理の原水がムンバイに送水されているが、その近隣地区の住民は、水道本官で送水される水を自分たちが使用することを望んでおり、新しいパイプライ

ンの工事をたびたび中断させ、結果として拡張工事の完成に遅れをきたしている。

状況を改善するための提案
給水管理
　ムンバイはほかの諸都市と比べると、取水状況は良好であった。しかし、そのムンバイも給水開発が需要に追いつかない状況であり、需要自体を管理する努力はまったく試されていない。今後実施される水源開発はコストが大幅に増大することが予測されており、需要を満たすにはシステムの適切な管理が不可欠となる。

　利用可能な地下水は2021年の時点で予想される需要のわずか3％にすぎないが、それでもその地下水を家庭用以外の用途に有効に利用していかねばならない状況にある。加えて、現在の給水を補充するために、ほかの水源を見つける必要に迫られている。

代替水源
　廃水の再利用および循環利用／廃水の再利用は、早くも1960年に繊維工場で開始されたが、現在でもなお産業で廃水を再利用する余地は多大に残されている。ムンバイの産業用水の需要は大幅な増加が見込まれているものの（現在の消費量は1日に2億500万リットルであり、2021年までにその量は7億リットルに増大するものと思われる）、水源からの未使用の水を産業用に摂取する量を15％削減すれば、2021年には未使用の水の需要は1日1億リットル減ることになる。

　適切な処理を施された生活廃水の再利用／処理済みの下水は、水洗トイレ、洗車、消防、商業ビルの冷房、庭園の散水、鉄道車両の洗浄など飲料以外の用途で、幅広い利用範囲がある。そうした利用の実践を促進するために、奨励策を導入することも一策だろう。上述したような飲料水以外の目的で使用される再生廃水の産出に関する目標値は、2021年の時点で給水量の2％が適切であろう。

　海水の脱塩処理／インドではこれまでに、大規模な海水脱塩処理プラントの建設は例がない。そうしたプラントは、資本面でも、保守・運転費用の面でも相当に高額の費用がかかるプロセスである（1m³につき25〜30ルピー）。しかし、半塩水を処理する中規

模の逆浸透プラントは稼動中である。海沿いに位置するムンバイでは、ホテル、防衛設備、石油精製所、肥料工場、原子力発電所などといった、ほかから区切られて単独で建っていて、しかも価値評価の高い施設で脱塩処理を実施できる可能性がある。2021年には、ムンバイの総需要量の4％は、こうした分散型の給水で対応するようになるだろう。大規模な工場はこの方法を採用し、飲料水を節約することが可能なはずである。したがって、可能性のある脱塩処理方法の技術および財政に関する詳細な分析を実施し、実行可能な設備を設置するための適切な指導要綱をすぐにも作成できるようにすべきである。

　最近の研究によると、1日100万ガロンを産出する発電所を備えた脱塩処理プラントに必要な費用は、2億ルピーと算定されている。1㎥あたりの費用で見ると、現在の飲料水が32ルピーであるのに対し、脱塩処理水は45ルピーになるものと予測されるが、この増額は脱塩処理水が必要であるなら、社会的義務として受け入れるべきであろう。

人工降雨／人工降雨のための「暖かい雲の種まき」の実験がいくつか試みられてきたが、この技術はまだ研究の段階である。

蒸発抑制管理／蒸発抑制剤を使用して貯水池の蒸発をコントロールする試みがこれまでに実施されてきたが、波動がこの方法の大きな障害となっており、さらなる研究が必要である。広い範囲で露出面を減らしながら貯水池全体の露出総面積を減少させる総合的貯水池操作が、蒸発抑止に極めて効果的であると思われる。2021年には水源として使用される貯水池が10か所になるであろうということを考慮すると、蒸発抑止策は極めて重要である。

漏水の検知／漏水の防止によって、生産された水の25％を節約することが可能となり、さらに水の汚染を防ぐこともできるはずである。したがって、少なくとも15％の漏水の削減を目指し、それを実現するためのもっとも有効な方策を研究することが必要である。

水処理施設からの廃水の再生利用／沈殿槽や逆流洗浄フィルターから出る廃水は、再

循環させ、システムに戻す必要がある。それを実施することにより、給水能力は2％増加するが、この設備を所有しているのは施設の一部であるのが現状である。

需要管理

2021年まではまだ開発されていない水源が残されているが、このまま同じ比率で水の需要が増大しつづけると、21世紀のなかばには海水以外に水源を見つけることは困難になるであろう。したがって、需要の増大率にもとづいて給水計画を立てるのは先見性のないことである。むしろ、分散のための特別対策を講じることによって、需要を管理していくことが望まれる。給水を増やすために増大するコスト、既存システムを修理したり取り替えるむずかしさ、施設を増設するための用地の不足を考えると、分散対策による需要管理は極めて重要である。インド政府はすでに、需要拡大の対象をムンバイからナビムンバイに移すという分散対策の方向で動き始めている。

自立したシステムを目指した財政管理

ムンバイは家庭用水道料金がインドでもっとも低く、つい最近まで1㎥あたりわずか0.60ルピーであった。生産費に関しても全国平均が1㎥につき6.40ルピーであるのに対して、ムンバイは2.75ルピーと極めて安価であるが、それにしても0.60ルピーという料金は安すぎる価格である。非生活用水および商業用水に対しては高い料金が設定されており、その高い使用料によって生活用水は補われている。つまり、収益の80％は、給水量がわずか20％である非生活用水および商業用水からもたらされている。しかし、この使用料金算定に用いられている計算は、債務返済金額などが明確ではないし、支出として算出しているのは運営・維持費のみであることから、およそ現実的とは言えないものである。

コストの増大により、将来の計画における実質的な財政面から見た現実の水生産限界原価は、現在より遥かに高くなるであろう。したがって、今後実施される水道料金の調整は限界原価の原則にもとづいて行っていくべきであり、産み出された収益から将来の資本として余剰金を残せるよう、料金に関して的確な研究と枠組を実施していくことが望まれる。

現在の料金制度

　ムンバイ市水道局は、最近になって初めて、水道料金の実質的な値上げを実施した。この値上げにより、水道料金請求額の50％となっている下水料金も自動的に引き上げられた。増大した収益は、運営・維持作業をもっと積極的に実施するためと、将来の計画に備えた資本支出として使用されねばならない。

　新しい料金制度では生活用水に関しても、一律ではなく下記のような差異をつけている。

　　スラム街の家屋　　　　　1.00ルピー／1 m³
　　古い共同アパート　　　　1.50ルピー／1 m³
　　民間住宅協会　　　　　　2.00ルピー／1 m³
　　多層階アパート、平屋住宅　2.75ルピー／1 m³

水道料金の回収

　水道料金の回収は極めて非効率的であり、およそ25億ルピーの滞納があった。不履行者は主として州政府官庁と中央政府機関であり、政府は管轄部署に対し、滞納金と現在の請求額の両方を即座に支払うよう指示を出す必要がある。

オートメーション化

　これまで運営・維持はつねに労働集約的であったが、最近になってようやく市政機関はオートメーション化の方向で計器を使用した運転を考慮するようになり、送水管の流量や圧力を計測する機械、塩素センサーなどの入札を実施した。

将来の計画

　次ページの表4.2は将来のダム計画を示したものであるが、2021年までには需要が供給を追い越してしまうと考えられる。将来の需要を満たすべく給水量を増加させるには、海水の脱塩処理、保全管理による節水、代替水源の利用といったことが残された方法であろう。

表4.2 ムンバイの給水の為に計画されているダム

	1日の給水量（単位：mld＝100万／1日）	年度
バイタルナ流域		
中部バイタルナ	477	2003
ガルガイ	455	2009
ピンジャル	865	2021
ウールハース川流域		
カル	595	2007
シャイ	1,067	2013

デリーの給水

　インドの首都であるデリーは重要な都市である。1912年にカルカッタから首都が移転したこの都市は、インド独立後急速に発展し、いまだ拡張をつづけている。デリーは、近隣地域や各州から継続的に人口の流入があり、インド諸都市のなかで人口密度がもっとも高い（1991年の時点で1k㎡あたり1万2,953人）。1941年には100万人にも満たなかった人口が、現在では1,100万人となっている。1941年から1951年の10年間の人口増加率は106％に達しており、その後も10年間ごとの平均が56％と高い増加率がつづいている。1人あたりの給水量は、スラム街では少量であり、ニューデリーの高級住宅街では極めて多く、その格差は非常に大きい。デリー、ニューデリー、軍隊の駐屯地、近隣の村落の給水および下水処理は、「デリー上下水道事業」が担当している。

　現在の給水システム、システムの特徴、管理上の問題点、将来の計画について、以下に概説を試みる。

水源
地表水

デリーはヤムナ川沿いに位置しているが、河岸所有権はない。この川はハリヤナ州とアタール・プラディシュ州とに分岐するため、全流量はバジラバード水処理プラントの250km上流で貯水されている。したがって、デリーは地表水を近隣の州に依存する結果となっている。その水源は次にあげる4か所である（次ページの図4.3を参照）。

1. 12月から6月のあいだは、水は西ヤムナ水路経由で、ハイデルプール水処理プラント用のバークラ・ビアス管理システムから流入する。
2. バジラバード水処理プラント用にヤムナ川の80km上流で放水される。
3. チャンドラワル給水所Ⅰ、Ⅱ用にはヤムナ川からの再生水と雨季の地表流水が利用されている。
4. シャハダラにあるバーギラティ・プラント用に、処理プラントの場所から24km上流にある上部ガンガ水路を経由してテーリダム貯水からガンガ川の水が供給され、口径2,800mmの強化セメント製の導水管で処理プラントに送水される。

地下水

デリーは水文地質学的に、要求される水質を満たす地下水は限られており、化学的な特性に関連する広範な問題を抱えている（とくに、フッ素の含有率が高いため、骨格フッ素沈着症という不治の病気を引き起こす結果を招いている）。

未処理の地表水の供給はあまり確実性があるとは言えないが、それでもなお、デリーは商工業で使用される水の消費量が増大しているにもかかわらず、飲料水の入手状況がほかの巨大都市と比べて遥かに良好である。その状況を下記にあげてみる。

1. 給水時間がほかの都市より長い。
2. 1人あたりの利用可能な水の量は、1971年には1日190リットルであったのが現在では、約245リットルに増大しており、ほかの都市より多い。
3. 単位生産費が低く、家庭用の平均水道料も極めて低い（0.35〜0.70ルピー／m^3）。さらに、1日あたりほぼ9億リットルが無料で給水されている。非生活用水と商業用水は使用料が高く（3〜5ルピー／m^3）、それによって生活用水の費用が補填されているが、それでもなお運営・維持費が収入を上回っている。

送水管による給水に加えて、必要に応じて、管井戸、深堀ハンドポンプ、川床に設置

図4.3 デリーの水源

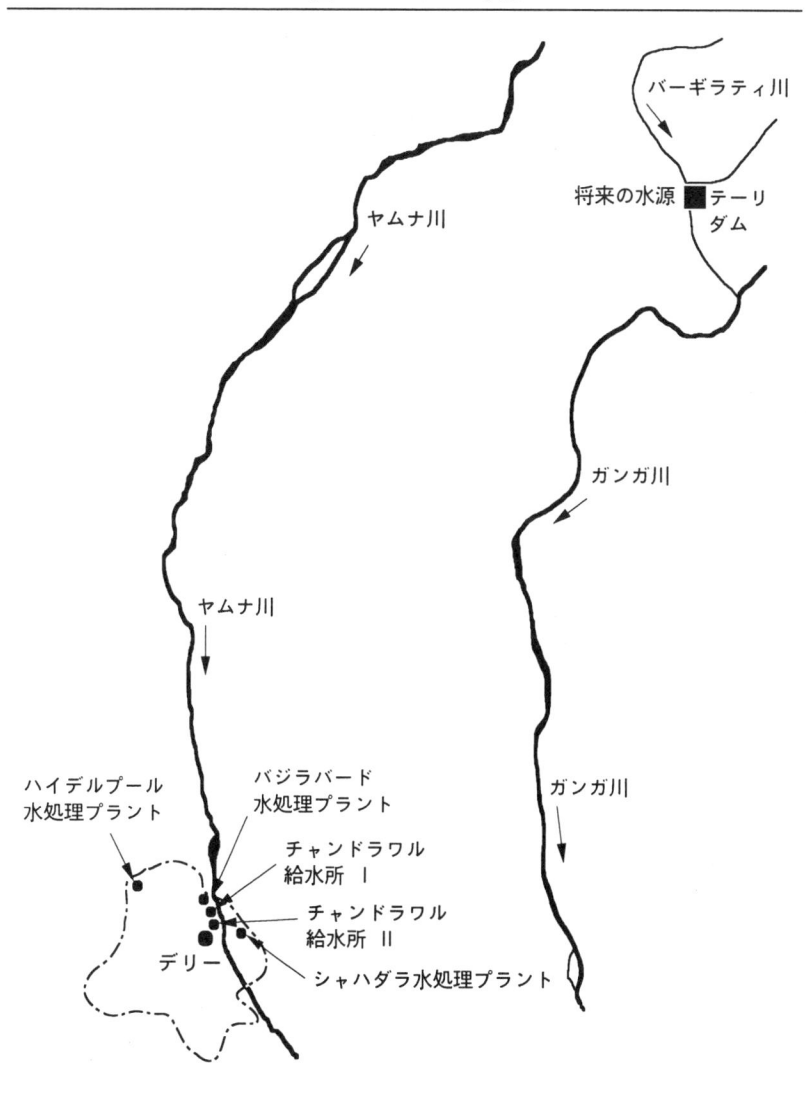

バーギラティ川

将来の水源 ■テーリダム

ヤムナ川

ガンガ川

ヤムナ川

ハイデルプール水処理プラント

バジラバード水処理プラント

チャンドラワル給水所 I

チャンドラワル給水所 II

デリー

シャハダラ水処理プラント

ガンガ川

注：縮尺度なし

された放射型井戸から取水を行い、必要に応じて給水車による給水も行っている。

　デリーの給水システムの規模は極めて大きく、全長約1万2,000kmの揚水管、周辺管、配水管、384か所の昇圧ポンプステーションがある。水道管の接続は120万か所に及んでいる。人口の90％が給水を受けており、その供給範囲は567の無許可および正規のセツルメント（貧困地区にある宿泊などの施設）、1080の無断居住地域、44の再定住集落、413のハリジャン・バスティス（小さな家屋が密集して建っている区域）、222の郊外に位置する自治体、226の都市に位置する自治体に及んでいる。配水本管の長さは、1985年に3,742kmであったのが1996年には7,400kmと大幅に増大している。水道事業の運転・保守に携わる職員数は、約1万1,000人である。

用水管理の問題

　デリーでは、水処理プラントはすべて市の一方面に集中しており、不都合なことに、消費はその反対方面に集中している。そのため、配水システムにおいて末端の圧力が均一ではなくなるという結果を招いている。だからこそ、地下タンクや補助ポンプステーションが建設されたのであるが、その目的は24時間給水を実施することではなく、ピーク時に十分な給水を達成することであった。システムに故障が生じた場合、故障が修復されるまで給水をなんとか保つには、給水ポイントに給水車を配備して水の補充を行うことが不可欠である。

　毎年必ず水を媒介とした病気が流行するため、水の汚染問題は以前にも増して優先事項として取り扱われている。汚染の原因となる流れを取水点より下流へそらすことによって、ヤムナ川の汚染を防ぐ措置が講じられた。しかし川の下流地域はいまなおナラスなどの放出口からの汚水によって汚染されており、取水口の上流にも産業廃水による汚染が存在する。さらに地下水も汚染され、フッ素化合物を含有している。管井戸の建設に際して、水質検査は実施されておらず、したがって生活用水としては使用できない状況にあり、住民もそれを承知している。

　古いパイプは状態が悪く、また上水道と下水道が近接して設置されているため、相互汚染が発生している。そうした状況を改善するため、配水システムにある破損したパイプラインの取替えが段階的に実施されている。だがそれに加えて、未処理の原水の段階から消費者に届くまでのあらゆる段階で水質を検査するという効果的な監視シス

テムという手段も考慮すべきである。およそ45万か所の接続部分が取替えを必要としており、1996年に約7万1,000か所の接続部分の交換が行われた。汚染を防止するため、消費者に対してパイプを交換することが奨励されている。

給水事業を圧迫する問題

無駄な水を節約し、それを給水し利用できるようにするには、独立した各事業体で実施される漏水の発見と修復に加えて、配水システム全体のオーバーホールが極めて大切である。同様に、公共の配水塔から大量の水が損失しているので、それを監視し抑止することが必要であり、さらに不法な給水栓の取り付けを防止することも実施していかねばならない。

こうしたことを実施してもなお、生活水準の向上により、水の需要は今後も供給を上回るであろう。

さらに、観光客などインドの首都であるデリーを訪れる人数は30万人から40万人に達しており、その浮動人口が給水システムの運転に及ぼす影響も無視できない。そのうえ、定期的な流入人口も、この数十年間増えつづけている。したがって、将来に向けて供給量を増やすための計画を検討していくことが不可欠となっている。

近年、商業化と人口密集の傾向が強まっており、さらに無許可の建設が後を絶たないことから、消防用の水の需要が増大している。

給水と水管理の改善に関する展望

科学的な方法を講じてより多くの地下水を利用できないか、その可能性について真剣に調査研究が進められており、デリーの周辺地域ではとくに熱心に行われている。地下水は適切な処理をすれば、飲料水として利用できるはずである。10年前の段階では経済的ではないとして実施されなかったことが、将来は実施の必要が生じてくることが考えられる。

また、放水路からの大量の雨水やデリーの下水処理プラントからの処理済み下水を、近隣のハルヤナ州、ウッタールプラディッシュ州が灌漑用に使用している河川の水の代用として使用できないか、その可能性について積極的に検討が進められている。公園、庭、家庭菜園には、ろ過水の使用を全面的に禁止し、井戸水、再生水、下水処理プ

ラントからの処理済み下水を使用するようにしていくべきである。

どうしても必要とする用途にのみ水を使用することが確実に励行されるよう、給水時間の合理化も必要である。

このように、用水管理問題は、デリーの都市開発と都市公共事業の運営に関する全体的な枠組みの中でも中心に据えるべき重大な問題である。デリーでは、水という乏しい資源の無駄使いを規制するために消費者自身が意見を発表し、行動を起こしたことがあり、成功例も若干ながら見られる。南デリーにおいて、水の供給系と使用系の二元システムを開発したアパートもある。このシステムでは、アパート全棟用の飲料水が一つの高架水槽に貯水され、それ以外の用途には井戸水が飲料水用とは別個の水槽とシステムを使用して給水される仕組みになっている。このシステムによって、飲料水を確実に一定して供給できるばかりでなく、効率の良い需要管理を奨励する効果もある。このような需要管理の方法や節水に関して、一般住民の自覚を促すキャンペーンを実施することが必要である。

水の保全

水を保全するためにさまざまな方法が採用されてきており、その一部を紹介する。

蒸発管理

上部ガンガ水路からバーギラティ浄水プラントまでの水の輸送に暗渠(あんきょ)を使用することで蒸発を抑制している。さらに、ヤムナ水路からハイデール・プラントまでの送水システムが敷設されている。

下水の再循環と廃水の再生利用

浄水機とろ過洗浄水からの廃水は、すでにバーギラティ浄水プラントで再生利用されており、ほかの浄水場でもそのシステムの採用が検討されている。産業用の廃水再生利用もすでに開始されている。さらに、1日2億7,000万リットルの下水がデリー連邦直轄領において灌漑用に使用されている。

水の漏れ、浪費、濫用、盗用の防止

表4.3 デリー給水域を受け持つ計画中のダム

	潜在容量(100万m³)	デリーの配分(100万m³)
テーリダム	1,858	268
レヌカダム（ヒマチャラ・プラデッシュ）	460	460
キシャウダム（ウタール・プラデッシュ）	1,300	615

　1992年には40％に及んでいた使途不明の水が、これまでにさまざまな対策が講じられてきたことで、25％にまで減少した。しかしなお、漏水や水道管破裂などを発見し、対応する時間を短縮するために、遠隔探知・監視のシステムを設置するよう多大な努力を払う必要がある。消費者が不法に設置したオンラインのブースターを取り除くための特別な運動が展開され、1996年3月までに1万7,826個のブースターが除去された。

将来の計画

　デリーのすべての給水源をあわせた給水能力は1日約27億リットルである（そのうちの2億5,000万リットルは井戸からの給水である）。

　給水力を高めるためのプロジェクトが目下進行中で、西ヤムナ水路からの水を処理するナグロイ浄水場（給水力1億8,200万リットル）、ボーナ浄水場（給水力9,100万リットル）、および5か所の河床放射型井戸の建設が進められている。さらに、将来予想されている人口増加に伴う需要の増大に応じることができるよう、三つのダムの建設を計画中である（表4.3）。

カルカッタの給水

　カルカッタは、インド東部の重要な沿岸都市である。大カルカッタには、鉄道の終着

駅であるハウラーがある。

水源

　大カルカッタの飲料水の給水源は、次ページの表4.4と124ページの図4.4に示したとおりである。カルカッタ市の管轄範囲内は同自治体が、市の区域外はカルカッタ都市開発局が、給水設備の建設と保守計画を実施している。カルカッタ都市上下水道局は、水道設備の拡張を管轄している。

　1997年の時点での大カルカッタの人口は1,186万人で、その中には200万人の浮動人口が含まれている。スラム街の人口は市全体の40％を占めている。1人あたりの1日の平均給水量は120リットルである。

配水システム

　午前6時から午前9時までのあいだと午後3時半から午後6時半までのあいだは、5kg／cm²の高圧で、また午前11時から正午までと午後8時から8時半までのあいだは低圧で給水される。残余圧力水頭は、ほぼ0.6mである。

水道料金

家庭用水道料金

　水道料金は資産税に含まれているため、カルカッタではろ過水の供給量の大部分は、料金を直接請求することはない。カルカッタの自治体の管轄地区では、口径15mm以下の水道管で接続されている場合は料金の請求はなく、20mmの場合は年間480ルピー、25mmの場合は780ルピーが請求される。大口の給水に関しては、計量を行い、1m³につき3ルピーを請求するケースが多い。

商工業用水道料金

　ろ過水に対する料金は、口径6mmの水道管で接続されている場合が月間240ルピーで、口径25mmの場合は月間2,200ルピーである。
ろ過していない水も（ガンガ川からの未処理の水を消毒して）工場に供給されており、その料金は極めて安いものの、口径12mmの管で接続されている場合は月間50～75ル

表4.4 大カルカッタの飲料水の水源

水源	容量	
	100万ガロン／1日	100万リットル／1日
カルカッタ		
表面水（ガンジス川）：		
パルタ給水所（30km離れた地点）	160	730
ガーデン・リーチ給水所（16km離れた地点）	60	270
大カルカッタ BK地区用	30	136
バラナガル・カマールハティ給水所（CMDA）		
合計	250	1,136
地下水：		
種々の地区の管井戸	20	90
私用ポンプ	10	45
合計	30	135
ハウラー		
表面水（ガンジス川）：		
パドマプクール給水所	40	180
セラムポール給水所	20	90
合計	60	270
合計	340	1,541

ピー、25mmの場合は335～505ルピーと幅がある。

　工場へ大量供給される場合の料金は、1m³につき15ルピーである。

管理の問題

　カルカッタは、ハウラー地区で人口が過密状態であり、路地も狭いため、上下水道

図4.4　カルカッタ都市圏用のガンガ川にある給水栓取りつけ地点

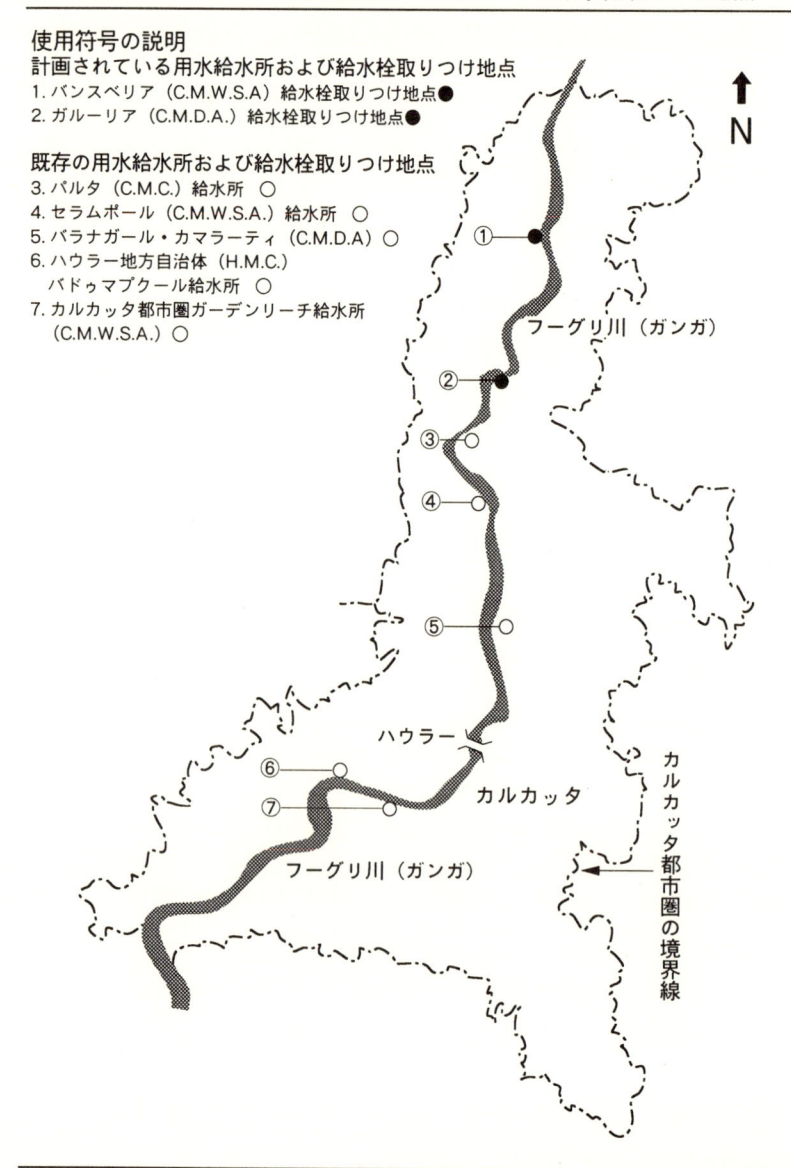

使用符号の説明
計画されている用水給水所および給水栓取りつけ地点
1. バンスベリア（C.M.W.S.A）給水栓取りつけ地点●
2. ガルーリア（C.M.D.A.）給水栓取りつけ地点●

既存の用水給水所および給水栓取りつけ地点
3. バルタ（C.M.C.）給水所　○
4. セラムポール（C.M.W.S.A.）給水所　○
5. バラナガール・カマラーティ（C.M.D.A）　○
6. ハウラー地方自治体（H.M.C.）
　バドゥマブクール給水所　○
7. カルカッタ都市圏ガーデンリーチ給水所
　（C.M.W.S.A.）○

注：縮尺度なし

表4.5 2000年と2015年のカルカッタにおいて予想される水需要量および人口

年	人口 (100万)	需要量（100万リットル／1日）	
		大カルカッタ	カルカッタ 自治体の配分
2000	15.50	2,034	675
2015	21.40	2,565	696

を運営維持していくための修復作業がむずかしいという問題を抱えている。

また、地下水面の低下により地下深くから取水されるようになった地下水が、ヒ素に汚染された結果、深い管井戸は閉鎖されるという事態が発生している。

給水の約50％は直接の料金請求が行われていない。そのため、家庭用水に対して内部補助が行われているものの、運営維持をしていくうえで財政上の問題が生じている。

新しい計画すべてに言えることであるが、政府からの助成金によってカバーされるのは費用の25％にすぎないことから、資金の問題がつねに存在する。ほかの金融機関からの資金調達が必要であるが、これは手続きに時間がかかる。現在、浮動公債によって資金を増やす試みが進められている。

使途不明の水

使途不明の水は、約30％存在する。

将来の計画

新しい給水力

将来の人口および水の需要に関する状況については、表4.5に示す通りである。この需要を満たすために、2021年までに1日あたりの容量を、パルタ・プラントで4,000万ガロン、ガーデンリーチ・プラントで6,000万ガロン、ハウラー浄水場で4,000万ガロン、パルタ浄水場およびガーデンリーチ浄水場でそれぞれ4,000万ガロン増やすことが提案されている。

50億ルピーの費用がかかると推定されているこの新プロジェクトは、現在、構想の段階である。この計画では、処理場からの給水はすべて重力を利用して行うことが構想されており、それが実現すれば電力消費を大幅に節約できるようになる。この重力を利用した方法は、運転上の問題を軽減することにもなるだろう。

配水網の修復

配水網で使用されているパイプは非常に古く、配水能力が低下しているため、十分な送水圧で均等に配水することが困難になっている。

大口径（750〜1,800mmの口径）のパイプの修復計画が目下準備中であり、1997年から1998年の会計年度でそれぞれ5億ルピーの予算が配分された。この修復工事では、古い鋳鉄管の中にグラスファイバーで強化された管が挿入されている。

チェンナイの給水事業

タミル・ナド州の州都チェンナイは、ベンガル湾の沿岸に位置している。チェンナイ市はかなり降雨量が多い（1,000〜1,200mm）にもかかわらず、飲料水の問題は非常に深刻である。市内および周辺に5本の河川が流れているが、その河川に依存できる給水量だけでは市の需要を満たすには不十分である。人口542万人を抱えるチェンナイ市の総給水量は1日に3億〜3億5,000万リットルで、1人あたりに換算するとわずか65リットルとあまりにも少ない。したがって、必要な場合には1日おきの給水にするなどの、飲料水の消費を押さえる対策が必要である。過去に、列車による水の輸送が行われたこともある。

水源

現在の給水源は、地表水が75％、地下水が25％となっている。

地表水

地表水の現在の水源は、プンディ、チョラワラム、レッド・ヒル（次ページの図4.5

4 インドの巨大都市における用水管理

図4.5 チェンナイ給水源

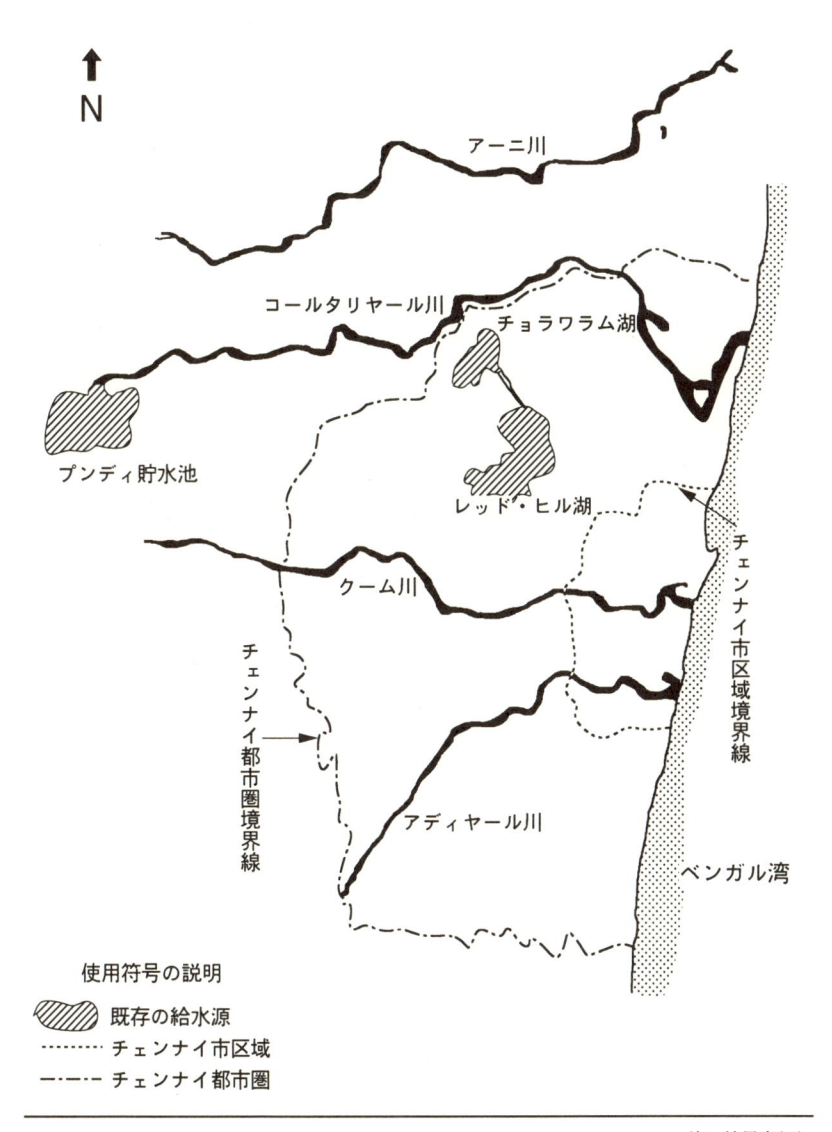

アーニ川
コールタリヤール川
チョラワラム湖
プンディ貯水池
レッド・ヒル湖
クーム川
チェンナイ市区域境界線
チェンナイ都市圏境界線
アディヤール川
ベンガル湾

使用符号の説明
既存の給水源
········· チェンナイ市区域
—·—·— チェンナイ都市圏

注：縮尺度なし

参照）という相互に繋がりあった三つの湖に貯えられた自然の雨水である。しかしこの三つの湖はどれも浅く、貯水できる容量が少ない。この水系から得られる総水量は、1日約2億5,000万リットルである。集水地域は農業地帯であり、そのため降雨量の少ない年は、利用できる流量はまず灌漑用タンク、湖、上流へ向けた排水路に向けられ、貯水池へ流入する水量は著しく減少する。

地下水

1日約5,000万リットルの水が井戸から取水されている。地下水は、この地域の産業需要に匹敵するだけの量を供給しており、相当の貢献をしているものの、帯水層が浅く、貯水量に限界があることから、問題がないわけではない。地下水の開発が盛んに行われた結果、いくつかの井戸用地に海水が進入するという事態を招いている。そのため、約40％の井戸の水は飲料に適さない水質となってしまった。さらに、市の主要な涵養（地下水系に水が吸収されること）地帯には現在、都市住居が広がっており、それによって地下水への水の吸収が少なくなり、地下水の減少が引き起こされている。

チェンナイ市への給水を増加させるためのプロジェクト

チェンナイの給水はおよそ満足できる状態ではない。そのため、これまでに幾度となく給水源を増やすための計画が検討されてきたが、多くの政治的問題の介在によって、提案はすべて実現を見ていない。

クルシュナ給水プロジェクト

最初の増水計画であるクルシュナ給水プロジェクトは1983年に開始された。これは、チェンナイから400kmの位置にあるアンドゥイラ・プラディシュ州のクルシュナ川から水を引く計画であったが、最終的に具体化されずに終わった。

ビラナム給水計画

230km離れたビラナム湖から1日2億リットルの水を運ぶプロジェクトが15年ほど前に計画されたが、計画のなかばで放棄された。その後、代々の政府が計画を立て直したり世界銀行との提携を持ち出したりしてプロジェクトの再開を試みた。しかし、必

要な水量を獲得できるという確信が持てないことから、現在、プロジェクトは縮小され、隣接地区に給水する計画に変更された。したがって、ビラナム湖は市の給水量を増やすのに有効な給水源とはなりえなかったのである。

将来の計画

新たな水源が確認され、900km離れたナーガージャン・サガール・ダムを経由してクリシュナ川から取水する大規模な計画が実施されている。2段階にわけて計画は進められており、1日4億リットルの取水を企図した第1段階はほぼ完了しており、第2段階が完了するとさらに1日5億リットルの水を獲得できるはずである。

第2段階が完了するころまでには、チェンナイ市ばかりでなく約300万人の人口を抱えた周辺の20の地方自治体も、給水をこの水源に頼らざるをえなくなるだろうと考えられている。そして、その時点までには、給水可能な総量は1日12億リットルとなるものと推定されている。すなわち、将来1,000万～1,100万人の需要を満たすことができるようになるものと思われる。しかし、チェンナイ周辺には給水が実施されていない地域がまだ多く存在しており、この計画で利用できるようになった水から、そうした地域への給水も実施していかねばならないため、結果的に1人あたりに対する給水量は減少することが予想される。

チェンナイの用水管理

マドラス水道局は、チェンナイの水不足の問題を深刻に受け止め、既存の飲料に適した水を保全し、その水を飲料用に特定して経済的に使用するための断固たる処置を講じることに着手した。その一つの戦略として実施したのが、各産業が独自の給水計画を実施するか、産業用に適切な処理を施した再生廃水を利用しなければ、政府はいかなる産業プロジェクトも認可しないというものである。一例をあげると、マドラス水道局はマドラス肥料会社に工場から10km離れた位置にある帯水層から1日1,800万リットルの未処理の水を供給していた。1983年と1987年に起きたとくに厳しい干ばつのあいだ、マドラス水道局はこの肥料会社に対する給水の完全な打ち切りを断行し、工場は長期の操業休止に追いこまれた。そこで、この肥料会社は冷却用に必要な1日1,200万リットルの水を代替資源に替える努力を行い、間接冷却工程に海水を利用する方

法と、既存の給水量を補充するために廃水を3次浄水処理と脱塩処理をしてから給水システムで利用する方法の二つの可能性を検討した。その結果、後者の方法が選択され、逆浸透圧を利用したプラントを建造し、1993年に運転が開始され、1日1,500万リットルの廃水をこの工場の冷却塔に適した1日1,200万リットルの工業用水に変換させることに成功した。それによって飲料可能な1日1,200万リットルの水がチェンナイ給水システムに還元されたことになり、継続的な人口増加によって生じる社会的圧力を軽減するのに役立っている。

マドラス水道局は、浄化処理を行った廃水から得た水を産業に供給するという基本方針を承認した。また、日本の海外経済協力基金（OECF）が市の下水の一部を処理する容量1日1億リットルの処理プラントへの資金提供に合意し、それによって新たな産業用水の供給源が産み出され、実質的に市の給水量が増加することが見込まれている。

他の水保全対策

これまでに、湖面へ化学薬品を散布して蒸発を防止する実験が行われ、25％の削減が観測されている。将来、必要になった際に、この方法は採用されるであろう。

水処理プラントにおいて、フィルター逆洗浄水が再利用されている。さらに、海水の脱塩プラントが建設中である。

マドラス都市圏地下水法により、雨水採集の設備を備えていなければ新しい用地計画は認可されない。加えて、地下水の汲みあげ用ポンプの能力に関しても規制がある。こうした努力の結果、地下水面にかなりの上昇が見られるようになってきた。

こうした対策とは別に、漏水の検出と防止の対策が大々的に推し進められている。したがって、今後、漏水に関する状況は改善されるものと期待されている。

結論

インドの巨大都市において持続力のある給水を実現させるには、いくつかの戦略をはかることが必要であり、それを列記してみる。
■限られた資源である水をどのように配分するか、その割りあてに優先順位を定め、各

州間の争いを早期解決に導く国策としての水政策を打ち出し、それを履行すべきである。また、行きすぎた開発を防ぐために、地下水に関する法令が必要である。さらに、地下水と地表水の汚染を防止するため、汚染の原因となる物質を登録し、法的措置を適用すべきである。

■地方自治体に財政上の権限を委任するインド国憲法の第74修正条項を履行すべきである。
■計画の枠組を作成する際に、構想の基礎となる人口予測を科学的に行う必要がある。
■都市の拡張はスラム街を拡大させる原因となるので、行政がコントロールしていく必要がある。
■使途不明の水消費が極めて多いので、漏水を検出し防止するための系統的な計画を、通常の運営・維持計画の一環として優先的に実施すべきである。
■節水に重点を置くべきである。料金が安いと無駄な消費を招く傾向があるので、水道料金を適切な価格に設定すべきである。しかし同時に、貧困者に対する補助も実施すべきである。自動開閉の水道栓や小型の便器を使用するといった家庭内でできる節水策だけでも実施すべきである。
■水道料金は限界費用にもとづいて算出し、年間10～15％の増額をはかるべきである。必要であれば、間接税の導入も試みるべきであろう。上水道と下水道はそれぞれ別途に料金の請求を行い、効率的な料金回収機構をつくり出すべきである。
■給水量と同様に水質の管理と監視に積極的に取り組むべきであり、残留消毒剤の調査と適切な検査の実施を主張すべきである。古くなったパイプや連結部は汚染源となるので、段階的に取り替える計画を立案すべきである。
■将来の計画には、10年ごとの需要と供給状況の検討と、30～50年の長期計画を実施し、統合的な上下水道計画を準備すべきである。
■下記のような代替水源を利用して需要の一部に対応することによって、遠い水源を利用した新しい給水構想の費用は大幅に節約できるはずである。
　1. 飲料水ではない用途に廃水や下水を再生利用する。
　2. 工業ならびに農業用に2次処理された下水を利用する。
　3. 可能性のある地下水源を開発する。
　4. 沿岸都市に有用性の高い施設を設置し、そこで海水の脱塩処理を行う。

- 多少なりとも給水を継続的に行う場合、計器の性能が良く、業務の補充人員を使えるのであるなら、検針を行うのが望ましい。
- 業務遂行に遅滞が生じないようにするには、組織内の連絡が良く、各部署間の調整と協力がうまくいっていることが鍵となる。
- 制度を強化し、訓練によってスタッフの能力育成を行うことは、極めて重要である。
- 長期計画には、政治的な安定、意思、そして支援が必要である。選出議員の任期によって計画が制限されてはならない。
- 資源動員および財政計画は、いかなるプロジェクトにとっても極めて重要である。政府資金への依存を減らしていかねばならず、機関融資や外部資金などを含めた資金調達の革新的な方法を考案すべきである。
- 最後に大事なことを言い残したが、都市の水管理においてエンジニアの立場と役割は極めて重要である。エンジニアは学識者や官僚より、水に関連した諸問題を理解するための知識や経験を多く有している。したがって、エンジニアは自分の仕事や研究について公表していくべきであり、住民との信頼関係を築き、住民を教育していくことが望まれる。

注：この章全体を通して、ボンベイはムンバイ、マドラスはチェンナイという呼称を使用している。

(杉山賢一素訳)

5 メキシコシティ首都圏の給水ならびに配水

セシリア・トルタハーダ・キロス

はじめに

　メキシコは、面積200万k㎡、人口9,200万人あまりの国である。平均年間降水量は780mm（1,522k㎥の量に相当）、平均年間流去水（地中に吸収されずに流れ出る水）は410k㎥、再生可能な地下水の年間推定量は55k㎥である。1人あたりの利用可能年間平均水量は約5,000㎥でそれは世界平均の2倍に相当する。しかしながら、南部は水が豊富にあり、北部は欠乏しているというのが、メキシコの実状である。実際、自然の地下水の涵養（地下水系に水が吸収されること）を見ても、メキシコの南東部が79％を占めている（SEMARNAP／Comisión Nacional del Agua ［国家水委員会＝以下CNAとする］, 1996）。このように平均年間降水量と人口の集中の格差に起因して、メキシコ国内の1人あたりの利用可能な水量は地域によってかなりのばらつきがある。1年間に利用できる量は、水量が少なく人口が集中している地域では211〜1,478㎥で、水量が多く人口の少ない地域では1万4,445〜3万3,285㎥となっている（CNA, 1994）。

　あらゆる用途を合わせてメキシコで1995年に抽出された水の総量は、ほぼ300k㎥

図5.1　1995年度のメキシコの水使用分布

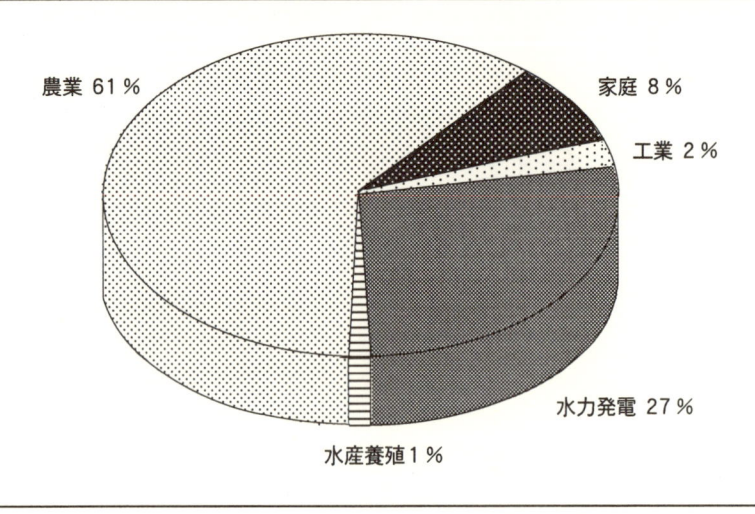

農業 61％
家庭 8％
工業 2％
水力発電 27％
水産養殖 1％

出典：SEMARNAP/CNA, 1996

と推定される。そのうち、26.5％が水力発電に、73.5％がほかの目的に配分された。その73.5％の内訳は、61.2％が農業、8.5％が家庭用、2.5％が工業、1.3％が水産養殖に配分されている（図5.1）。2000年までに、1年間に必要となる水量は、水力発電に142k㎥、火力発電に2.89k㎥（火力発電には主として海水による冷却）と推測される（SEMARNAP/CNA, 1996）。

　現在の年間平均採出水量は、再生可能な水の年間総量のほぼ43％である。現在、帯水層や流域の大多数には汚染や水の欠乏が見られるが、この数字からはそうしたことを読み取ることはできず、国家的に見て水が豊富に存在するかのような誤った認識を与える恐れがある。メキシコ国内のあちこちで、さまざまな水利用者のあいだで争いが起きているが、水不足と水質汚染の両方によって、その争いにますます拍車がかかってきている（Naranjo and Biswas, 1997 ; CNA, 1994）。

　メキシコで発生する総廃水量は、年間で7.3k㎥すなわち毎秒231㎥と推定されている。年間1.4k㎥を処理できるインフラが存在しているにもかかわらず、実際に処理されているのは、わずか年間0.53k㎥にすぎない。すなわち、廃水の93％がなんら処理

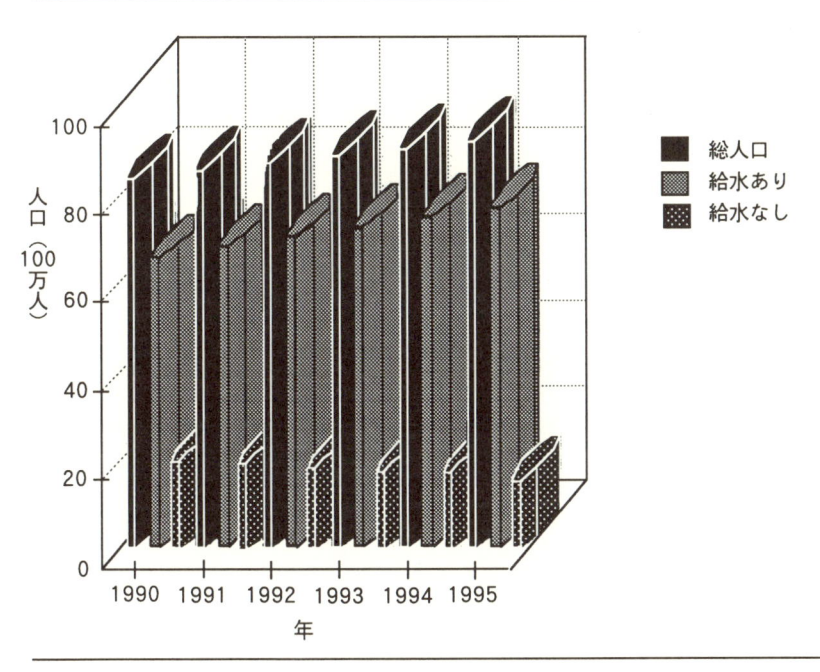

5 メキシコシティ首都圏の給水ならびに配水

図5.2 1990〜1995年のメキシコにおける利用可能な水量

凡例：
- 総人口
- 給水あり
- 給水なし

縦軸：人口（100万人）
横軸：年（1990, 1991, 1992, 1993, 1994, 1995）

出典：CNA／UPRPS／国立インフォメーション・システム − CNA, 1997a

されずに放出されているのである（SEMARNAP／CNA, 1996）。メキシコ国家水委員会が1994年に実施した国内にある218の流域（この数の流域は、領土の77％、人口の93％、工業地域の72％の工業地域、灌漑地帯の98％をカバーしている）の水質の調査研究では、大多数の流域が現在、産業廃棄物や有機物とか農薬の残滓に汚染されていることが示されている（CNA, 1994）。

給水を受けられる国民の数は、ここ数年間で増加してきた（図5.2）。しかし、その水は、全部が全部処理されているとは限らないのである（次ページの図5.3）。

国家水委員会によると（1997a）、1995年の時点で国民総数9,160万人のうち、飲料用の清潔な水を入手できない人が1,510万人、衛生施設（流し、浴槽、トイレなど）のない人は3,060万人にも及んでいる。とりわけ都会から離れた地方は極めて深刻な問

図5.3 1990～1995年のメキシコにおける処理された水の利用可能量

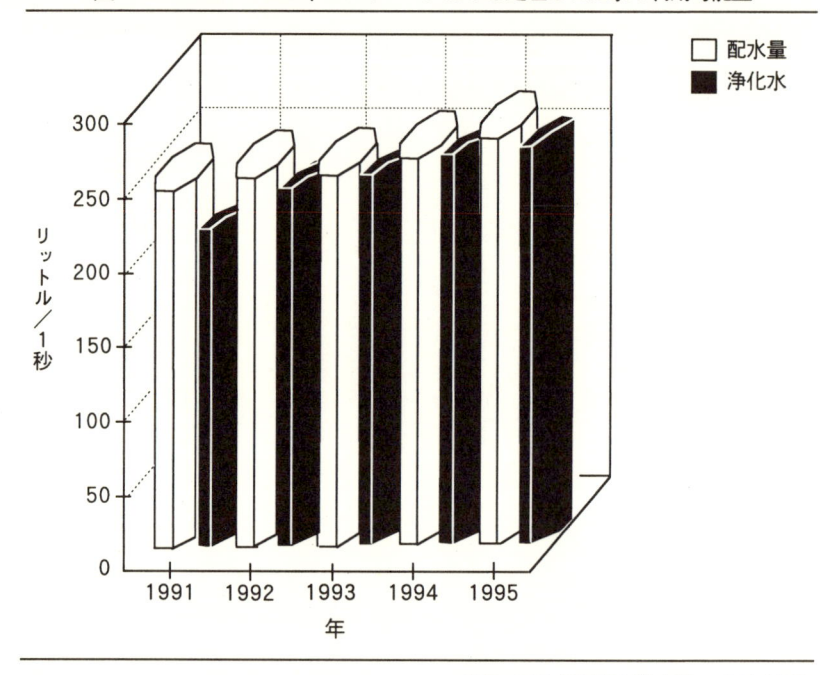

□ 配水量
■ 浄化水

リットル／1秒

出典：CNA／UPRPS／浄水課 − CNA,1997a

題を抱えており、安全な飲料水の供給がない住民が48％、衛生関係の公益サービスを受けられない住民は79％にも及んでいる（SEMARNAP, 1996）。

現在の推定では、メキシコ国内で飲料に必要な水の年間の総量は2000年までに9.4k㎥（毎秒299㎥）にまで増加し、7.7k㎥（毎秒244㎥）の廃水が発生する見通しである。しかしながらメキシコは、水の需要が集中する地域と利用可能な水を多量に産出する地域とが一致しないことによって、すでに水の調達に関して深刻な問題に直面している。メキシコは領土の75％に大都市、工業地帯、灌漑地帯の大部分が存在しているが、そこで利用できる水の量は、全体のわずか三分の一にすぎない。

水運用の問題は、極めて複雑になってきている。人口の増加、衛生施設や清潔な水の欠乏とそれに関連した深刻な問題、決定的な解決法を欠いたまま恒常的につづいているインフラへの巨額の投資といった種々の問題が続出しており、政府は建設工事や配

水のみに的を絞った方策以外の多用な打開策を見いださざるをえなくなっている。関連機関は、水資源をうまく運用するには、技術、経済、政治、社会環境といったさまざまな見地から長期的に計画されたプロセスが必要であることを認識しはじめている。

あらゆる見地から極めて困難な局面を迎えている典型的な例が、給水と廃水処理の両面から深刻な問題に直面しているメキシコシティである。現時点まで、連邦政府からも国の政府からも長期的で耐久性のある方策はまったく示されていない。そして、メキシコシティにとって必要な運用計画が真剣に考慮され、実行に移されない場合は、清潔な水を使用するさまざまな利用者のあいだで、さらに深刻な争いが起こるのは時間の問題といえるだろう。

ケーススタディ：メキシコシティ

メキシコシティはメキシコの首都で、海抜5,000mを越すような山々に囲まれたメキシコ・バリーの南西部に位置する連邦区（Distrito Federal, D. F.）にある。20世紀初頭の時点では、市の領域はまだ連邦区の北部から中央にかけての地域に限られていた。それが次第に都市化が拡大し、現在ではメキシコシティが連邦区の全体を覆うようになった。連邦政府、メキシコの産業、教育機関、雇用施設、カルチャーセンターの大多数は、この地域に集中している（National Research Councilほか、1995）。

メキシコシティは、面積においては国土の0.1％を占めるにすぎないのに対し、人口は10％（住民数850万人）を占めている（INEGI, 1996）。この町は、海抜2,240mの標高の高い、自然によって周囲から閉ざされた盆地に位置し、都市の大部分は盆地の一番低い平らな場所にある。歴史的に見ても、この町は水不足に関連した切実な問題に直面してきた。そして、その問題は、人口の絶え間ない増加と、市内とその周辺の地表および地下の水質汚染によって、さらに深刻なものとなってきている。

水の需要がどんどんと増加するのに対応する方策として、政府は主として供給管理と工学的解決策に的を絞ってきた。その結果もたらされたのは、数百万ドルという巨額の投資、そして地表水と地下水を盆地間で運ぶための主要インフラ・プロジェクトの工事である。盆地にもっと耐久性のある開発を達成し、数百万人の住民のライフスタ

イルを改善するため、経済、社会、環境を考えた長期的な方策が実施されなければならない状態にある。

メキシコ・バリーの、年間降雨量は約746mm（毎秒226㎥）（1980〜1985年）で、蒸発散量（地球から大気に還元される水分の総量）は約75％である（Birkleほか、1996）。市の給水は、主として地元の地下水源からの水と、周辺盆地から地表水を運んできた水に依存しており、その地表水の水源はどんどんと遠隔地へと移り、運搬距離が長くなっている。メキシコシティで生活する住民が必要とする水量の一部を賄うため、347の地下水源（1日あたり1,142k㎥）と62の湧水池（1日あたり57k㎥）から毎日総計1,199k㎡の量の水が運ばれている。次に重要な水源は、レルマ・バルサスとクツァマラ水系に源を発している。

水は、870kmのパイプラインによる主配水網と1万600kmの副配水網を通って使用者に供給されている。給水システムは、総貯水量233万2,700㎥ある14のダムと、170k㎡の集水域から構成されている（INEGI, 1996）。さらに、総計で150万㎥を貯水できる243の貯水池と調整タンクもある。市の一番高い地域の住民には227のポンプをつかって配水されている（UNAM, 1997）。

下水処理に関しては、メキシコシティーでは目下のところ、1,470kmの主下水網と9,900kmの副下水網がある。年間に排出される廃水量は234万9,116k㎥で（INEGI, 1996）、その中で処理が施されているのは7％にも満たない。メキシコシティには、毎秒6,810リットルの挿入能力のある22の処理プラントがある（そのうち18のプラントが第2レベルで、残りの4プラントが第3レベルである）（国家水委員会 personal communication）。しかしながら、それらのすべての処理プラントがきちんと稼動しているか、プラントの処理能力がどの程度まで使用されているかについての報告はなされていないのが現状である。

メキシコシティ市民の生活の質は、ここ数年で急激に悪化している。その原因の筆頭に、1k㎡あたり300人から1万人へという人口密度の急激な上昇と、それに伴う大規模な大気汚染と水質汚染があげられる。都市化が拡大し、しかも市内の人口が大々的に増加したことにより、メキシコシティ／メトロポリタン・ゾーン（首都圏域）(Zona Metropolitana de la Ciudad de Mexico, ZMCM) と称される地域の人口密度が急激に上昇するという事態を招いた。このように、メキシコシティは、水の管理運

用に関して、ほかから切り離して単独のユニットとして考えることはもはやできなくなっている。この首都圏には、メキシコシティだけではなく、北部、東部、西部が連邦区と隣接するメキシコ州の17自治都市の一部ないし市全体も含まれているのである。

メキシコシティ首都圏

水の需要

メキシコシティ首都圏は、メキシコでもっとも急成長した中心部の一つである。この地域は、3,773k㎡の面積があり、2,000万人以上の住民を有している。ただし、移民がかなり高い割合を占めており、同時に不法滞在者数も相当数に上っているため、総人口の正確な数は不明である（National Research Councilほか、1995）。

メキシコ州はメキシコの中でもっとも人口が多い地域で（1995年の報告では1,200万人以上）、それにつづくのがほぼ850万人のメキシコシティとなっている（INEGI, 1996）。メキシコ州の年間人口増加率は3.75％で（それに対し国の増加率は2.43％）、平均人口密度は1k㎡につき545人で、およそ3,000もの産業がある（CNA, 1997b；CONAPO, 1997）。

1人あたりの1日の給水量は、メキシコシティが364リットルであるのに対し、メキシコ州は230リットルで、首都圏で1人が1日に消費する水量を平均すると297リットルということになる（次ページの表5.1；National Research Councilほか、1995）。しかしながら、商工業も水を使用しており、さらに30％を超える漏水があるため（Arreguín-Cortés, 1994）、実際に個々の住民が使用できる量は、その数値より遥かに少ない。しかも、首都圏の中でも地域によって配水量はかなりの格差がある（Casasus, 1994；CNA, 1997b）。

首都圏の水の総消費量は、家庭用、商業用、サービス業用を併せて毎秒約62㎥である。内訳は、メキシコシティが毎秒35㎥、メキシコ州が毎秒27㎥となっている（CNA, 1997a）。この総量の約7％は、国家水委員会ならびにメキシコシティとメキシコ州の両行政が公式に登録し管理している3537の井戸からのものである（Birkleほか1996）。法定の井戸は、首都圏とその周辺の四つの源泉域にある（National

表5.1 メキシコシティ首都圏の特性、およびメキシコシティ並びにメキシコ州に供給される水の使用量

	メキシコシティ	メキシコ州
メキシコシティ首都圏域の総面積（単位：km²）	1,504	2,269
公共上下水道システムのある地域（単位：km²）	667	620
人口（単位：100万人）	8.5	12
1人あたりの1日の給水量（単位：リットル）	364	230
部門別水使用量（%）		
家庭用水	67	80
工業用水	17	17
商業用水および都市事業用	16	3

出典：Departmento del Distrito Federal, 1992b ; Comisión Estatal de Aguas y Saneamiento, 1993 ; INEGI 1991a. 国家調査委員会 他（1995）; INEGI（1996）

Research Councilほか、1995)。しかしながら、盆地全体には5,000とも1万とも言われている非合法の井戸があるため、帯水層（地下水を含む多孔質浸透性の地層）から摂取される水の正確な量を算定することは不可能である（Cruickshank, 1994 ; INEGI, 1996)。

　首都圏の飲用水を供給、配水し、廃水を集める管理運営は、メキシコシティとメキシコ州の行政が分担している。メキシコ各州の行政地区は自治都市として知られており、一方、連邦区は16の政治代議員区に分割されている。この各自治都市と代議員区はどちらも、自治権はなく、水の運用と管理のための独自のガイドラインを作成することもないし、給水や配水網あるいは下水処理網をどのように維持していくかについて決断することもない。決定はすべて、メキシコシティとメキシコ州の行政が行っている。

　現在のところ、国家水委員会は首都圏に毎秒約24 m³の水を供給している。また、国家水委員会は、メキシコ・バリーの盆地へほかの盆地から水を移送する配水システムを構築し、運営していく責任も負っている。さらに、メキシコ州とメキシコシティの行政の管轄以外の、既存の地下取水源の運営も行っている（CNA, n.d.a.)。

　メキシコシティとメキシコ州は、水事業のエリアを分担しており、それぞれが5地区

を受け持っている。水は特定のポイントで配水システムに流れ込む。そのポイントは、1か所の場合もあり、複数の場合もある。地下から汲み取られた水、源泉から引き込まれた水、盆地にある水源から流れ込む地表水が配水システムに一直線に流れ込むようになっている (National Research Councilほか、1995)。この配水システムは、極めて巨大で複雑になってきており、そのため首都圏の一部の地域ではその地域の取水源から採取された水が、必ずしも同じ事業地区のシステムに入るとは限らなくなっている。

水道が家庭に直結しているか、あるいは近隣の共同蛇口から摂取するかいずれかの方法で水の取得が可能な住民は、現在のところ、連邦区で97％、メキシコ州で90.5％となっている。しかしながら、首都圏に水を供給する河川、池、帯水層のほとんどは、西、南、北の各地区に位置している。そのため、東部域の住民は、給水が不安定であてにならず、水不足が起きると多大な影響を受けることになる。首都圏では3％以上の住民がいまだ公共ないし私営の給水車から水を購入している。200リットル入りの水を購入する費用は、日収の6～25％に相当する (Restrepo, 1995)。1994年の時点で、低収入層の人たちが給水車から水を購入するのに費やした費用は、登録されている一般家庭消費者の500倍に上った。

主要問題点

メキシコシティ首都圏は、メキシコ・バリーの帯水層 (71％)、レルマ・バルサス川とクツァマラ川の流域 (26.5％)、メキシコ・バリーの谷間にまだ残っている極めて数の少ない地表水域 (2.5％) の3種類の水源から水を取得しているが (CNA, 1994, 1997b ; UNAM, 1997)、帯水層からの摂取率は、涵養率を遥かに上回っている。つまり、摂取は毎秒45㎥の割合であるのに対し、自然涵養は毎秒20㎥にすぎず、毎秒25㎥の過剰搾取が行われていることになるのである (UNAN, 1997)。

こうした過剰搾取が行われることによって、帯水層の水量が減少し、枯渇へと進み (地下水の水位は、毎年1mずつ下降している)、市内数か所で毎年10～40cmの割合で地盤が沈下している。首都圏の中心地域では、この100年のあいだに7.5m沈降したと算定されている (World Resources Institute, 1996)。メキシコシティの土壌は、

基本的に粘土質で、そのため脱水しやすく、凝縮しやすい傾向にある。したがって、摂取される水の量が多ければ多いほど、土地の沈降率は高くなる（CNA, 1997b）。地盤が沈降すると、市のインフラ、給水、下水システムに重大な損害がもたらされ、地下水の水質も低下するという結果を招く。また、廃水と雨水の両方を除去するために、多額の費用がかかるポンプで水を汲み出すプラントの建設も必要となっている。

しかしながら、首都圏の給水に関連した問題は、市の地下沈降という問題にとどまらない。たとえば、水に関係する全システムは、巨大で複雑化しているばかりでなく、時代遅れの使い物にならないものも少なくない。また、住民への配水は、地域によって格差があるし、水道料にはいまだ極めて高額の補助金が支払われている。さらに、住民は膨大な量の水を浪費している（貧困層の居住地域の水道使用量は平均20リットルにすぎないのに対し、裕福な住民の居住地域では600リットルに及んでいる）。

配水網の裂け目からかなり高いパーセンテージで漏水が発生しており、その原因として、パイプが老朽化してきたこと、適切な保守点検を怠ってきたこと、首都圏で継続的な地盤の沈下と移行が起こっていることがあげられる。30％以上の水が、利用者に届く以前にパイプから漏れているものと思われる（National Research Councilほか、1995：CNA, 1997b）。漏水によって失われる水の量は、ざっと見積もって、十分に400万人分以上に相当するはずである（UNAM, 1997）。政府は首都圏だけで、毎月、給水システム内でおよそ4,000の漏水部分の修繕を行っている。メキシコ全土で、配水システムが効率良く機能することが強く望まれている。投資の必要は極めて高く、無駄に浪費されている水の量もやはり膨大な量にのぼっている。漏水によって失われる水の量は、全般的に見るとメキシコ国内の都市によって、少ないところでおよそ24％、多いところでは60％にも達している（次ページの表5.2）（Arreguín-Cortés, 1994）。

目下、中央および地方の行政は、住民に節水を奨励することを目標の一つにあげているはずである。また、家庭用と工業用の水にもっと現実に即した料金を課すことも、今後の選択肢の一つとして考えられる。その方法を採用した場合、水道事業は現在のように多額の補助金が必要なくなり、管理運営費は利用者が支払う料金から賄われるようになる。1991年の時点で、給水システムの管理運営にかかる費用のうち、利用者が支払う水道料で充当されたのは、わずか27％であった（Departamento del Distrito

表5.2　1991年のメキシコにおける水漏れ調査結果

都市名	給水量 (単位リットル／1秒)	漏れのある 給水栓の 割合（%）	給水栓から の損失割合 （%）	給水システム における損失 割合（%）	総損失量の 割合（%）
グァイマス	488	30.0	23.4	1.8	26.23
クェレタロ	1,783	14.0	13.5	2.8	29.96
ベラクルス	2,869	17.0	24.2	0.1	24.34
クサラパ	1,215	9.0	34.4	8.9	43.32
ロスカボス	268	34.0	22.6	12.0	37.63
オアハカ	721	24.0	59.2	1.1	60.34
カンクン	940	38.0	24.1	15.6	39.95
チワワ	3,489	5.0	15.8	25.7	41.50
シウダド・フアレス	4,147	19.0	29.9	5.8	35.70
平均		21.1	27.4	8.2	37.66

出典：Arreguín-Cortés (1994)

Federal, 1991)。

　1997年5月なかば以前のメキシコシティの状況は、1m³の水を供給するのにほぼ1.0USドルの費用がかかっているのに、家庭用水の利用者に課せられた価格は0.2USドルである（以降、ドル＝USドル）。その後さらに、新価格政策にしたがって、使用量に応じて17％から64％の幅で料金は引きさげられた（次ページの表5.3参照）。メキシコシティの行政によれば、「この料金の引きさげは、利用者の経済を改善するのに貢献し、市民財政を強化するはずである」ということである（Excelsior, 1997.5.24）。行政が利用者に補助をつづける限り、節水という大切な市民意識を高め、無駄に浪費されている水の量を減らすことは極めてむずかしいままであろうし、管理運営に費やされる資金が回収不可能なのではないかとされる問題についても、未解決のままとなろう。

　消費レベルがあがるに従って、水道料はm³単位で料金が加算される。登録されてない蛇口の数はかなりの数にのぼり、そうした蛇口から使われる水は記録もされないし、

表5.3　1996年および1997年のメキシコシティの平均消費量に対する料金

消費量(m³／2か月)	消費量(リットル)	家庭用料金		
		1996年(US $)	1997年(US $)	差異(%)
30.1	500	10.25	3.75	− 64
40.0	666	13.75	6.75	− 51
50.0	833	17.12	9.75	− 43
60.0	1,000	20.50	12.75	− 38
60.1	1,001	24.62	12.75	− 48
70.0	1,166	28.62	18.62	− 35
80.0	1,333	32.75	24.62	− 25
90.0	1,500	36.87	30.50	− 17

出典：Excelsior, 1997年5月24日付

料金が課されることもないのである。メキシコシティを例にあげてみると、1,900万の蛇口が存在するが、そのうち登録されているのは1,300万個である。数百万の利用者のうち、水道メーターが登録されているのは、90万個にすぎない。

マクロ・プロジェクト

　メキシコの主要都市に必要な水を供給するため、連邦政府は州政府ならびに国家水委員会と共同で、メキシコ・バリー、グアダラハラ、モンテレー、ティファナで増水プロジェクトの建設を約束し、1997年にスタートした。第1の目的は、これらの主要諸都市における飲用水の供給と公衆衛生に関連した極めて深刻な問題を解決することであるが、さらに政府は、即刻、給水管理と水の需要管理の両面を真剣に考える必要に迫られている。躊躇している場合ではないのである。
　メキシコ・バリー水プロジェクトは、クツァマラ配水システムを拡大することを主眼に据え、2本の導水管を建設し（大規模な巡回水路とアクアフェリコ）、現段階でまだ遮蔽されてない首都圏の86kmの下水用の主配管を遮蔽する計画を進めてきた。しかし

ながら、1998年に選出された新たなメキシコシティ政府は、この計画を中断した。その第1の理由としては、廃水を処理し、それをメツキタル渓谷まで数百キロの距離を運搬するのに巨額の投資をしなければならないということをあげた。第2の理由は、メキシコでは廃水を処理し、それを帯水層にふたたび戻すのに、経費的に効率の良い技術が開発されていないことである。第3の理由として、水源の適切な管理と計画を抜きにした処理プラントだけの建設では、メキシコシティとメツキタル渓谷の公衆衛生上の深刻な問題を解決することにはならないだろうということもあげられた。

この大規模なプロジェクトには、国際開発銀行（I.D.B.）からの5億ドルの借入に加えて、日本、メキシコ連邦政府、メキシコ州政府、ヒダルゴとメキシコシティの行政からの財政援助を必要とし、その総投資額は、3年半の期間に18億ドルにのぼるものと予測されている（El Universal, 1997. 5. 21）。

クツァマラ・システム

1976年に、クツァマラとレルマ・バルサスの両水系から首都圏に水を供給し、メキシコ・バリーの帯水層からの過取水を緩和するため、「クツァマラ・システム」と称するプロジェクトが計画された（CNA, 1997b）。クツァマラ水系は、首都圏にとって第2の水源である。この水系からメキシコシティの北部とメキシコ州に給水が行われているが、水の移送距離は60〜150kmにも及び、その上1,000mの高さをポンプで汲みあげねばならず、102ものポンプステーションを必要とし、その管理運営には多大なエネルギーと膨大な費用をつぎ込まねばならない（CNA, 1997b）。

このプロジェクトが極めて大規模であることから、当初その建設は3段階にわけて計画された。第1段階は1982年に（4㎥／秒）、第2段階は1985年に（6㎥／秒）、第3段階は1993年に（9㎥／秒）実施された（CNA, n. d. b.）。そして1997年に第4段階（Temascaltepecプロジェクト）がスタートするものと期待されていたが、深刻な社会問題が起き、そのため政府はこの第4段階プロジェクトの着工に踏み切れなかった。すなわち、第4段階の工事の影響を受けるとみなされる地域の住民が、プロジェクト反対を唱えたのである。地域住民の考えによれば、この工事の恩恵をこうむって水が供

給されるのはメキシコシティ市民であり、水が必要なのは自分たちの地域ではないのだから、自分たちが工事の影響を我慢しなければならない謂れはない、というのである。こうした事態が生じたのは、明らかに、政府が市民に対して情報を開示し、コミュニケーションをはかるという適切な方策を怠り、その結果、市民サイドに相応の参加意識が欠如していたことによるものである。実際には、メキシコシティのみならずメキシコ州の住民も、このプロジェクトの恩恵をこうむるはずであったのだ（CNA, personal communication）。政府の諸機関は、供給源の水を盆地からほかの盆地へ移すことから生じる可能性がある社会的な軋轢について、概して考慮しておらず、費用を払わねばならない可能性の立場の人間と受益者がどうあるかについて適切な分析を行ったこともなかったのである。事実、クツァマラ・システムの第4段階に関して述べられた「環境に及ぼす影響に関する声明」（EIS）からして、社会とのかかわりについてはなにも触れていないのである。メキシコで発せられる大多数の環境に関する公式声明同様、この声明ももっぱら技術面にのみ焦点をあて、社会的な問題に関しては奇異に感じるほどまったくなにも触れていない。

　クツァマラ・システムは、7か所の給水所を使用し、飲料水用のパイプライン、調節用貯水池、127kmの導水管を擁しており、その導水管には、21kmのトンネル、7.5kmの遮蔽のない水路、水処理プラント（能力24㎥／秒）、そして水を1,300m汲みあげるために年間で合計1,650kWhのエネルギーを必要とする6か所のポンプステーションがある（CNA, 1997b）。水源となる水はまず、ロス・ベロス処理プラントで、予備塩素処理、明礬凝固・凝集、重力沈降、急速ろ過といった処理が行われ、それからクツァマラ・システムに送り込まれる（National Research Council, 1995）。

　このクツァマラ・システムというのは、もとは水力発電プロジェクトであったのが、後に転用されたものである。クツァマラには、水力発電のためにすでに基礎構造が存在するという利点があったが、当初予定されていた水使用計画が変更された。現在の時点で、ピーク時間帯に水力発電として使用される水の量はわずか毎秒3㎥にすぎず、それで十分にこの地域の農業と工業分野で必要なエネルギー量を満たすことができるのである（CNA, 1997b）。その一方、首都圏の飲料水、下水、公衆衛生に関する計画では、クツァマラ・システムからメキシコ・バリーへの水の供給を、1年で0.6k㎥（19㎥／毎秒）から0.76k㎥（42㎥／毎秒）に増量し、廃水を1年で1.3k㎥（42㎥／毎秒）

処理することが期待されている。

　第4段階用に公表されたEIS（環境に及ぼす影響に関する声明）によると、第1から第3段階までの総投資額は9億6,500万ドルだった（1996年算定）。中断された水力発電システムからの設備の算定費用を加算すると、総投資額は13億ドルとなる。初期の水力発電プラントの貯水池は、8億4,000万m³の容量がある（CNA, 1997b）。

　第3段階までのクツァマラ・システム建設の影響を受けた地域はおよそ710haで、地価にして355万ドルに相当する（CNA, 1994 1997b）。社会経済的に見て、クツァマラ・システムの強力な逆風の一つは、1999年2月の時点で、期待されていた補償金を受け取っていない人びととをふたたび鎮静しなければならないことだった。

　クツァマラ・システムの建設に加えて、もっとも影響を受ける自治体の住民のために、いわゆる社会プロジェクトと言われるおよそ190の計画が実施されてきた（CNA, 1994, 1997b）。このプロジェクトは、国家水委員会とコミュニティーが共同で実施し、給水および公衆衛生の両システムの建設、拡大、修復が主要目的であったが、それに加えて、家屋、学校、農園の建築および修復も含まれていた。また、国家水委員会が行う道路の建設と修復もやはり、クツァマラ・システムにとっても社会のためにも、重要である。社会プロジェクトにかかる費用は、1996年の時点で、クツァマラ・システムの直接投資額の5％に相当すると算定され、それは4,500万ドルをさらに加算することを意味する（1996年算定）（CNA, 1997b）。

　クツァマラ・システムの13億ドルという総費用（主として工事および設備費）は、教育（7億ドル）、健康保険と社会保険（4億ドル）、農業、牧畜、地方開発（1億500万ドル）、観光（5,000万ドル）、海洋領域（6,000万ドル）などを含めたメキシコの公共事業全分野の1996年度国家投資額よりも高額であり、それだけの価値があるとは思えないのである。環境・天然資源・水産省の1996年の年間インフラ経費は4億7,000万ドルあまりであるが、1994年までにクツァマラ・システムに要した費用だけでも、その3倍にも及んでいる（CNA, 1997b）。

　クツァマラ・システムを稼動させるのに必要なエネルギーは、年間約17億8,700万kwhで、およそ6,254万ドルの費用がかかる。人件費（年間150万ドル）ならびに水処理工程費を投資額に加算した場合、総出費が増大することは明らかである（CNA, 1997b）。このシステムが消費するエネルギーと、水力発電システムが当初計画されて

いた通りに使用されていた場合に生み出されるはずのエネルギーを合計すると、そのエネルギー量はほぼ259万人に電力を供給できるはずのものである。

クツァマラ・システムを稼動するためにかかる運転費のみを考えると（毎年1億2,850万ドル）、6億m³の水（毎秒19m³）を供給する場合の1m³あたりの平均コストは0.14ドル、消費電力は6.05kwhということになる。この消費電力量は、首都圏周辺地域の電力消費の7倍以上にも及ぶ。水1m³につき約0.2ドルという価格では、クツァマラ・システムの運転コストも、首都圏への浄水ならびに配水コストも、とてもカバーできない。クツァマラ・システム第4段階に関する公式声明によると（CNA, 1997b)、費用をカバーするには、どんなに安くても1m³につき0.3ドルを超える価格になるというのである。水を処理し、配水するコストも含めるとなると、価格がさらに高くなるのは必至である。

このシステムの第4段階が稼動すれば、供給される水量は毎秒19m³から24m³に増大するだろう。この最終段階には、毎秒ほぼ5,000リットルの流水を調整できる、容量6,500万m³の貯水池、毎秒15m³を汲みあげるポンプステーション、18kmの水路、12kmのトンネルの建設も計画に入っている（CNA, 1997b）。

クツァマラから首都圏への配水システムの漏れ口を修復すれば、このプロジェクトの第4段階を建造する必要はないだろうと指摘する研究もある。それはすなわち、毎秒5m³の給水を増やす計画にはきわめて多額の設備投資費、社会的コスト、環境的コストを必要としているが、より良い計画や管理が実践されれば、そうした巨額のコストを支払って給水を増量する必要はないということなのである。

クツァマラ大巡回水路とクツァマラの"アクアフェリコ"

連邦政府は、メキシコ州と国家水委員会の政府と共同で、クツァマラ水系からの水を取水するより良いシステムを促進するため、2本の配水ラインを建設中である。

連邦区では"アクアフェリコ"と称される導水管を建設中で、それが完成すると、首都圏の西部地域から南部、さらに東部地域にいたるクツァマラ水系からの配水が可能

になる (National Research Councilほか、1995； CNA, 1997b)。

　メキシコ州の配水システムとしては、「クツァマラ大巡回水路」として知られている導水管システムが、メキシコシティの北部、南部、東部に送水すべく、北に向かって市のほぼ全体をぐるっと周るような形で建設が予定されており、2000年までに完成が期待されている (CNA, n. d. d, e, f)。大巡回水路の第1段階は、1994年の10月にスタートした。大巡回水路の第1、第2段階に建造されたものは、現在稼動中で、毎秒4㎥の水を連続して供給しており、138万2,400人の住民が1人1日に250リットルを使用できるようになっている。第3、第4段階が完成すると、さらに毎秒7㎥増量され、合計で毎秒11㎥の飲用水を供給できるようになり、メキシコシティーの東部、北部地域の475万2,000人の住民が1人1日あたり約200リットルの水を利用できるようになる予定である (CNA, n. d. d, e, f；国家水委員会. 1994, 1997c)。この大巡回水路には16,828kmの2本のパイプラインが建設される予定で、それはすでに完成している既存のパイプラインに接続され、全長で2万2,648kmになる予定である。この2本のパイプラインに336.56ha、さらに貯水タンクに71haの土地が必要となる (CNA, 1997c)。

　1987年から1997年の10年間に大巡回水路にかかった費用は7,800万ドルで、1997年から2000年にかけて建設中の第3、第4段階の費用は推定で1億9,000万ドルとなり、合計で2億6,800万ドルの出費が見込まれている。この額は、都市開発、エコロジー、飲用水の領域に対する1995年の国の公共事業総予算 (5億6,300万ドル) のほぼ50％に相当する (CNA, 1997c)。

下水

　20世紀の初頭から1936年までのあいだに、すでにメキシコシティでは数か所で年間で5cm程度の地盤沈下が起こっていた。しかし、水の需要は年々高くなり、その結果、1938年から1948年のあいだに、それまで以上に深い地下水を汲みあげる工事ならびに運転が進められるようになった。そして、それによって地盤沈下の速度は増し、地盤沈下率はその期間の前半で年間10cm、後半は30〜40cmにも達していた。この沈下

は、それまで重力を利用して作動していた下水システムの機能に重大な影響を及ぼした。下水網も市の地盤とともに沈降していき、しかも沈降の度合いが場所によってまちまちだったのである。その結果、細い下水管から、市の主要な下水収集所の高さまで下水をポンプで汲みあげることが必要になり、管理、運転のどちらのコストも嵩んできた。

　一方、下水の収集と処理は、首都圏の人口の増加に追いつかなくなり、機能は不十分になってきた。そのため、メキシコシティとメキシコ州の両住民のために、下水と雨水を処理する複合網として新たに廃水の大規模な収集施設を建設することが決定された("Drenaje profundo")。このシステムは、地盤沈下の影響を受けないように、市の地下300mに達するまでの深さで建設されている (Departamento del distrito Federal, 1990)。

　この大収集施設には、雨水（年間平均14m^3／秒）と廃水（48m^3／秒）の両方が1次と2次下水網を通って運搬される。2次下水網は、直径6m程度のパイプを使用して自治体と産業の廃水および雨水を運ぶのに使用される。一方、1次下水網は、2次網と連結しており、廃水を貯め、運搬し、盆地の北端にある4本の人口河川に廃棄するのに使用されている (UNAM, 1997 ; National Research Councilほか、1995)。この下水網には、66のポンプステーション、流量をコントロールする調整タンク、遮蔽のない111kmの水路、配管された川、ダム、下水貯水池、118kmの地下収集施設、それにトンネルがある。1995年の数値によると、首都圏下水システムに廃棄された水の総量は、234万9,116k m^3となっている (Departamento del Distrito Federal, 1990 ; National Research Councilほか、1995 ; INEGI, 1996)。

　メキシコシティは、水という観点から見ると閉鎖された自然条件の盆地に位置しているため、水の氾濫に対してきわめて脆弱であるという弱点がある。これまでの歴史をたどってみると、いつの時代も、雨水も含めて廃水を市の外に運び出すための水路がつくられてきた。メキシコシティ首都圏の雨季というのは、短時間に極めて激しい風雨が吹き荒れるという特徴を持っており、そうした暴風雨のときには、年間総降水量の10％に相当する70mmにも及ぶ降水量を記録することもある。そうした時に流れる水量は毎秒340m^3に達することもあったが、主要収集施設の設計では、45時間という一定期間以上処理できる水の量は毎秒200m^3にすぎない（National Research Councilほ

か、1995)。このように排水しなければならない水の量は突然に大きく変動するため、下水基礎構造の設計および運転に関して深刻な問題に直面している。

また市内の地盤沈下は、パイプに破砕が起きたり、水流の傾斜が少なくなり、それによって市の下水システム全体の効率が著しく低下したり、地下水の汚染につながったりと、極めて多大な影響を及ぼしている。目下進行中の新設計には、これまで遮蔽のない剥き出しだった86kmの主要収集路を被覆することも含まれており、それが完成すれば、ごみの投げ捨ても防ぐことができ、環境と健康に及ぼすリスクを大幅に削減できるものと思われる。

水資源管理を圧迫する事象

メキシコシティ首都圏の水管理は非常に複雑である。人口が増大し、それにつれて給水および廃水処理のニーズが高まっていく一方で、予算、テクノロジー、そして必要な全システムを効率良く建造し、運転し、維持するための管理専門能力には限りがあり、その両者が無秩序なレースをくり広げているかのようである。

首都圏の水の質と量の問題は、地域の経済的発展に関するポリシーや人口の継続的な増加と深く結びついている。政府の最近の政策には、貧困を解消し、生活水準や日常生活の質を向上させるため、首都圏以外にも中心都市の開発を促進しようとする姿勢が見られる。首都圏への移住率が、ここ数年、全体的に見て低下する傾向にあることをみると、政策は功を奏しているかに見える。しかしながら、21世紀初頭のメキシコシティ自体の年間人口増加率は2.1％に低下するものと予測されているが、メキシコシティ周辺のメキシコ州の市町村では依然としてさらに増加が予測されており、したがって現実としては全面的な問題解決にはならないものと思われる（Cruickshank, 1994)。

現在の傾向が変わらない限り、費用が嵩む遠隔地の水源からますます大量の水を輸送するための巨額な設備投資費、増大する地下水摂取による地盤沈下面積の拡大、帯水層から抽出される水の水質低下、地盤沈下の進行、運転・維持費をカバーするために増大する出資といった、先行きの暗いシナリオが次々と展開されることになるだろう。

関係者全員にとって、「失敗の連続」といった結果を招く恐れがある。

首都圏の人口が絶え間なく増大していることから、生活空間に対する需要が高まり、それによって土地利用が変化せざるをえなくなっているという事実があり、そのためさらに新たな問題が生じている。帯水層の涵養にとって不可欠な領域が、現在コンクリートやアスファルトで覆われている。たとえば、市の南部は、玄武岩が砕かれた土壌であるため、帯水層の涵養に適した領域である。しかし、その地域は都市化が進み、しかも下水システムがないために地下水の主要な汚染源の一つともなっている（この地域は、火山岩があるため、下水システムを安いコストで建設することができないのである）(CNA, 1997b)。家を建てるとき、セプティックタンク（バクテリアを利用する下水処理の腐敗槽）しか設置されていない家屋がいまだ建造されている。土地利用の変化は降雨量の増大をも促しており、そうして増えた雨水は下水システムに流れ込み、そのため下水システムはもっと高い容量が必要となる。

また、未処理の産業廃水が下水に直接廃棄されたり、廃水処理施設が不十分であったり、下水パイプからの漏水があったり、埋め立てのごみ処理所や覆いのない下水路にごみを不法投棄したりといったことから、帯水層汚染の危険はますます増大している(World Resources Institute, 1996)。1990年の国勢調査の指摘によると、メキシコシティ首都圏では、下水システムへの配管がある家が82％、セプティックタンクを使用しているのが6％、固形であれ液体であれごみを地面や水に直接捨てている家が12％あった(CNA, 1997c)。メキシコ州では、漏れ孔のある配水システムに汚い水が侵入したり、塩類が沈殿し、その結果、家庭の蛇口から水質の悪い飲用水が検出されている（検出されるのは、主として、カルシウム、マグネシウム、鉄分、マンガンである）(National Research Coundilほか、1995)。水質汚染は、市民の健康に極めて重大な影響を及ぼす。汚染された水を使用したことが原因で引き起こされる胃腸病は、メキシコ全域では子どもの死因の第2位となっており（10万人中278人）(UNAM, 1997)、メキシコ州では第3位（10万人中450人）、そしてメキシコシティでも第4位（10万人中157人）と軒並み死因の上位を占める結果となっている(National Reserch Councilほか、1995)。

水の再利用について見てみると、未処理の廃水をそのまま灌漑に使用するという非公式の再利用を行っている場合がほとんどである。市から出る廃水は、メキシコシテ

ィの北109kmのところにあるヒダルゴ州のエンドホ・ダムに行きつく。このダムは、潅水の目的で使用されている。この地域、メツキタル渓谷は、半乾燥性の不毛の気候であるため、農業として成功する可能性は乏しかったが、1912年以降、廃水をこの谷の農作物用の潅水に利用するようになり、それによって農業生産高は著しく向上した。そして現在では、この地域は5,000ha以上が灌漑されて、メキシコの「穀倉地帯」として名を馳せるようになっている (Gutierrez-Ruizほか、1995)。現在、メツキタル渓谷に流し込むことができる廃水を、年間で最大4億m³に制限する法律がある。しかし、そうした法律があるにもかかわらず、この谷には年間17億m³の廃水が流れ込んできているとさまざまな情報源が断言しており、さらに将来的にメキシコ・バリーから出るすべての廃水を受け入れることになるという約束が農家になされているという (Gutierrez-Ruizほか、1995)。

廃水に含まれる塩分のため、その廃水自体の生産性は極めて低く、過度の灌漑でそれを補っている。メツキタル渓谷に生育する主要な農作物はアルファルファとコーンで、全農作物の60〜80%を占めている。生のまま食される野菜の栽培は、法律で禁止されているが、法律が遵守されているとは一概に言えないようである (Gutierrez-Ruizほか、1995)。また、汚染された水が遮蔽のないオープンな水路に浸入してしまうことも懸念されており、だからこそ遮蔽のない水路をパイプに変える必要に迫られているのである。

廃水を用いた灌漑は、土壌と農作物に養分を補充し、不毛の半乾燥地帯に水を供給することから有益であったといえる。しかしながら同時に、そうした灌漑は、その地帯の住民やそこで働く人間ばかりでなく、農作物の消費者にとっても、健康を脅かす極めて高いリスクがある (National Researchほか、1995：SEDUE、1990)。

帯水層に処理済みの廃水を再注入するという提案がなされ、その提案は環境や健康に対する関心を高めている。現時点では、エンドホ貯水池は、一面をホテイアオイに完全に覆われており、それは当然のことながら付近の住民にとって環境と健康を脅かす危険がある。これは、全般的な健康問題に加えて、未処理の廃水で灌漑したことによって引き起こされた問題である。しかし、メツキタル渓谷の農家は、水を帯水層に再注入した場合に生じるかもしれない経済的弊害についてすでに不安を抱いている。つまり、現在と同じ量の水を得られるかどうか、さらに、適切な処理をされた水に含まれる養分

は現在の未処理のものより低く、水質も変化するのではないかと心配している。それは、農家にとって、肥料の使用量を増やさねばならないし、それに伴い生産コストも増大するということを意味しているのである。

　一方、水の氾濫を軽減するための帯水層の涵養プログラムが1943年にスタートし、流去水の保有、表面の拡張、水路の改修、集水暗渠（あんきょ）が実施された。また、注入暗渠（あんきょ）を利用した人工涵養プログラムが、メキシコシティで1953年に開始された。しかしながら、水質の監視は行われず、汚染問題が生じ、その結果ついに暗渠（あんきょ）は閉鎖されることになった（National Researoh Councilほか、1995）。このように、将来の展望はそう明るいものとは言えない。メキシコ・バリーの帯水層に処理済み廃水を注入するプログラムを実行に移す前に、起こりうる事態を想定し、さまざまな予防措置を講じる必要がある。同様に、メツキタル渓谷の廃水の利用者と適切な話し合いをすることも必要なことである。そうした話し合いの欠如が、社会的な紛争の一因となることもあるのである。

　処理された廃水を再利用する別の方法として、リクリエーション事業に使用される緑地帯への撒水、農地への灌漑、湖への放水などがあげられる。この再利用には、メキシコシティから出る処理済み廃水を総計で毎秒4 m³使用することになる。メキシコ州では、処理された廃水の大部分は、産業で再利用されている（UNAM, 1997）。政府は、処理済み廃水の利用者になる可能性があるとみなした民間セクターに、処理施設を運転するための土地を分与した（Departamento del Distrito Federal, 1991）。さらに、もっと性能の良い水洗便所を使用するようになると1日7,000万リットル以上の水を節約できることから、政府はそうした水洗便所の使用を推奨している。それに加え、メキシコシティの行政は、帯水層への潅水が進むよう緑地帯を増設するために土地の割りあてを行っている。

結論

　メキシコ・バリーの上下水道を管理する現在の取り組み方は、明らかに、効率的でもなければ、持続的でもない。水質と水量の両面に関して、メキシコシティ首都圏の住民

のニーズに応え、同時に人間、天然資源、環境、健康のバランスを適切に維持するため、さまざまな分野の利害、そして経済、社会、技術、政治、環境、制度に関して必要と思われる要因を考慮に入れた統合的な管理計画を開発し、実施することが求められている。そうした計画を準備し、実施するにあたって、住民と話し合い、住民が納得して協力することが必要だということも、ないがしろにせず、しっかり認識すべきである。

　国家水委員会では、一つの計画が考案され、目下検討が進められている。「メキシコ・バリーの公衆衛生プロジェクト」と呼ばれているその計画では、2000年までに環境政策に則した状態にすることを想定している。メキシコシティ首都圏の問題が色々と入り組んで複雑であるため、関係当局は、純然たる工学技術のみの解決策やインフラ整備ではなく多様で広範な解決策、それに適切な需要管理政策をも考慮に入れたインフラ構造を模索しなければならない。

　メキシコ・バリーに関する盆地会議がすでに発足している。この会議は、連邦政府のほか、メキシコ州、ヒダルゴ州、国家水委員会の各行政、水利計画・管理の分野で地元の意思決定に関連する諸機関の代表とも協力して進めていく必要がある。そして、上下水道管理に関する長期的な作戦を考案し、実施するには、環境や社会の問題を重要視すべきであることを関係諸機関は認識する必要に迫られている。水の利用、再利用、保全に関する現実的な政策や計画を、この10年以内に実施しなければならないであろう。水問題の深刻さや、その問題を解決するのに自らが果たすべき役割について、住民の意識や理解を深めるのに、一層の努力を要する。費用の回収や水の適正レベルの価格といった問題は、もはや無視できない時点に来ている。たとえば、メキシコ州の家庭用の水の現在の平均価格は1㎥につきほぼ0.20ドルだが、その価格では大巡回水路の設備投資を回収するのに25年以上を要してしまうのである（CNA, 1997c）。

　メキシコシティ首都圏の将来は、あまり前途洋々であるようには見えない。近い将来、むずかしい決定をいくつかしなければならないのは明らかである。国内のほかの地域の住民やほかの種類の社会投資からの出費で、首都圏の給水や廃水処理に一層巨額の投資をつぎ込むことは、もはや長期にわたって継続的に実施できることではない。問題は複雑だ。しかし、政治的な意思と意欲があれば、必ず解決できるはずである。決して安易な課題ではないが、しかし解決は可能なはずである。

参考文献

Arreguín-Cortés, F. 1994.

"Uso Eficiente del Agua en Ciudades e Industrias" in *Uso Eficiente del Agua*, edited by H. Garduño & F. Arreguín-Cortés, CNA, IMTA, UNESCO-ORCYT, IWRA, Mexico, pp. 63-91.

Birkle, P., Torres-Rondríguez, V., and González-Partida, E. 1996.

"Balance de Agua de la Cuenca del Valle de México y su Amplicación para el Consumo en el Futuro" in III *Congreso Latinamericano de Hidrología Subterránea, Proceedings*, Asociacion Latinoamericana de Hidrología Subterránea para el Desarrollo, San Luis Potosí, México, pp. 113-124.

Casasús, C. 1994.

"Una Nueva Estrategia para la Ciudad de México," *Agua*, Comisión de Aguas del Distrito Federal, December, pp. 9-18.

CNA (Comisión Nacional del Agua). n.d.a.

Planta Potabilizadora Madin, Comición Nacional del Agua, Gerencia de Aguas del Valle de México, Unidad de Información y Participación Ciudadana, México.

CNA n.d.b.

Subsistema Chilesdo, Tercera Etapa Sistema Cutzamala, Comisión Nacional del Agua, Gerencia de Aguas del Valle de México, Unidad de Información y Participación Ciudadana, México.

CNA n.d.c.

Planta Potabilizadora Los Berros, Sistema Cutzamala, Comisión Nacional del Agua, Gerencia de Aguas del Valle de México, Unidad de Información y Participación Ciudadana México.

CNA n.d.d.

Sistema Cutzamala, Ramal Norte Macrocircuito, I Etapa, Comisión Nacional del Agua, Gerencia de Aguas del Valle de México, Unidad de Información y Participación Ciudadana, México.

CNA n.d.e.

Sistema Cutzamala, Ramal Norte Macrocircuito, II *Etapa,* Comisión Nacional del Agua, Gerencia de Aguas del Valle de México, Unidad de Información y Participación Ciudadana, México.

CNA n.d.f.

Sistema Cutzamala, Ramal Norte Macrocircuito, III *Etapa,* Comisión Nacional del Agua, Gerencia de Aguas del Valle de México, Unidad de Información y Participación Ciudadana, México.

CNA 1994.

Informe 1989-1994, Internal Report, Comisión Nacional del Agua, Secretaría de Agricultura y Recursos Hidráulicos, México.

CNA 1997a.

Situación del Subsector Agua Potable, Alcantarillado y Saneamiento a diciembre de 1995, Comisión Nacional del Agua, México,

CNA 1997b.

Diagnóstico Ambiental de las Etapas I, II *y* III *del Sistema Cutzamala,* Comisión Nacional del Agua, México.

CNA 1997c.

Manifestación de Impacto Ambiental Modalidad Específica del Proyecto Macrocircuito Cutzamala, Comisión Nacional del Agua, México.

CNA 1997d.

Estrategias del Sector Hidráulico, Comisión Nacional del Agua, México.

CONAPO. 1997.

Población de la Zona Metropolitana de la Ciudad de México, 1970-2050. Estimaciones y Proyecciones del Consejo Nacional de Población, México.

Cruickshank, G. 1994.

Proyecto Lago de Texcoco, Rescate Hidrológico, Comisión Nacional del Agua, México.

Departamento del Distrito Federal. 1990.

El Sistema de Drenaje Profundo de la Ciudad de México, Secretaría General de Obras, Dirección General de Construcción y Operación Hidráulica, 2nd edn., México.

Departamento del Distrito Federal. 1991.

"Estrategia para la Ciudad de México," *Agua 2000,* México.

Gutiérrez-Ruiz, M.E., Siebe, C., and Sommer, I . 1995.

"Effects of Land Application of Wastewater from Mexico City on Soil Fertility and Heavy Metal Accumulation : A Bibliographical Review," *Environmental Review,* Vol. 3, pp. 318-330.

INEGI. 1996.

Anuario Estadístico del Distrito Federal, Instituto Nacional de Estadística, Geografía e Informática, México

Naranjo, F. and Biswas, A. K. 1997.

"Water, Wastewater and Environmental Security : A Case Study of Mexico City and Mezquital Valley," *Water International,* Vol. 22, No. 3, September.

National Research Council, Academia de la Investigación Científica, A. C. and Academia Nacional de Ingeniería, A.C. (eds.). 1995.

Mexico City's Water Supply: Improving the Outlook for Sustainability, National Academy Press, Washington, D.C.

Restrepo, I .(ed.). 1995.

Agua, Salud y Derechos Humanos, Comisión Nacional de Derechos Humanos, México.

SEDUE. 1990.

Control de la Contaminación del Agua en México, Subsecretaría de

Ecología, Dirección General de Prevención y Control de la Contaminación Ambiental, México.

SEMARNAP/CNA. 1996.

Programa Hidráulico 1995-2000. Poder Ejecutivo Federal, Estados Unidos Mexicanos, México.

UNAM (ed.). 1997.

Environmental Issues: The Mexico City Metropolitan Area, Programa Universitario del Medio Ambiente, Departamento del Distrito Federal, Gobierno del Estado de México, Secretaría de Medio Ambiente, Recursos Naturales y Pesca, México.

World Resources Institute. 1996.

"Water : The Challenge for Mexico City," in *World Resources. A Guide to the Global Environment 1996-1997,* Oxford University Press for the World Bank, New York.

6 巨大都市における廃水の管理と利用

浅野 孝

はじめに

　電気、ガス、水道、下水、ごみ収集業務は、従来、自治体が運営しているが、自治体の直接的関与の程度は、それぞれの事業ないし各自治体によって異なっている。ただし、市町村自体が発電事業を営んでいるケースは極めて少なく、電力業務を実施している自治体は、電力を購入し、それを消費者に再販しているケースがほとんどである。一方、飲料に適した水の処理や配水、下水の収集と処理に関しては、多くの自治体がより包括的で直接的な役割を果たしている。

　この章のテーマである巨大都市における廃水管理の問題について考察を進めていくと、発展途上国は21世紀に社会・経済的に極めて厳しい状況に直面せざるをえないということに気がつく。500万人以上の人口を抱える巨大都市は、1950年にはわずか6都市であったのが、1980年には26都市となり、その数が急激に増大していることが報告されており、さらに2000年には60都市、2025年には90都市にまで増大することが予測されている。その結果、都市化された地域とその周辺にあるさまざまな地区のあいだで、水問題による紛争が拡大していくばかりか（Lindh,1992）、廃水の処理および廃棄にかかわる問題が山積みになっていくものと思われる。

　給水と衛生設備は、日常生活における快適な生活を提供し、環境を保護し、水を媒体とする病気を排除するのに極めて重要な役割を果たしており、いかなる共同体にとっ

6 巨大都市における廃水の管理と利用

ても真っ先に必要となる都市基盤であり、とりわけ巨大都市にとっては不可欠である。したがって、都市排水(下水)および廃水処理のシステムをうまく機能させることは、下水と都市流去水問題のもっとも効果的な解決策であるばかりでなく、巨大都市における健康的な生活条件を維持し、高めるのに極めて有効である。

都市で回収された廃水は、適切な処理が施された後、最終的に土壌ないし水系に戻されねばならない。都市廃水に含まれる汚染物質の中で環境保護のために除去すべき物質はどれか、どの程度まで除去すべきか、その汚染物質は除去後どこに置くべきかといった複雑な問題は、地域の状況、環境上のリスク、科学的知識、工学的判断、経済的な実現の可能性などさまざまな観点に照らし合わせて答えを出していかねばならない。しかしながら、こうした点をすべて満たすインフラを整備するには、非常にコストがかかる。米国を例にとってみると、国会に提出された1990年度の需要調査報告によれば、自治体が運営する下水システムを改良するのに伴う20年計画の資本費用の総額は、1,100億ドルと見積もられている。そのうち従来の二次廃水処理システムの建設に373億ドル、高度システムの建設に117億9,000万ドル、合計で490億ドルの費用がかかる (National Research Council, 1993)。

水源開発をめぐる争いがエスカレートし、しかも近い将来において完全な下水処理施設の建設を実現するのが不可能であるとすると、水資源および廃水を管理していくための将来の長期的戦略において、廃水の再生および再利用が中心的役割を果たすであろうことは明らかである。廃水の再生と再利用のもっとも重要な役割を概説すると次の3点であろう。

1. 他の水源に取って代わる給水源
2. 費用効率が良く、環境を損なわない都市廃水処理の方法
3. 主として灌漑による農産物など、廃水処理から付随的に生じる副次便益。

結局のところ、水源をもっとも必要とし水の価格がもっとも高い状況にある都市にとって、再生された廃水というのは、もっとも近接して開発された水源であるといえる。さらに利点をあげると、廃水の発生量は干ばつの影響をほとんど受けないので、再生廃水は水不足の年であっても信頼性の高い水源として活用できる。

巨体都市における廃水再利用の役割

　この章では、米国で廃水が再生再利用されるにいたった根本的動機やその後の経過を鑑みながら、先にあげた廃水利用の役割の1、2項目、すなわち代替水源の開発を抑え、それを補う給水目的として、ならびに市町村が実施する費用効率の良い廃水汚染防止法として計画された廃水再利用というものに焦点をあてていくことになろう。

　今日では技術的に確実な廃水処理ないし浄水処理を施せば、要求されるほとんどすべての水質の水を供給できるようになってはいるものの、用水および再生廃水を効率的に統合するのに、公衆衛生問題、インフラおよび設備計画、廃水処理プラントの設置場所、処理プロセスの信頼性、経済および財政的な分析、水道事業の管理運営など諸問題をさらに綿密に調査することが必要である。廃水の再利用を導入できるかどうかは、経済に関する綿密な考察、再生廃水の潜在的利用の可能性、廃水排出条件の厳密性、公衆衛生に対する顧慮、新しい水源施設の建設より水保全を重要視した公共政策といったことにかかっている。

　廃水の再生、循環処理、再利用を計画し、それを水資源管理システムに組み入れることは、一般社会で生じる需要を満たす水資源がますます不足してきていること、それに技術が進歩し、市民が廃水利用を容認してきていること、公衆衛生を脅かす危険に対して理解が進んできていることといった諸現象が反映されている。廃水、再生された水、水の再利用のつながりに関して理解が深まってきていることから、より小規模な循環処理の輪を開発することが可能なはずである。従来、水の循環というのは、自然環境における連続的な水の移動を意味している。そうした水の循環を構成するのは、淡水および塩水の地表水源、地表下の地下水、さまざまな土地利用の目的と関連した用水、大気中の水蒸気である。大規模な水の循環に付随して、送水路のように工事を施した水移送も含め、多くのサブ・サイクルが存在する。

　都市、工業地域、農業地域のいずれにおいても、廃水の再生、再循環、再利用が水の循環の極めて重要な構成要素となってきている。地表および地下の水源から水処理施設へ、そしてそこから灌漑や市町村および工業における用途へ、さらに廃水再生ならびに再利用施設への循環に関する構想的な概略図を図6.1に示した。

図6.1 水の循環サイクルにおける工学的処理・再生・再利用施設の果たす役割

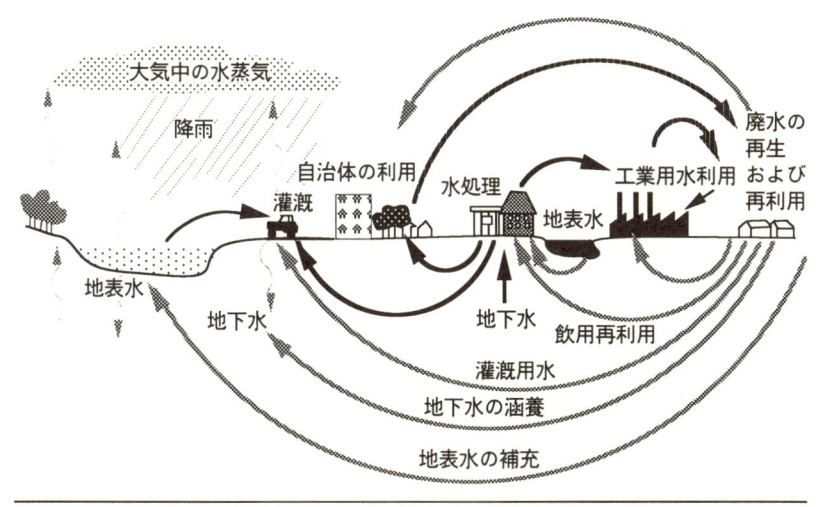

●出典: Asano and Levine, 1995

　水の再利用には、ところどころに貯水段階がある完全に管理された「パイプtoパイプ」システムが必要となるだろう。あるいは、再生水に天然の水を混入することが必要であろう。その場合、工事を伴う人造のシステムに直接天然水を混入する場合と、地表水を供給したり、あるいは地下水の涵養をすることによって間接的に混入する場合とがある。水再利用の主要な経路は図6.1に示したが、それには地下水の涵養、灌漑、産業用水、地表水の補充が含まれる。自然の排水と灌漑や雨水表流水の浸透によっても、地表水の補充および地下水の涵養は行われる。飲料水処理に再生廃水を利用する可能性も示されている。各経路を経由して運ばれる水の速度および量は、流域の地域特性、天候、地下水学的要因、種々の用途に対する水の利用度、直接ないし間接の水の再利用度によって異なる（Asano and Levine, 1995）。

　農業および造園の灌漑用という用途に利用ないし再利用される水には、農業、住宅、商業、および市町村で使用された水が含まれている。産業用の再利用というのは、発電所、食品加工および水の利用度が高いその他の産業を含む種々の産業に使用される水に対する包括的な分類である。一つのプロセス水流から流入する水を処理し、その処

理された水に仕上げ用の水を補充して同じプロセスに戻すという閉回路式再循環システムが開発されているケースがある。また、市町村の生活廃水を再生し、その水を冷却塔など産業用途に使用するケースも見られる。閉回路式再循環システムに関しては、長期の宇宙飛行任務の期間中に水の再生および再利用を実施するために、米国航空宇宙局（NASA）が評価を実施している最中でもある。

廃水再生技術の概要

　用途に適した水質目標を満たし、公衆衛生を保護する効率的な廃水処理を実施するということは、水の再利用システムにとって極めて重要な要素である。市町村が従来実施している廃水処理方法というのは、物理的、化学的、生物学的プロセスを経て、廃水から固形物、有機物質、病原体、有毒金属、時として養分を除去する処理によって構成されている。処理のそれぞれの段階を一般的に使用されている用語で示すと、処理レベルの下からの順に、予備処理、1次処理、2次処理、3次処理、高度処理となる。病原性有機物の混入を防止する殺菌ステップは、再生廃水の配水および貯水の直前に実施する最終処理ステップで実施される場合が多い。廃水再生技術は、主として、従来の廃水処理および飲料水処理に使用されてきた応用技術から派生している。廃水再生および再利用のシステムを考案する最終目標は、水質目標を確実に達成でき、しかも費用効率の高い統合的処理計画を開発することである。

　この最終目標を達成するには、再生水をさまざまな用途に使用した場合の生物的・化学的安全性、および個々の処理技術の効率性と信頼性を評価すべきであり、そのために水質の特性表示が必要である。再生廃水を評価するのに使用される水質パラメータは、最新の水処理および廃水処理の実践例にもとづいている。水質を監視するのに使用される適切なパラメーターの一覧を次ページの表6.1に呈示した。市町村の廃水処理システムは、概して、生化学的酸素要求量（BOD）、総浮遊固形物（TSS）、大腸菌総量あるいは糞便性大腸菌量、栄養分レベル（窒素およびリン）、残留塩素を基準項目とした水質目標値に適合するように考案されている。飲料水の水質に関するモニタリング・パラメーターには、大腸菌などの微生物、濁度、溶解鉱物、殺菌副産物、無機および有機

表6.1 再生廃水の水質特性を示すのに用いられる主要パラメータの概要

パラメータ	水再生における意味	処理済廃水の近似範囲	再生廃水の処理目標（注）
有機指標			
生化学的酸素要求量（BOD_5）	微生物あるいは藻類の生育を促す有機基質	10～30mg/リットル	<1～10mg/リットル
総有機炭素（TOC）	有機炭素の量	1～20mg/リットル	<1～10mg/リットル
粒子からなる物質の測定			
総浮遊固形物（TSS）	廃水中の粒子の量は微生物汚染および濁度に関係しうる；殺菌効果を妨げうる	<1～30mg/リットル	<1～10mg/リットル
濁度	廃水中の粒子の量；総浮遊固形物と相関関係がありうる	1～30NTU	0.1～10NTU
病原性有機体			
窒素	腸内ビールス、病原性バクテリア、原生動物による健康に及ぼす微生物リスクの程度	大腸菌有機体：<1～10^4/100ml 他の病原体：処理技術によって管理	<1～2,000/ml
栄養分			
窒素	灌漑用の栄養分源；微生物の生育を促しうる	10～30mg/リットル	<1～30mg/リットル
リン	灌漑用の栄養分源；微生物の生育を促しうる	0.1～30mg/リットル	<1～20mg/リットル

注 処理目標は廃水再利用の個々の適用によって異なる。

の特定汚染物質から構成されている。最近では、飲料水の給水にランブル鞭毛虫、クリプトスポリジウムを含む微生物病原菌や腸内ビールスが含まれてないかを検知するモニタリング法の開発に重点が置かれている。また、廃水に含まれる汚染物質の粒径分析も、水質モニタリング法の一つとして提案されている。

廃水処理が1次レベルまでで、2次レベル（2次処理）の処理を行わず、十分な殺菌処理が行われなかった場合、バクテリア病原体、腸内寄生虫、原生動物といった生物因子に無防備な状況となり、健康を脅かされる危険が生じる。廃水の再生および再利用における処理過程の管理と公衆衛生の観点から見ると、消毒薬の投与量が低く、しかもビールスの検知および数量化に関する基礎的で費用効率の高い方法が欠如している状況に置かれた場合、腸内ビールスの感染の可能性が発生し、そのため先進諸国ではこの腸内ビールスが病原性有機体の中でもっとも危険なグループとみなされている。さらに、腸内病原体を効果的に除去できる処理システムは、先にあげた他の病原菌の抑制にも効果があるものと思われる。

1970年代のなかば、南カリフォルニアの暫時の水流に排出された処理済廃水から病原体とくに腸内病原体を除去することに対する関心が高まり、それによって都市水路へ排出される廃水と、廃水再利用において病原体に曝される危険性の高い用途の両方に、3次廃水処理システムとして従来の上水処理プロセスを導入することが促進された。廃水から完全にビールスを除去することを達成するために、カリフォルニア保健局が規定している廃水再生のための「完全処理」は、凝固、凝縮、沈降、ろ過、殺菌（1リットルあたり約150mgのミョウバン、0.2mgのポリマー、10mgの塩素を投与して殺菌）から構成されている。このプロセスの系列は、カリフォルニア規制基準法第22章の「廃水再生基準」に参考処理系列として含まれているため、「第22章プロセス」と称されることが多い（カリフォルニア州、1978）。

後に呈示する表6.5にあるように、「第22章プロセス」は費用が多くかかるため、カリフォルニアでは現在、「直接ろ過」3次処理システムが一般的に用いられている。この処理システムは、粒状媒体ろ過（1リットルあたり2～5mgの範囲の少量のミョウバンを添加する場合とまったく添加しない場合がある）と塩素殺菌（1リットルあたり約10mgの塩素投与量で1.5時間の接触時間の殺菌）から構成されている。「第22章プロセス」に代る3次処理システムの開発に多大な努力が払われており、とりわけパモナ

病原体研究（Drydenほか、1979）、モントレー農業用廃水再生研究（Sheikhほか、1990）は特筆すべき研究である。2次処理において良質の廃水が入手できる場合は、「直接ろ過」プロセスは3次処理として最適であることが判明している。都市環境において、公園、校庭、ゴルフコースといった用途に廃水を再利用することが活発に実施されるようになってきており、そのため直接ろ過のシステムを利用した廃水再利用施設の建設はますます増大してきている。カリフォルニアでは40以上の3次ろ過装置が稼動しており、とくに廃水再生を目的として設置されている（カリフォルニア州、1990）。

上述したように、個々の水処理および廃水再生の施設で必要となる処理の程度は、再利用用途やそれぞれに適用される水質条件によって異なる。もっとも簡単な処理システムは、固体と液体の分離プロセスと殺菌であるが、より複雑な処理システムは、汚染因子除去のための多重バリア処理方法を使用した物理、化学、生物学的プロセスを組み合わせたものとなっている。廃水再生および再利用のシステムに適した主要技術は、次ページの表6.2に示すとおりである。

廃水再利用の用途

廃水再利用を評価するための枠組を提示するには、主要な水利用パターンと廃水再利用の可能性のある両者の関係を明確に位置づけることが重要である。水量を基準にすると、灌漑用の使用（農業用と緑地用の両者から構成される）が、2000年までに全米の淡水使用総量の54％を占めるものと予測されている。再生水の第2の主要利用者は工業で、主として冷却用と処理用に使用される。しかしながら、工業用の使用は多岐に渡っており、通常、2次処理以上の追加廃水処理が必要となる。このように、特定の用途に必要となる水量と当該の水質条件にもとづいてこそ、水源管理に廃水再利用を効果的に統合することができるのである。

水使用パターンは、地域および季節によって著しく変動する。たとえば、都市地域では、工業、商業といった非飲料用の用水必要量が、主たる水需要となっている。乾燥地帯および半乾燥地帯における農業用の用途に関しては、灌漑が水需要において圧倒的な位置を占めている。灌漑用途に必要となる水の量は、季節ごとに変動する傾向があ

表6.2 廃水再生に使用される代表的なユニット・プロセスと作業一覧

プロセス	説明	用途
固体と液体の分離		
沈殿法	重力沈殿を利用した浮遊物からの粒状物、化学的綿状沈殿物、沈殿物の重力沈殿	約30μmより大きい粒子を廃水から除去。概して第1次処理としての利用と第2次生物学的プロセスの経過中に利用される。
ろ過	砂あるいはその他の多孔性の媒体を水が通過することによる粒子の除去	約3μmより大きい粒子を廃水から除去。概して沈殿法(従来の処理)あるいはそれにつづく凝固作用/凝集の経過中に利用される。
生物学的処理		
好気性生物学的処理	エアレーション池あるいは生物薄膜(滴下ろ過)プロセスにおける微生物による廃水の生物学的代謝	溶解および懸垂している有機物を廃水から除去
酸化池	混合および太陽光透過用の水深2〜3フィートの池	廃水中の懸垂固形物、BOD、病原性バクテリア、アンモニアの削減
生物学的栄養分除去	有機窒素およびアンモニア窒素の窒素分子(N_2)への変換およびリンの除去を最も効果的にする為の有気性、無酸素、無気性のプロセスの組合せ	再生廃水の栄養成分の削減
殺菌	酸化剤、紫外線、腐食剤、熱、物理的分離(即ち薄膜)プロセスを用いた病原性有機物の不活性化	病原性有機物の除去による公衆衛生の保護

表 6.2 つづき

プロセス	説明	用途
高度処理		
活性炭	汚染物質を活性炭の表面に物理的に吸着させるプロセス	疎水性有機成分の除去
エアー除去	アンモニアやその他の揮発性成分の水から大気への移動	廃水からのアンモニア窒素および揮発性有機物の除去
イオン変換	反応器を通る流れを用いた交換樹脂と水の間のイオン交換	カルシウム、マグネシウム、鉄、アンモニアなどの陽イオンならびに硝酸塩などの陰イオン除去に有効
化学的凝固および沈殿	再生廃水からの膠質粒子の不安定化およびリンの沈殿を促進するためのアルミニウム、鉄塩、高分子電解質、オゾンのいずれかの使用	沈殿法およびろ過による除去のためのリンの沈殿および粒子の凝結の組成
石灰処理	溶液から陽イオンと金属を沈殿させる為の石灰の使用	水のスケール形成の可能性を削減し、リンを沈殿させ、pHを修正するために利用される
薄膜ろ過	マイクロ、ナノ単位のろ過および限外ろ過	水から粒子および微小有機物の除去
逆浸透	逆浸透圧差異に基づいて溶液からイオンを分離する為の薄膜システム	溶解した塩分とミネラルを溶液から除去；病原体除去にも有効

る。それに対し、工業用の水の需要は、農業用より変動が少ない。所定の流域に対する水の再利用の可能性は、再生廃水が商業、工業、農業で使用されている原水の代替として既存の給水量を増加できるかどうか、その程度によって決まる。

　廃水再利用を分類し、その主要項目のあらましを次ページの表6.3に呈示した。この分類は、再生廃水の現在量および予測量に従って配列した。処理の最終目標は、廃水の水質および適用した関連技術に準拠して定まる。ほとんどの用途にとって、効果的な2次処理が、質の高い再生水を産出するための必要条件である。水再利用を実践する主たる動機は、給水量を増加させる必要性、ないしは取水点における水汚染の防止に関連している。表面水に排出される処理済廃水の量を減らすことによって、廃水の必要条件が、とりわけ養分除去に関して、より好適なものになる傾向がある。このように、水再利用という方法は、生態環境的な影響に敏感な流水や河口へ水を排出している処理施設に代る経済的な代替策となりつつある。

　さまざまな地域において廃水再利用計画の実践は増大する傾向にあり、それによって水再利用の新たな選択肢の開発が促進されてきた。処理システムとその適用がテストされ、設計パラメーターが開発され、廃水再利用を妨げる技術的障害は減少してきている。各地域の地理的、気候的、経済的要因によって、その地域における廃水の再生および再利用の程度と形態が定まる。農業地帯では、水再利用の用途は専ら灌漑に占められている。カリフォルニアやアリゾナといった乾燥地帯では、地下水の涵養が再利用の主要目的であり、それは既存の地下水源を補充したり、あるいは沿岸地域の塩水の浸水を緩和するためのものである。工業用水の再利用は、工業の種類や所在地によって異なる。世界の乾燥地帯および半乾燥地帯では、再生廃水の主要な有益利用法は灌漑であるが、それに対し日本では、水洗トイレ用などの市街地での飲料用以外の用途、工業用、ならびに河川の復旧や流量増加が、廃水再利用の主要目的となっている。

　日本では、廃水の再生および再利用の実施を促進させるいくつかの要因があった。すなわち、降雨量の少ない年あるいは地震などの大災害が勃発した直後に、淡水の供給に脆さがあることが判明してきた。日本全土の水源の信頼性を高めるため、日本政府は、新しい給水用貯水池の開発、大都市圏の保水策の実施、可能な限りの廃水の再生と再利用といったことを含む多面的な計画を打ち出した。

　アメリカ2か所（フロリダとカリフォルニア）と日本における水の再利用用途の比較

表6.3 自治体の廃水再利用のカテゴリー

廃水再利用のカテゴリー	処理目標	適用例
都市部での再利用		
制限なし	2次処理、ろ過、殺菌 BOD_5(生物学的酸素要求量):≦10mg/リットル;濁度≦2NTU 糞便性大腸菌:ND注/100ml 塩素残存量:1mg/リットル;pH 6-9	景観用灌漑:公園、運動場、校庭/防火用;建造物/装飾用噴水;人工湖/ビル内使用:水洗トイレ、エアコン
利用を制限した灌漑	2次処理および殺菌 BOD_5≦30mg/リットル: TSS(総浮遊固形物)≦30mg/リットル 糞便性大腸菌:≦200/100ml 塩素残存量:1mg/リットル pH 6-9	一般の出入りが頻繁でしかも管理されている区域の灌漑 ゴルフコース;共同墓地;住宅用;緑地帯
農業用灌漑		
食用農産物	2次処理、ろ過、殺菌 BOD_5:≦10mg/リットル;濁度:≦2NTU 糞便性大腸菌:ND/100ml 塩素残存量:1mg/リットル;pH 6-9	人間が未調理で消費する農産物
食用以外の農産物および処理後に消費される食用農産物	2次処理、殺菌 BOD_5:≦30mg/リットル;TSS≦30mg/リットル 糞便性大腸菌≦200/100ml 塩素残存量:1mg/リットル;pH 6-9	家畜用飼料、繊維、種子農作物、牧草、商業用苗床、芝生産、商業用水産養殖
レクリエーション用施設での利用		
制限なし	2次処理、ろ過、殺菌 BOD_5:≦10mg/リットル;濁度≦2NTU 糞便性大腸菌:ND/100ml 塩素残存量:1mg/リットル;pH 6-9	体への接触に制限なし:水泳、人工雪製造用の湖および池

表6.3 つづき

廃水再利用のカテゴリー	処理目標	適用例
制限付き	2次処理および殺菌 BOD_5(生物的酸素要求量): $\leq 30mg$/リットル　TSS(総浮遊固形物): $\leq 30mg$/リットル 糞便性大腸菌: $\leq 200/100ml$ 塩素残存量: $1mg$/リットル; pH 6-9	釣、ボートなど人体接触のない娯楽活動
環境強化	制限のない都市用利用に匹敵する処理レベルで各利用場所特定の処理 溶解酸;pH　大腸菌有機体:養分	人工の湿地帯を造成したり、自然の湿地帯を補強したり、河川の流れを維持するための再生廃水の利用
地下水涵養	各サイトで特定	地下水の補給 塩水侵入管理 地盤沈下防止
工業用再利用	2次処理および殺菌 BOD_5: $\leq 30mg$/リットル; TSS: $\leq 30mg$/リットル 糞便性大腸菌: $\leq 200/100ml$	冷却システム構成水、プロセス水、ボイラー給水、建設作業および洗浄用水
飲料用再利用	安全な飲料水必要条件	自治体の供給する上水との混合 パイプからパイプ・システム

出典: US環境保護機関から摘要 (1992)
注 ND = 摘出なし

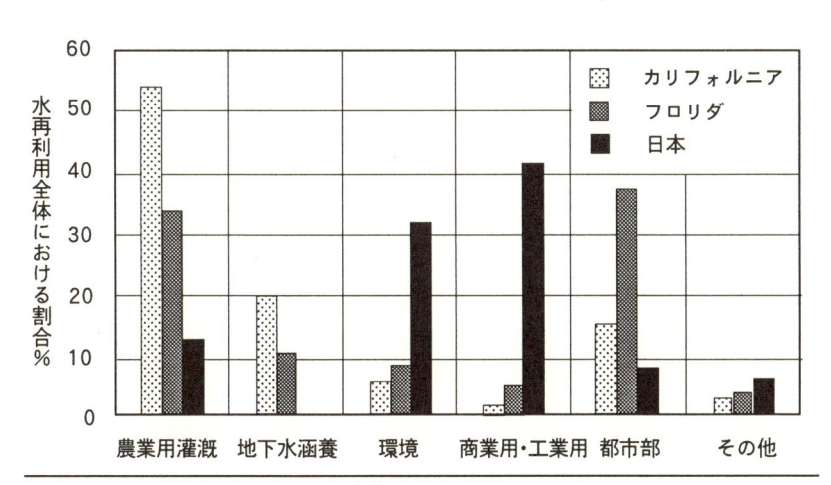

図6.2　カリフォルニア、フロリダ、日本における再生水適用分布の比較

縦軸：水再利用全体における割合%
横軸：農業用灌漑、地下水涵養、環境、商業用・工業用、都市部、その他

出典：Asano et al., 1996：Wright and Missimer, 1995

を図6.2に呈示したが、それぞれの用途には明確な特徴があり、それは各地域の特性に関連した水利用のバランスおよびその他の地域的諸条件を反映している。アメリカでは、農業および緑地用の灌漑、地下水の涵養、工業用の再利用が廃水再利用用途の大部分を占めている。

健康および規制条件

　廃水の再生および再利用に伴う潜在的な健康上のリスクは、再生水に直接接触する程度と、処理システムの妥当性、効率、信頼性に関連している。水利用プロジェクトの最終目標はいずれも、廃水の再生および再利用を不必要に躊躇することなく、公衆衛生を保護することにある。規制という手段を用い、処理、サンプリング、モニタリングに関する必要条件と関連して、水質基準が規定される。健康上のリスクおよび美観的問題を最小限に押さえるため、廃水処理施設から排出された再生廃水の配水および使用に関して、厳しい管理が実施されている。廃水の再生および再利用を取り巻く諸問題

の中でも、とりわけ重大な問題は、疾病の伝染をもたらす可能性と関連していることが多い。そのため、公衆衛生の保護に多大な研究努力が向けられてきた。

　米国における廃水再生に関する特別の基準は各州ごとに編み出されており、土地および廃水の処理に関する規制と関連していることが多い（米国環境保護局、1992）。各州の取り組み方にはそれぞれ大きな違いがあり、それはどの程度細部にわたって規則で規制しているかということと関係している場合がある。また、モニタリングや処理の条件に関しても場所によって違いがある。たとえば、カリフォルニア州では微生物に関する水質評価は大腸菌全般を基準としているが、ほかの多くの州では糞便性大腸菌検査を基準としている。アリゾナ州の廃水再利用規制には、食用作物への散布灌漑といった再生水の利用に極めて厳しい規制が必要な用途に対しては、腸内病原体規制値が含まれている。フロリダ州では、濁度の代りに、総浮遊固体のモニタリングの実施が求められている。カリフォルニア、アイダホ、コロラドの各州の基準では、凝固、凝集、浄化、ろ過、殺菌が実施される2次処理ないしそれと同等の処理を含む廃水処理の一連の過程に対する条件が規定されている。それに対し、ほかの州の基準はあまり具体的に特定していない場合が多い。また、アリゾナ、カリフォルニア、フロリダ、テキサスの各州では、水の最終用途に準じた包括的な条件が制定されている（米国環境保護局、1992）。

　開発途上国に関して見てみると、公共事業および他の保健事業に使用できる財源が限られており、その限られた財源と公衆衛生保護との複雑なバランスのなかで再生廃水の使用に対する水質基準が定められている。多くの場合、周到に設計された下水回収システムや処理施設は限られたわずかな数しかなく、メキシコ・バリーで見られるように、再生廃水は不可欠な水源であり、また肥料の供給源でもある。灌漑用に廃水を使用する場合の考慮すべき重要事項は、釣虫、回虫属、鞭虫属といった腸内ぜん虫、そして環境によってはさらに牛肉条虫の繁殖を抑制することである。このような事情から、未処理ないし不十分な処理の廃水で灌漑を行った作物を消費した結果として病原体に曝されるということを、未然に防ぐための措置をとることが必要である。

　どの程度までの処理が要求されるか、またどの範囲までモニタリングが必要であるかは、廃水再利用の用途によって異なる。一般的に言って、灌漑システムの処理やモニタリングの必要度は、人体が廃水に曝される可能性の程度によって分類される。未調

理で生のまま消費される作物の灌漑、あるいは人体が廃水と頻繁に接触する可能性の高い場所における灌漑用の再生水の使用に関しては、高度の処理が要求される。次ページの表6.4に世界保健機構＝WHO（世界保健機構、1989）の主要微生物特性を示すガイドラインとカリフォルニア州が現在実施している廃水再生基準（カリフォルニア州、1989年）とを対比して呈示し、灌漑用の再生水の使用を管理する規制に関して二つの実践例の概要を示した。

発展途上国にとって適していると思われるWHOのガイドラインでは、微生物に関する水質条件を満たすには一連の酸化池が必要であることが強調されている。それに対し、カリフォルニアの基準では、実質的に病原菌が存在しない廃水を産出するためのろ過と塩素殺菌を含む3次処理となる従来の生物学的廃水処理が規定されている。微生物に関するモニタリングの条件にも違いが見られる。WHOのガイドラインで義務づけられているのは、腸内線虫類のモニタリングであるが、カリフォルニアの基準では、大腸菌全般の濃度のモニタリングおよび処理システムによる微生物に関する水質の評価の実施が義務づけられている。

廃水再利用の費用

廃水再生費に関する報告を見ると、米国における総費用は1 m^3につき0.03ドル〜0.65ドルと大きな開きがある。したがって、廃水の再生および再利用への費用配分と関連した要因や前提条件における違いを正しく理解することが、費用を比較する際に重要となってくる。廃水の2次処理と関連した費用は水質汚染防止費とみなされることが多いが、その費用は3次処理、高度処理の両者ないしはいずれかの施設との比較のための基準費用としても用いられている。2次処理システムにおける種々の処理過程に関する建設費は、1日あたり3,785 m^3を基準に算出されており、その総資本コストは1 m^3につき約0.50ドルであり、内訳は1次処理24％、2次処理40％、スラッジ処理22％、管理、実験、保守用の建物14％となっている。

3次処理システムのコストを見積もるため、出版されている文献の資料をいくつか使用した（Sanitation Districts of Los Angels Country, 1977 ; Dames & Moore,

表6.4 灌漑用水に関する世界保健機構の微生物学的水質ガイドライン
および基準とカリフォルニアの廃水再生基準の現状の比較

カテゴリー	再利用状況	腸内線虫注1	糞便性大腸菌ないし総大腸菌注2	廃水処理条件
世界保健機構	未調理で食する可能性の高い農作物の灌漑、運動場、公園	＜1/リットル	＜1,000/100ml	一連の酸化池ないし同等の処理
世界保健機構	ホテルなど一般市民の出入りのある場所の景観用灌漑	＜1/リットル	＜200/100ml	2次処理および後続の殺菌
カリフォルニア	食用農作物の散水および地表灌漑、公園など露出度の高い景観用灌漑	推奨される基準なし	＜2.2/100ml	2次処理および後続のろ過および殺菌
世界保健機構	穀類農作物、産業用農作物、飼料用穀物、牧草、樹木の灌漑	＜1/リットル	推奨される基準なし	酸化池に8〜10日間の停留ないし同等の除去処理
カリフォルニア	搾乳動物用牧草の灌漑、景観用人工湖	推奨される基準なし	＜23/100ml	2次処理および後続の殺菌

出典：世界保健機構（1989）；カリフォルニア（1978）

注1 腸内線虫（回虫、鞭虫種、鉤虫）は灌漑期間中の1リットルごとの卵の数の相加平均で表す
注2 カリフォルニア廃水再生基準は、分析を実施したそれまでの7日間の細菌学的結果から決定したものとして、100mlごとの総大腸菌の中央値で表す

1978；Engineering-Science,1987；Youngほか、1988)。「第22章プロセス」と直接ろ過プロセスの両者のコストを見積もり、次ページの表6.5に呈示した。費用の内訳で、3次処理の増分原価（化学薬品添加、ろ過、固体処理）は、1 m^3 につきわずか0.06ドルであるのに対し、配水費0.12ドル、管理費（会計、モニタリング、一般経費）0.04ドル、設備更新準備費0.04ドルとなっている事例もあった。廃水再利用システムにおいて労務費およびエネルギー費が極めて重要であることが報告されている（Youngほか、1988)。直接ろ過系列に対する「第22章」処理系列の3次処理費の比率を、1日につき3,785 m^3～37,854 m^3 の範囲の処理能力に関して見てみると、資本コストは2.0～2.4、運転・維持費は3.9～5.6、生活循環費は2.4～2.9となっている（Richardほか、1990)。

しかしながら、異なった研究あるいは違う場所のデータを比較する場合、基礎となる前提が異なっていて、しかもそれが明示されていないことが多いので、注意する必要がある。表6.5のデータからも明らかなように、わずか1年という短期間でも施設を利用した場合、それが費用に相当の影響を及ぼしている。耐用寿命と金利に関する経済的前提は、単位費用に組み込まれた資本費用の償却に影響を与える。カリフォルニアのアービン・ラーンチ水域の例で見られるように、報告された費用が古い設備にかかる経常費で、現在の価格でその施設を建設するのにかかる費用を示すものではないものもある。

費用に多大な影響を及ぼすと思われる一つの要因は、処理プラントが持つ使用可能な容量をどの程度使用するかということである。最大限に利用するための方策として下記のことがあげられる。

1. 廃水再利用の需要が季節によって減退するのを補填するため、季節によって廃水を貯蔵する。
2. 季節的な需要を減らすため、再生水を混合する。
3. ピーク時の需要を満たすため、代替給水を用いる。

表6.5 廃水再利用に関する3次処理費用の比較

データ源およびプラント流量	ライフサイクル費[注1]	
	第22章（単位US＄/㎥）	直接ろ過（単位US＄/㎥）
ポモナ・ウィルス研究[注2] 3,785㎥/1日	0.16	0.09
EPA費用試算法[注3] 3,785㎥/1日	0.23	0.15
カリフォルニア州 サンタ・バーバラ市[注4] 5,262㎥/1日[注5] 17,034㎥/1日f	－ －	0.21 0.10
カリフォルニア州南海岸郡給水域[注6] 2,915㎥/1日g 9,880㎥/1日[注7]	－ －	0.42 0.14
アーヴィン・ランチ給水域[注8] 56,781㎥/1日	－	0.09
ロサンジェルス郡公衆衛生区域 （4か所の処理プラントの平均） 96,528㎥/1日	－	0.03
モンテレー地区水汚染管理機関[注9] 113,562㎥/1日	0.16	0.06

注1 米国20都市の平均を出すため5,106の工学ニュース記録建設費指数（ENR CCI）を利用し、1993年3月に調整した費用。報告されている費用に含まれているのは、3次プロセスのみの資本コスト、運転維持費。
注2 費用には設計および不測の事態も含まれている
注3 費用には施設立案費、設計費、管理費、法的費用が含まれている
注4 費用には設計費、管理費、法的費用および臨時費が含まれている
注5 平均年間流量5,262㎥/1日の景観灌漑のための季節的運転に対する費用
注6 17,034㎥/1日の設計容量での連続運転に対する費用
注7 2,915㎥/1日の景観灌漑のための季節的運転に対する費用
注8 9,880㎥/1日の設計容量での連続運転に対する費用
注9 1990年10月のドル価格に調整して工学科学（1987）に基づいた費用試算

水再利用の将来

　再生廃水から水質の高い信頼できる水源を産み出すため、技術的に適切な取り組みを開発するという点では、近年著しい進歩をとげてきた。継続的な研究を実施し、さらにその実証も行うという努力をつづけることによって、廃水再利用の適用を進展させるうえでさらなる前進が得られるであろう。そのための鍵となる重要事項を下記にあげる。
■再生廃水における微量汚染因子に関連した健康に及ぼすリスクの評価。
■微生物に関する水質を評価するためのモニタリング技術の改善。
■処理系列の最適化。
■殺菌効果を増大させるための廃水から微粒子を除去する技術の改善。
■再生廃水の産出過程における膜プロセスの適用。
■水質に対する再生廃水の貯水システムの影響。
■再生廃水の微生物的、化学的、有機的汚染因子の有効寿命の評価。
■土壌および帯水層の処理システムの長期的耐用性。

　廃水再利用の実践を促進する鍵を握るのは、費用効率の良い処理システムの継続的開発である。そうした効率の良いシステムとしては、たとえば、地域の主要処理施設の上流に設置した、規模の小さい周辺処理システム系列があげられる。必要な用途に適応できるほぼあらゆる水質の水を産出するために、膜システムのような高度な処理技術が登場し、そうした技術が使用されるようになっている。
　しかしながら、現在までのところ、廃水の再生および再利用においては、農業や緑地のための灌漑、工業の冷却水、水洗トイレなどの屋内用途といった非飲料水に重点が置かれてきた。目下のところ、自治体が供給する再生廃水を直接飲料水として再利用するのは、非常事態に限られてはいるものの、廃水を飲料用水として再利用することを実践したところで、家庭用の給水に汚染された水源から水を摂取するのとなんら相違はないということも主張されている。さらに、飲料水用の統一した水質基準を設けてしかるべきということも主張されており、再生水がその基準に適合できるなら、水源のい

かんにかかわりなく、その再生水を飲料用として容認すべきであろう。地下水の涵養あるいは表面水を増加させることによる間接的な飲料水としての再利用は支持を得てきているが、微量有機物、処理および再利用の信頼性、そしてとりわけ容認できるかどうかについての一般市民の感情については、いまだ懸念が残っている。

現代の廃水の再生および再利用がスタートしたのが1960年代であったことを考えると、その進歩はめざましいものである。廃水再利用プロジェクトが不首尾に終わった場合、それによって健康上になんらかの潜在的な影響が生じることを避けるために、慎重で賢明な取り組みが保証されている。さらに付け加えると、一般市民の信頼をないがしろにすることはできない。再生廃水は実現性の高い水源であることは間違いないのだから、継続的な研究と開発によって、必要な場合に飲料水として直接利用できる基準に達していることを科学的な根拠をもって立証すべきであり、それは可能なはずである。技術が進歩をつづけ、廃水再利用システムの信頼性が立証されるにつれて、廃水の再生、再循環、再利用の用途は拡大し、21世紀の巨大都市の統合的水源管理において極めて重要な位置を占めるようになるだろう。

要約および結論

水源管理計画において、廃水の再利用という選択肢を実行に移し、それを成功させるには、綿密な計画、経済的ならびに財政的分析、廃水を再生し、貯水し、配水する施設の効率的な設計や運転・維持が必要となる。廃水の再生および浄化の技術は、ほぼいかなる水質の水も産出することが技術的には可能なレベルにまで開発されており、さらに進歩はつづいている。現在の廃水再生に関する戦略には、種々の再利用用途と関連した健康と環境に対するリスクを最小限に押さえるための多様な手段が取り入れられている。

水源管理や高度な処理工程計画やその他の工学的管理を組み合わせることによって、水の再利用の実践を拡大するためのしっかりとした基盤が生まれる。技術がめざましい進歩をとげ、健康および環境に対するリスクが理解されるようになってきたことによって、今日では、多様な水利目標を達成するため、目的に合った適切な水質の再生水

を産出する可能性は現実のものとなっている。しかしながら、再生廃水を取り入れるかどうかという最終的決定は、巨大都市が直面している水の需要、確実な給水に対する必要性、水質汚染の管理といった問題を反映させた経済、規制、公共政策の要因によって左右される。

　この章で論じてきたような統合的な水再利用計画にもとづく再生廃水の利用を実施することによって、水を管理する機関が短期的な不足を補うことができるということに加えて、給水の信頼性を高めることができるような極めて柔軟な体質が生まれるはずである。廃水再生および再利用の施設に関する計画とその実施の重要性が増すに従い、正確な費用データは不可欠となっており、廃水再生および再利用の費用にはかなりのばらつきがあるものの、費用に関する情報は公開されている。廃水の再生および再利用は、とりわけ干ばつ期にその必要性を取り沙汰されることが多いが、これは降雨量の少ない年にのみに有効な水源管理の選択肢というわけでは決してないのだ。将来の水源計画において、廃水の再生および再利用を必須かつ恒久的なものとして考えていくべきである。

（杉山賢一・素訳）

参考文献

Asano, T.(編集) 1998.
Wastewater Reclamation and Reuse, Water Quality Management Library Vol.10, Technomic Publishing Co., Lancaster, PA.

Asano, T., and Levine, A. D. 1995.
"Wastewater Reuse : A Valuable Link in Water Resources Management," *Water Quality International,* No.4, pp.20 − 24.

浅野、前田、高木 1996.
「日本における廃水の再生及び再利用：概要及び実施例」水の科学および技術、34巻 No.11 219 − 226頁

Dames & Moore, Water Pollution Control Engineering Services. 1978.
Construction Costs for Municipal Wastewater Treatment Plants: 1972 −

1977, EPA 430/9-77-013, Office of Water Program Operations, US Environmental Protection Agency, Washington, D.C.

Dryden, F. D., Chen, C.-L., and Selna, M. W. 1979.

"Virus Removal in Advanced Wastewater Treatment Systems," *Journal Water Pollution Control Fed.,* Vol. 51, No.8, p.2098.

Engineering - Science. 1987.

Monterey Wastewater Reclamation Study for Agriculture, Final Report, prepared for Monterey Regional Water Pollution Agency, Pacific Grove, CA.

Lindh, G. 1992.

"Urban Water Studies," in *Water, Development and the Environment,* edited by W. James and J. Niemczynowicz, Lewis Publishers, Chelsea, MI, pp.23 - 24.

National Research Council. 1993.

Managing Wastewater in Coastal Urban Areas, National Academy Press, Washington, D.C.

Richard, D., Crites, R., Tchobanoglous, G., and Asano, T. 1990.

"The Cost of Water Reclamation in California," presented at the 62nd Annual Conference of the California Water Pollution Control Association, South Lake Tahoe, CA.

Sanitation Districts of Los Angeles County. 1977.

Pomona Virus Study - Final Report.

Sheikh, B., Cort, R. P., Kirkpatrick, W. R., Jaques, R. S., and Asano. T. 1990.

"Monterey Wastewater Reclamation Study for Agriculture," *Research Journal Water Pollution Control Federation,* Vol.62, No.3, pp.216 - 226.

State of California. 1978.

Wastewater Reclamation Criteria. An Excerpt from the California Code of Regulations, Title 22, Division 4, Environmental Health, Department of

Health Services, Berkeley, CA.

State of California. 1990.
California Municipal Wastewater Reclamation in 1987, State Water Resources Control Board, Office of Water Recycling, Sacramento, CA. June.

US Environmental Protection Agency, 1992.
Guidelines for Water Reuse Manual, EPA/625/R-92/004, Washington, D.C.

World Health Organization. 1989.
Health Guidelines for the Use of Wastewater in Agriculture and Aquaculture, Report of a WHO Scientific Group, Geneva, Switzerland.

Wright, R. R., and Missimer, T. M. 1995.
"Reuse. The U.S. Experience and Trend Direction," *Desalination and Water Reuse*, Vol.5, No.3, pp.28 - 34.

Young, R. E., Lewinger, K., and Zenk, R. 1988.
"Wastewater Reclamation - Is It Cost Effective? Irvine Ranch Water District - A Case Study," Proceedings of Water Reuse Symposium IV, Implementing Water Reuse, American Water Works Association Research, Denver, CO, pp.55 - 64.

7 都市圏の上下水道サービス提供において民間が果たす役割

ウォルター・ストットマン

はじめに

水と公衆衛生分野の現状

　世界の各国政府は、すべての国民が質の良い適正な価格の水や公衆衛生事業を利用できるようにするための手段を改善するという、きわめて大きな難題に直面している。安全な水を手に入れられない人は10億人以上、適切な公衆衛生設備のない人が約20億人、不十分な処理やまったく処理なしに廃水を捨てている人が40億人以上いるのが現状である。とりわけ低所得国家は、きわめて深刻な問題を抱えており、公共の給水を利用できるのは60％、適切な公衆衛生を使用できるのは40％にすぎない。たとえ利用できたにしても、それは粗末で信頼性の低いものである場合が多い。また、低・中所得国家では、市町村の廃水を処理するという極めて大きな課題がほとんど着手されていない。水や衛生設備に関連する既存のインフラの相当数が、補修・取替えを必要としており、危険な状態はさらに悪化している。都市の人口が容赦なく増大しつづけるため、とくに低所得国家では、その増えつづける国民数に合わせて上下水道に必要なインフ

ラを整備していかなければならない。人口予測によると、この25年間に世界の人口は40～50％程度増大すると予想されている。つまり、2025年までに、新たに25億人分の水と衛生設備を提供するための設備が必要になるということである。そうした設備投資の大部分は、急速に成長する世界の大都市の密集地でより良いサービスを提供することに集中するものと思われる。2010年までに、1,000万人以上の人口を抱える大都市の数は30以上になるであろう。課題は実に膨大である。中・低所得国家に限ってみると、この課題に善処するには、国内総生産の1％を費やさねばならないと考えられる。これを必要な財源に置き換えると、1年でほぼ500億ドルが必要になるということである。

この財源を捻出し、それを効果的に投資するには、現在の分野別開発政策や上下水道の基礎構造のこれまでの運用方法を、根本的に変える必要があるだろう。とりわけ、うまく運営されている効率的な分野別の諸機関が出現するのを促し、そこがあらゆるレベルでシステムをより効果的に運用し、もっと費用に見合った投資を決定するために、政策の変換、刺激、そして広範な能力の育成といったことが必要となるであろう。上下水道の関連機関をみてみると、およそ最適とは言いがたい方法でシステムを運用しているところがあまりにも多すぎるのが現状である。過去20年間に公的セクターが完了させた120件以上の水問題プロジェクトを概観した世界銀行の概評によると、上下水道に関連した公益事業の中で、実績が許容できるレベルで運用されているのは、わずか3％にすぎない。システムからの漏出や認可や記録のない水の使用など、使途不明の水が40～60％も見つかっており、10～20％という産業の許容基準と比較しても相当に高い割合であるといえる。低・中所得国家の施設の運用が非効率的であることによって加算される費用は、年間でほぼ100億ドルになるのではないかと推察されている。消費を削減し、減少しつつある貴重な水資源を保有するよう需要を管理し、同時に漏出による水の浪費をなくし、化学薬品やエネルギーの使用を少なくしながらネットワークやプラントの運営を向上させるよう性能をあげることは、将来のもっとも重要な課題である。資本の投入も、これまでよりもっと慎重に計画されなければならない。既存のシステムを修復し、効率をあげることが、少なくとも初期段階では、コスト効率のよい解決策である可能性があるにもかかわらず、新たな設備投資が新たな能力を生み出すことのみがあまりにも強調されすぎている。

実質的な力量不足は、自治体の上下水道施設の大多数が管理能力に乏しく、生産性が低いことにそのまま反映されている。公共の施設は、職員の数が極端に多すぎる傾向があり、民間企業のもっとも合理的な実例と比較して、組織ごとの職員の数が5倍から7倍にものぼる。そして、専門的な訓練も熱意も乏しい管理職とスタッフが、時代遅れの古い運営テクニックと管理システムを動かしているということが、ほとんどの水道事業体で多々見られる。また、政府は国民に十分なサービスを提供するという長期的な課題に正面から取り組むことより、短期的な政治的利益に関心があり、制限的な価格政策を擁護しているということも、水関係分野が直面しているもう一つの重大な問題である。極端に安すぎる価格設定や効率的な料金回収力の不足は、多くの水道事業体において上下水道システムを良い状態で維持し運用していくために必要な財源の調達が困難になるという事態を招き、システムの補修や拡張のための設備投資に必要となる多額の資金を生み出せなくなっている。同時に、多くの国々において、財政的な厳しい制約や予算の圧力があることから、上下水道システムの分野にあてられる公共予算の分担金に限度枠が設けられている。賢明でない近視眼的な費用回収政策を改めない限り、多くの国々で、既存の資産を適切に維持・運用するための十分な財源を調達することはできないだろうし、おそらく将来必要となる莫大な設備投資の財源を得ることもできないであろう。同時に、乏しい財源をできる限り効果的に運用することが確実に実施されるよう、今後さまざまな開発努力がなされねばならないのだが、その際、上下水道の事業体の運営および上下水道網やプラントの効果的な運用の改善を図り、設備投資の計画や選択における費用効果を高めるための関係者の能力や技術を向上させることをもっと重要視していく必要がある。多くの国々で、事業を改善し拡大するよう求められており、膨大でしかもさらに高まりつづけているそのニーズに取り組むためには、現在の分野開発政策を根本的に考え直す必要があるということは、国際開発団体のあいだで広く同意をえている見解である。公的領域のみにもとづいた古い取り組み方や方針では、この分野が直面している緊急の問題を扱うノウハウも資源も手に入れることはできないであろう。

一解決策としての民間セクターの役割

　能力の限界を認識して、アジア、アフリカ、ラテンアメリカといった開発途上国も含

めた世界各国の政府はこぞって、財政および管理能力のてこ入れとして民間セクターに大きな関心を寄せ始めている。ここ十年間に、相次いで中・低所得国家の諸都市が、民間セクターに援助を求めることを決定した。顕著な例として、アルゼンチンのブエノスアイレス、コートディボアールのアビジャン、フィリピンのマニラ、セネガルのダカール、インドネシアのジャカルタなどがあげられる。そしてコートディボアールやセネガルでは、首都のみならず、それにつづく規模の諸都市もその仲間に入っている。こうした諸都市が民間セクターに協力を求めるにあたって、下記の目的のいずれか、あるいはいくつかを念頭においていたものと思われる。

① 運転実績と資本投下の両方において経済効率を改善するための技術ならびに管理の専門知識やもっと優れたテクノロジーを取得するため。
② この分野に投資資金を注入したり、民間の資本市場に接近する手段を獲得するため。
③ 公共事業の運営への短期的な政治介入を排除し、強力な利益共同体による介入の機会を制限するため。
④ 失敗に帰した公的事業を好転させるか再構成するため。

　上下水道論において、民間セクターの役割というのは決して新たに出てきたテーマではない。市場経済において、民間セクターは従来、契約者であるとかコンサルタント、あるいは設備やサービスの提供者としての役割を果たしてきた。上下水道事業体の管理運営や設備投資の財源提供に民間セクターが直接参入することは、珍しくはないにせよ、割合としては少ない。この数十年間、世界各地で民間セクターはパートナーという存在であった。アメリカ合衆国では、人口の20％が民間の運営する事業体から水の供給を受けている。ヨーロッパでは、民間セクターの参入が19世紀から始まっている。フランスでは、都市の全水道の約75％は、管理契約を結んだり、あるいはリースしたり、政府から運営権を委譲されて、私企業が運営を行っている。低・中所得国家ですら、民間セクターの参入論について、すでにかなりの知識や経験を積んでいる国がいくつかある。たとえば、コロンビアのバランキーヤやエジプトのアレキサンドリアといった諸都市では、上下水道事業は当初、1920年代から1930年代にかけて民間事業として開始され、国営となって公的事業に変わったのは1950年代に入ってからのことである。

この10年間、世界銀行、その系列の国際金融公社、欧州再編・開発銀行（EBRD）といった公共のインフラ開発に関心のある多国間の開発機関は、この分野への民間の参入を奨励する方針を採ってきた。こうした方針の転換は、公的セクターの実績に総じて落胆し、その一方で、上下水道に関連した開発の効率をあげるのに、民間セクターが有能な助っ人になりうるということが、次々と証明されたことに端を発している。最近の世界銀行の研究では、相当数のプロジェクトで、サービスを受けられる範囲が拡大し、その質も向上し、さらに運営効率が著しく改善されており、民間事業は消費者の実質的利益に貢献しているということが確認されている。実際、開発団体の多くの関係者が、民間セクターの参入なしには将来の大きな課題に取り組むことができないという結論に達している。

　この分野に民間セクターが参加することが近年ますます増大しているにもかかわらず、多くの国々の意思決定者のあいだでは、民間の参入に極めて懐疑的な状態がつづいている。そのように民間参入に躊躇するのは、おそらく、歴史的因襲にもとづいているのであろうが、それは大きな変遷をたどった中部および東ヨーロッパ諸国にとりわけ強く見られる。また、ほかの諸国では、水は社会的財産であるという長年抱いてきた概念と民間セクターの参入とをうまく調和させることはむずかしいと、有力者が見ているケースもある。あるいは、政治的主導者が公的事業を自分の政治目的に利用するのが慣例となっていて、そうした支配力を放棄したがらないという国もある。民間参入を排除しようとする共通の特徴は、民間セクターの潜在的な役割について、あるいは官民双方に利益となるパートナーシップを官民両セクターが築いていく過程や方法について、知識が欠けていたり誤解があったりすることである。私のこの著述の目的は、この分野における民間事業の役割に関する誤解を正し、民間セクターが上下水道の分野の開発において有意義な役割を果たすためにはどのような状況が必要であるかを概説することである。民間セクターを参入させることが可能なさまざまな方法や、官と民の長期的な協力関係を計画し、またつくり出すための方法を述べていくつもりである。

表7.1 民間参入形態の各選択肢に対する主要責任の配分

選択肢	資産所有権	運営・維持	資本投資	商業上のリスク	契約期間
役務契約	公共機関	公共機関と民間	公共機関	公共機関	1～2年
管理契約	公共機関	民間	公共機関	公共機関	3～5年
リース	公共機関	民間	公共機関	分担	8～15年
運営権委譲	公共機関	民間	民間	民間	25～30年
BOT／BOO	公共機関と民間	民間	民間	民間	20～30年
権利譲渡	民間、ないし民間と公共機関	民間	民間	民間	不確定（恐らく許可書で限定）

自治体の上下水道事業への民間参入に関する選択肢

　自治体の水道と公衆衛生事業への民間セクターの参入には、さまざまな形態が考えられる。民間セクター参入の形態をどうするかというもっとも重要な選択事項は、資産の所有権や資本投資といった機能に対する責任を、官と民のあいだでどのように配分するかということによって変わってくる（表7.1）。つまり、政府に代表される官と民間の運営者や投資者とのあいだにおけるリスクと責任の配分によって、選択が決まるということである。この各選択肢の主要な特質について、これから述べていく予定である。水道と公衆衛生への民間セクターの参入にはさまざまなタイプがあり、その実例を次ページの表7.2に呈示した。

役務契約

　民間企業は、役務契約を結んで、メーターの設置や検針、パイプの修理、集金といった特定の個々の業務を請け負う。そうした業者は、短期間の契約を結んでおり、6か月

表7.2 上下水道および衛生設備で実施されている民間セクター契約例

選択肢	上下水道	公衆衛生	水道事業および公衆衛生
管理契約ないし業務契約	コロンビア、ガザ、マレーシア、トルコ	米国	プエルトリコ、トリニダードトバゴ
リース	フランス、ギニア、イタリア、セネガル、スペイン、ドイツ		チェコ共和国、フランス、ポーランド
運営権委譲	コートディヴォアール、フランス、マカオ、マレーシア、スペイン	マレーシア	アルゼンチン、フランス
BOT	オーストラリア、中国、マレーシア、タイ	チリ、メキシコ、ニュージーランド	
権利譲渡	英国、ウェールズ		英国、ウェールズ

から2年というのが典型的なケースである。役務契約の一番のメリットは、そうした契約によって民間セクターが有する個々の仕事の専門技術や知識を公益事業体が指定して導入することができ、業務について競争が行われるという点である。役務契約は広く実施されている。たとえばインドでは、マドラス水道事業（Madras Water Enterprise）が全車両の管理から下水ポンプステーションの運転・維持までの範囲の業務を請け負ってきた。チリの首都サンティアゴの水道事業は、コンピューター運用、エンジニアリング、上下水道網の修理、メンテナンス、修復を含め、運営予算のほぼ半分にあたる業務を下請けに出した。競争意識を高めるため、サンティアゴ水道局は、業務の種類ごとに少なくとも二つの役務契約を結んでいる。

　役務契約は、比較的簡明ではあるが、契約書の記入には細心の注意を払い、検討する必要がある。事業体の運営に不備があれば、役務契約もおそらく同じように不備が起こってくるであろう。役務契約は、すでにうまく運営され、商業としても存続できる事業体が、特別な技術的ニーズに合致する費用効率の良い方法を導入する程度のものである。運営の能率が悪いとか費用回収が少ないといった悩みを持った事業体の改革の

代用にはなりえない。

管理契約

　管理契約とは、一般に3年から5年の期間、民間セクターの運営者に、上下水道の一方ないし両方の全システムを運営、保守する責任を移行する契約である。この種の契約でもっともシンプルな形態は、履行した業務に対し契約者に支払う固定料金を規定するというものである。もっと複雑な管理契約になると、実績の達成目標を定め、その目標を達成した部分に対して報酬の基準を定め、それによって効率をあげるように促す方法がある。しかしながら、明確で確実な達成目標を明示することはむずかしい場合が多く、とくにシステムの現在の実績に関する情報が限られている場合は困難である。管理契約の場合、投資に関する全責任は行政サイドに残されたままであり、行政が新たな投資のために利用できる財源を探している場合は、賢い選択とはいえない。

　事業体の技術的能力や効率を急いで増強させ、管理・運営を強化することが主要目的の場合、管理契約がもっとも有効に生きてくる。もっと徹底した民間セクター参入を実施したいものの、政府が長期の計画を初めから委託するのが困難な状況であったり、民間セクターに資本投資を行う用意がなかったり、商業的ないし政治的リスクを受け入れる準備が整っていない場合、さらに進んだ参入に向けた第一歩としても、管理契約は賢明な手段であるといえよう。料金収入が少なかったり、不安定であったりして、料金収益にもとづく民間契約を維持できないような市町村には、管理契約が最上の方法といえるのではないだろうか。リース契約とか運営権委譲といったもっと進んだ形の民間セクターとの取り決めを行うために公益事業の政治、技術、財政上の基盤を改善する必要がある場合、この管理契約は行政に準備のための猶予期間を与え、その一方で即効性のある能率改善策を進めることができる方法であり、初期の短期的方法としては理想的なものである。メキシコシティとトリニダード・トバゴがこのやり方を採り入れており、どちらも、将来もっと進んだ形の協定へと進むという条件でこの契約を結んでいる。

リース

　リース契約では、民間企業が行政から公益事業の資産を賃借し、その保守運用に対す

る責任を担うことになる。実質的には、賃借人として民間企業が、リース料を差し引いた公益事業の運営から得られる収入の流れに対する権利を買っていることになり、必然的に運営上の商業的リスクの多くを民間企業が引き受けることになる。うまく構成されている契約では、賃借人の収益性は、リース契約に定められている質基準に適合しているという条件の下に、いかにコストを削減できるかにかかっている。このように、リースには運営効率の改善を促す性質がある。リースの場合、設備投資に関する資金調達や計画の責任は行政にある。大規模に新たな投資が必要な場合、政府は資金を調達し、さらにその投資計画と賃借人の運営と商業に関する計画との調整を行う必要がある。

　運営能率に多大な改善が見込まれ、しかも新たな投資の必要や見通しが限定されている場合、リースは極めて適切な手段である。また、リースは時として、運営権委譲といったさらに徹底した民間セクター参入への足がかりである場合もある。リース契約は事務管理が複雑であり、持続的な政府の委任が必要であるため、運営権委譲のようなさらに進んだ形の民間参入を選択したのと同等の手間がかかる。しかし、純然たるリース契約というのは極めて少ない。修復作業に対してと限った場合、リース契約のほとんどは設備投資に対する責任の一端を民間のパートナーに課している。こうした契約は、リース契約と運営権委譲とを混合した形態といえよう。フランス、スペインではリースが広く活用されており、チェコ共和国、ギニア、セネガルで目下導入中である。また、コートディボアールでも、運営権委譲に変わるまで利用されていた。

運営権委譲

　運営権委譲では、公益事業の資産の保守運用のみならず、投資に対しても民間のパートナーに責任がかかる。しかしながら、資産の所有権は政府にあり、契約が終了すると、民間のパートナーによって産み出されたものも含め、あらゆる資産の使用に関する全権は政府に帰属する。なお、その契約期間は、通常25〜30年である。運営権委譲は、価格入札されるのが一般的である。公益事業体を運営することを申し出た企業の中で、最低の価格で投資目標に合致する提案をした入札者が運営権を獲得する。運営権委譲を行使する基盤となる契約には、実績目標（サービスエリア、質）、能率基準、資産投資の手配、料金を調整する機構、争いを仲裁する準備といった条件が設定される。

運営権委譲の一番のメリットは、運営と投資に対する全責任が民間セクターに移行し、それによって公益事業体の全資産を管理運営するにあたってあらゆる面で効率をあげようとするモチベーションが民間企業に生まれてくるということである。したがって、サービスのエリアを拡大し、質を向上させるために多大な投資を必要としているところでは、運営権委譲は魅力ある選択肢である。しかし、行政からすると、運営権委譲は長期的な独占権を特定の運営権所有者に譲渡することになるので、それを管理するのは簡単ではないと見ている。つまり、注意深く監視することが、この運営権委譲が成功するか否かの鍵を握っているのである。とりわけ、利益を求める運営権所有者と、低価格でより良いサービスを求める消費者とのあいだの利益バランスに関しては、とくに監視が必要である。フランスのインフラには、この運営権委譲が古くから利用されてきた歴史がある。近年、この方式は開発途上諸国のあいだで広まってきており、たとえば、アルゼンチンのブエノスアイレス、マカオ、フィリピンのマニラ、マレーシアなどで利用されている。

ジョイント・ベンチャーによるリースと運営権委譲

　官と民とが共同でジョイント・ベンチャー会社を設立し、リースないし運営権委譲を行使するといったリースと運営権委譲の特別な形態が、スペインを始めとする数か国で徐々に浸透してきている。この方式では、公的存在（たとえば市町村の行政）が51％の株を保有し、民間の経営者や金融機関が残りの49％を保有して、一つの会社をつくる。民間セクターの支配力を制限することによって、こうしたジョイント・ベンチャーという形態は、民間セクターが参入することに対する利害関係者の同意を得やすくなる。すなわち、合併事業に対する公的責任を明示することによって、リスクに対する民間セクターの懸念を少なくすることができる。しかし、自治体の行政が監視役だけでなく、公益事業体を運営するジョイント・ベンチャーの所有者の一つとして名をつらねた場合、ジョイント・ベンチャー型は、利害に関する争いが生じる可能性が大きくなる。さらにもう一つの問題として、民間企業が経営管理をどの程度まで行使できるかということがある。とくに、民間企業がジョイント・ベンチャーの株を少ししか保有してない場合に、その問題が浮上してくる。経営に対する支配権がなければ、民間企業は自分たちの利益が保護されているとは思えないであろうし、民間参入によって期待

されている効率の増大をもたらすこともできないであろう。大多数のジョイント・ベンチャーは、経営上の指示やそのほかの重要な決定については、両サイドとも綿密に調べることができるように定めた詳細な条項を内規に組み入れており、それによってこの経営管理問題に取り組んでいる。そうした条項によって共同事業は促進されるであろう。しかし、統括関係が混乱している場合、それに関してはなんら改善されずに事態は進んでしまう。ポーランドのグダンスクでは混合所有権によるリース契約が実施されているが、市とプロジェクトに参加した会社の関係は複雑で緊迫していると言われている。リースの条件について、5年間で4回も再交渉がなされ、料金の値上げはインフレに追いつかない状態である。しかし、そのような問題を抱えているにもかかわらず、グダンスクのジョイント・ベンチャーを運営する会社は、グダンスク市のサービスの質を向上させ、システムの効率をあげることに大きな成功を収めている。

建設—運営—譲渡契約＝BOT

　建設—運営—譲渡（BOT）方式は、運営権委譲と似ているが、通常、上下水処理プラントのような単体の大型プラントに限定される。BOT方式の典型的な形は、民間企業が新しいプラントを建設し、数年間そのプラントを運営し、25〜30年後の契約終了時にそのプラントを公的機関に引き渡すというものである。政府ないし配水事業体は、契約期間中、建設費および運営費をカバーし、さらに妥当な収益が出るように計算して設定した価格で、そのプロジェクトでつくられる水の代金をBOT契約者に支払う。BOT契約者と公益事業体のあいだの契約は、消費されようがされまいが一定量の水の代金を公益事業体が支払う義務を負うという「売上をあげるか、さもなくば弁済」という方式を基準にしているケースが一般的である。この方式は、公益事業体が需要に関するリスクを全面的に負うことになる。あるいは別の方法として、公益事業体がプラントの生産能力費と消費代価を支払い、公益事業体とBOT権所有者とのあいだで需要のリスクを分担するというやり方も考えられるであろう。生産能力を高めることが目的であるケースでは、BOTはうまく機能する。しかし、生産能力の拡大を目的としたBOTは、公益事業体の運営力を高め、運営効率を改良するという点に関しては、ほとんど役に立たない。実際、新たに生産された水が配水システムから漏れて無駄が生じてしまう場合、新しい水処理プラントの建設は、資金調達とは別の問題である投資とい

う観点から見て賢くない選択であると考えられる。

BOT型にはさまざまなバリエーションが考えられる。その一つに、資産を無期限に民間パートナーが所有する建設−運営−所有（BOO）方式がある。また、官と民間セクターが資産出資の責任を分担する設計−建設−運営方式（DBO）というやり方もある。さらに、徹底的なオーバーホールを必要とするプラントでもBOTが利用されることもある。このBOTは、ROT（修復−運営−譲渡）とも称されている。

最近のBOTや類似の方法の実施例としては、オーストラリア、マレーシア、中国の処理プラント、チリ、ニュージーランド、スロベニアの下水処理プラントがあげられる。

全面的ないし部分的権利譲渡

資産あるいは株の売却、ないし経営権買取によって、上下水道にかかわる資産の権利を譲渡する方法には、全面的に行使される場合と、部分的な場合とがある。全面的な譲渡の場合、運営権委譲のケースと同様、民間セクターが運営、保守、投資の全責任を負う。また、運営権委譲とは異なり、権利譲渡では、資産の所有権も民間に譲渡される。さらに、運営権委譲では、①政府が所有しつづける公益事業の資産を効率良く利用し、契約の終了時に良い状態に戻す、②規制を設けることによって、独占販売による一方的な値上げやサービスの低下が生じないように消費者を保護するという二つの重大な仕事が行政に課せられているが、権利譲渡では、資産保全にかかわるのは民間企業であるべきという論理から見ても、政府に課せられるのは規制に関する仕事のみとなる。

資産の所有権を民間が保有するということは、ほかのインフラセクターでは広く実施されているが、水ならびに公衆衛生の領域ではその実施が非常に限られている。アメリカ合衆国では、資産はいくつかの公益事業体が所有している。一方、イギリスとウェールズでは1980年代に、上下水道にかかわる資産の全面的な権利譲渡が大々的に実施された。資産が民間市場で民間企業と投資家に売却され、現在は政府が規定した制度に従ってその民間セクターが資産を運用している。

混合

民間が参入する方法は、実際には多くの場合、これまで概略を述べてきたやり方を混

合して実施されている。たとえば、リースの場合では、小規模な投資に関しては民間セクターに責任を委譲していることが多々ある。また、管理契約の場合でも、歳入交付金の割りあてがあることもあり、その場合リース方式に若干類似している。また、個々の選択肢を組み合わせて実施するやり方もあるであろう。たとえば、大量の給水をするために建設－運営－譲渡（BOT）契約を結び、同時に配水システムを運用するために管理契約ないしリース契約も結ぶといった組み合わせなどが考えられる。

競争と規制

　上下水道事業というのは、本来、独占的性質がある。個々の顧客に給水業務を行う供給者のあいだで直接競争が生じると、プラントや水道網を二重に建造せざるをえなくなる恐れがあり、それは経済的に見て適切なあり方とは言えない。民間企業なら破産を宣告し、製造を中止するということも起こりうるが、一般的民間企業と違って上下水道事業は、人間の生活と健康に欠くことのできないサービスの提供を行っていることを考えると、操業を中止することは許されることではない。上下水道事業については、人間にとっての必須事業として、運営を行政からの監督なしに自由に民間セクターに手に委ねるということはできない。実際、この事業が本質的に独占的性質のものであることから、消費者の代表としての政府には、効率の良いサービス提供に関する究極的な責任を持つことが課せられている。したがって、上下水道セクターによる管理運営への民間の参入は、政府との協力関係でしか実現しえないのである。民間が参入するということは、公的セクターが全面的に撤退するとか、一切の管理を放棄するということではないのである。むしろ、従来と比較して官民のそれぞれのサイドに利点があるということにもとづいて、民間セクターをパートナーとした仕事の新しい区分を意味しているのである。

　したがって、①消費者が公正な価格で適正な質のサービスを受ける、②民間セクターがサービスの提供に対して適正な料金ないし報酬を得るといった関係を、政府あるいは公的機関と民間セクターのあいだで構築することが課題となってくる。その課題を達成するために、できる限り能率的に業務を遂行できるように民間セクターに自由を

保障し、その一方で民間企業が確実に義務を果たすように公的セクターが十分な監督を行うというチェックとバランスの枠組みの中で、官民の各セクターが協力していかなければならない。それを実施するにあたって公的セクターは、目先の政治的利益のために公益事業の運営者をこと細かにコントロールしようとする気持ちを押さえなければならない。官と民が協力関係を結び、それを進展させるには、競争と規制の二つが重要な鍵となる。

競争

　行政は、民間セクターができる限り能率的に責任を遂行するということが確実に実行されるよう骨を折っているが、そうした努力の中で、独占的性質を持つこの事業においても、競争は極めて重要な要素である。競争を導入する方法は、「市場獲得の競争」と「市場内の競争」という二つの大きな概念にわけることができるであろう。

　市場獲得の競争には、市町村全域をカバーする管理契約、リース契約、運営権委譲といったような市場全体を扱う権利に関する競争がある。この競争が始まるのは、新たな契約が考慮されたり、既存の契約が更新の時期を迎える時である。契約の入札が頻繁に行われる場合、市場獲得競争の機会は極めて大きくなる。競争によって業務を能率よく遂行するようにプレッシャーをかけることができるが、そのプレッシャーを持続させるため、単純な役務契約では、1年ないし半年周期で入札を行うことも可能であろう。契約期間の長いリース契約やBOTに関しては、再入札の機会は減り、それによって市場競争のプレッシャーも実質的に減少する。

　市場内の競争は、サービス提供者間の接戦競争とも言われている。この競争は、イギリスとウェールズで認められているが、互いの顧客へのサービスを直接に競い合うものである。それには、サービス提供業者間でほかの業者の給水網を使用し合えるように調整しておく必要がある。オーストラリアのメルボルンは、その良い例である。この町の給水網は、四つのゾーンに分割されており、それぞれが異なる運営者によって管理されているが、互いにほかの運営者のテリトリーへ自分のテリトリーを拡大させる可能性がある。また、給水車の運営者が、同業同士で競ったり、パイプ給水業者と競ったりする場合にも、市場内の競争が起こる。また、一括ではなく個別の価格をつけること、すなわち、水の産出、処理、移送、配水といった水システムの主要構成要素を別々

の業者に下請けに出すことによって、競争を引き起こすことも可能である。さらに、業務内容の改善を奨励する方法として、調整者が業務内容の比較を行い、新たな競争を引き起こす方法がある。「ヤードスティック（地域間）」競争と言われるこの取り組み方では、たとえば、一つの市場の中でそれぞれの地域ごとに状況判断を行って、契約を結ぶということも必然的に起こってくる。フランスのパリを例にとって見ると、二つの運営権所有企業が業務提供をしており、市の担当域の業務に対し各々が責任を負っている。また、フィリピンのマニラでは、市のサービスを二つに分割し、それぞれ個別の契約を結んでいる。こうしたやり方の場合、二つの民間業者の業務内容をそのまま比較できる。いくつかの複数の市にまたがって業務内容を比較するというやり方は、独占による権力の濫用を防ぐのに有効な手段である。民間業者が契約を勝ち取る力は、ほかの場所での実績によっても多少左右されるので、ほかの業者が似たような状況で良好なサービスを実施しているのを目のあたりにすれば、良い評判を維持しようと業務能率をあげるよう努力せざるをえないであろう。業務実績に関する徹底した情報を開示する用意がある場合、そうした評判はとくに効果をあげる。この「ヤードスティック」競争が成功するかどうか、また公正であるかどうかは、当然のことながら、どの程度管轄権に縛られずに比較できるかにかかっているが、管轄権を超えて比較することは、必ずしも可能とはいえない。たとえば、イギリスおよびウェールズでは、大きさも地理的条件もサービスエリアによって顕著な違いがあり、そのため公正な比較をするのはむずかしいことを、初期の段階で、政府の調整者は認識させられた。

　市場内、あるいは市場獲得の競争の規模は、質の良いサービスを市場に提供できる民間企業の数によって、大きく左右される。この10年間でそうした企業の数はかなり増大したものの、世界的な規模でサービスを提供できる、あるいはその意思のある国際的企業の数は、20〜25社程度しかない。そうした企業の大部分は、フランスとイギリスに集中する国際的巨大複合企業（コングロマリット）である。そうした競争に参加する適性のある企業が不足しているため、極めて魅力的なプロジェクトを除いて、競争の可能性は限られてしまう。民間セクターに友好的な環境が整っている国の大都市で、運営権委譲に関する提案があれば、産業のさまざまな分野が興味を示すであろう。しかしそれに対して、財源が限られ、民間セクターに対して政治的にも法律的にもあまり友好的でない環境の国で、しかも小さな都市となると、参入させようとしても、関連する

民間セクターの関心を引く可能性は低いものと思われる。上下水道の分野において民間セクターの役割は、今後ますます大きくなっていくものと思われるが、その見通しは、市場に参加しようという意思があり、しかも適性のある企業の数がどれだけ増大するかにかかっている。開発途上国においては、国内に有能な民間セクターを出現させることが、民間の参入を促すのに極めて重要な要素の一つである。

規制

　上下水道の分野はそもそも本来が独占市場の性質があるので、競争だけでは、民間セクターが効率的に業務を遂行する保証はない。民間セクターが能率よく運営するよう誘発する制度を採り入れたり、業務を細心に監視し、そうしたことによって民間企業が独占的立場を悪用するのを未然に防ぐための防衛手段を導入することが、行政に求められるようになるであろう。民間セクターの参入方法についてどの選択肢を選んだかによって、管理と監視のレベルは異なってくるであろうが、いずれにせよ、民間業者の活動を公的に監視することは絶対に必要である。公的セクターと民間セクターとの関係、また各パートナーに必然的に伴う権利、責任、リスクの関係がどのようなものであるかは、行政が設けた規制の枠組によって決まる。規制の必要がもっとも少ないのは、簡単な運営・維持契約の場合である。業者は特定の仕事に対する固定料金を受領し、契約は頻繁に入札にかけることが可能である。長期の運営権委譲と権利譲渡の場合は、公的セクターが遥かに複雑な監視と警戒を実施するシステムが必要となる。民間セクターが負う責任とリスクが大きくなるに従って、リスクと規制のレベルが高くなることを、次ページの図7.1に呈示した。

　大多数の国において、民間との契約は規制の枠組に従って管理されており、その枠組を決めるのに、性質が違う次の二つの基準がある。
① 飲用水の最低水質とか下水廃棄の基準といった、規制方針の広範な原則を制定し、国家的基準を設定する一般法ならびに分野別特別法。
② 一般法や分野別ではカバーし得ない事項の基準となる、民間業者と政府のあいだの契約に関する取り決め。

　一般法や特定法の範囲の広い概念と、契約で取り決められた特別事項のあいだには、必ず曖昧な部分が存在し、その部分は規定によってカバーする必要がある。きちんと

図7.1　自治体の上下水道業務分野への民間セクター参入の選択範囲

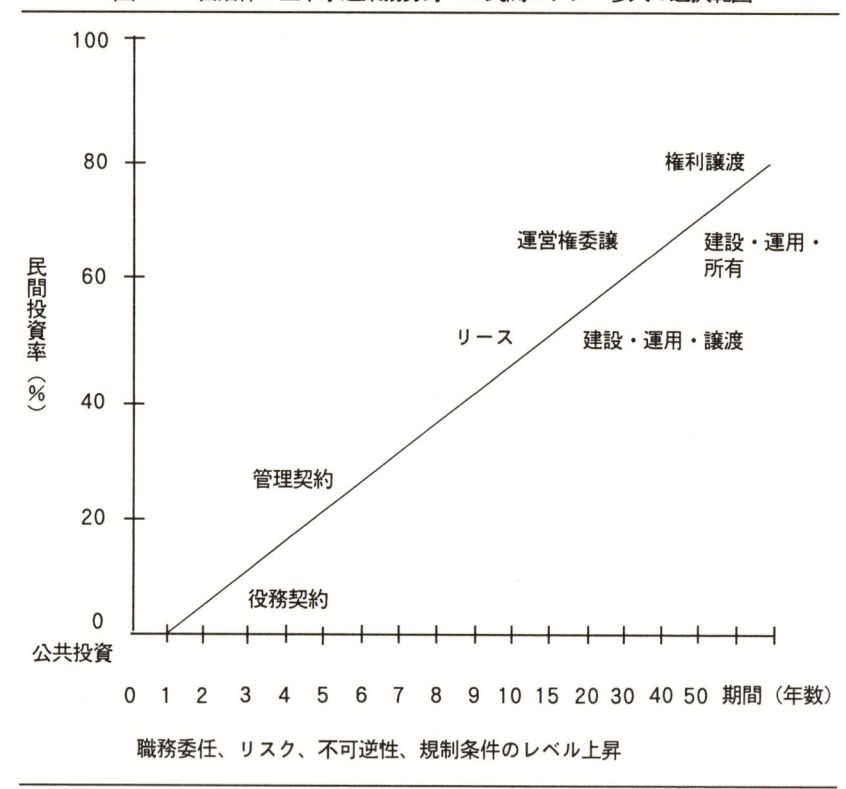

民間投資率（％）

公共投資

権利譲渡
運営権委譲
建設・運用・所有
リース
建設・運用・譲渡
管理契約
役務契約

0 1 2 3 4 5 6 7 8 9 10 15 20 30 40 50　期間（年数）

職務委任、リスク、不可逆性、規制条件のレベル上昇

　細かく条件が明示されている契約の場合は、直接に規制する必要はないという主張も時としてある。しかし、そうした例は稀である。短期の管理契約ですら、政府は契約に反する行為がないかを監視し、状況の変化に合わせて契約条件を調整する必要がある。長期の運営権委譲ないしBOTの場合、詳細に条件を規定する契約は、概して不可能であり、また望ましいものでもない。詳細で厳密な契約条件は、見解の相違が起きる余地がほとんどなく、政治的判断を最小限に押さえられるという利点があるが、同時に、たとえば20年の契約期間中に、予測できないような展開があり、それに関連して社会、経済、技術などの状況が変化した場合、その変化への対応をも制限してしまうの

である。初めから「すべてを申し分ないようにする」などということは不可能であり、明確に特定した厳密な契約を結んでしまった場合、最初の取り決めに微調整を加えたり、改善をはかることがむずかしくなってくる。とくに、最初の情報が限られているような状況では、そのような修正のきかない契約は弊害がある。詳細な確定事項が明記された契約は、通常より頻繁に再交渉が行われる傾向にある。それは、民間の契約者にとって、交渉の立場が優位になり、情報も多く入手できる可能性も高くなるといった具合に、有利に働く傾向がある。したがって、取り締まりを行うべき立場の役割を一連の既成の必要条件が遵守されているかを監視するだけに軽減してしまう明細な契約規定と、取り締まりに自由裁量の余地があるもっと柔軟な取り決めとが、相互に微妙なバランスをとる必要がある。このバランスは、どの方式の民間参入を選んだかによって異なってくるし、また規制を行う政府の能力によっても異なる。

規制の枠組を決定する際に考慮すべき事柄

　規制のシステムを決めるには、考慮すべき重要な問題がいくつかある。
■規制すべきこと、契約に任せることはそれぞれなにか。
■規制をどこが行うべきか。
■規制にどのような決定権を持たすべきか。
■干渉を受けず独自の立場で規制を行い、また報告をきちんと行うということが確実に実施されるようにするにはどのようにしたらよいか。
　こうした点を考慮し、答えを出してから、規制の作成を行わなければならない。

規制が行われるべき分野

　採用した民間セクターとの協定の種類、業務条件や価格調整について法律や契約に明記されている程度、上下水道に関連した規制機関の有無によって、規制を行う機関の責務は異なってくるであろう。多くの国々に、たとえば、市場の独占を監視する機関、河川やその流域ならびに環境を担当する官庁、国民の健康と安

全を監督する部署、公共事業委員会といったものが存在する。しかしながら多くの場合それだけでは不十分で、規制を実施する立場には、概して下記のような機能が求められている。
■値上げの問題を処理する。
■民間運営者の実績と契約の遵守を監視する。
■苦情を受理する。
■公共事業体と消費者とのトラブルの調停を行う。

価格規制

　規制の大切な役割は、通常、価格の問題および業務基準をさげることによる隠れた値上げに対処することである。価格規制には、基本的なタイプとして2種類ある。
（1）　利益率あるいは利潤率管理 ― 規制機関が、投下資本利益、出資者への支払い可能な配当、資本準備金に限度を設ける管理方法。
（2）　価格管理 ― 規制機関が、予想される能率の向上を加味して、許容できる価格上昇幅を小売り物価指数など独立した基準に照らして規制する管理方法。

　利益率の規制は、資本投資に関連して用いられる。投資に対する適正な利益率を定め、その後、一定期間に公共事業体が資産を運用することによって可能性のある最大収益を、規制機関が設定する。この方法の利点は、価格が競争可能なレベルに保たれ、投資者にとって自分の投資に対して利益をあげる見込みがあるという安心感があるという点で、それによって資本コストがさがる可能性もある。しかし実際には、いくつかの問題がある。資本支出への過剰投資がある場合、規制を受ける公共事業体が運営維持費をさげようとする意欲を低下させてしまう恐れがある。許容される収益率が事業体の資本コストより大きい場合、事業体は資本投資以外のものを生産へ投入する代りに資本投資を行い、それよって利益を最大限にあげようとする可能性がある。また逆に、許容される収益率が資本コストより小さい場合、事業体は通常より少ない資本投資による生産方法を採ろうとする可能性がある。

　価格規制には、価格に一般的な「上限」を設定することも含まれる。この上限額は、通常、インフレ率ならびに取り締まりを受ける事業体の効率改善の可能性評価を照合して決定される。この方法の最大の利点は、事業体が生産性の拡大によって規制機関

が想定した以上の収益をあげた場合、それをすべて保有できることから、コストを削減し、効率的に運営を行おうとする意欲を持つことである。しかし、同時にこの方法にもいくつかの欠点がある。価格の設定が高すぎる場合、民間の事業運営者あるいは投資家が、国民から見て容認できない高い利益をあげることが考えられる。逆に、価格設定が低すぎる場合、運営者が妥当な収益率をあげるのが不可能とみなし、サービスのレベルや質をさげる可能性がある。そうなると、投資家は、リスクのある立場に立たされ、資本コストがそれに応じて増大する可能性が生じる。生産力の増大について期待が大きすぎると、たとえば30年の運営権委譲期間中に上限額について5〜6回の交渉が行われることがあり、その交渉の都度、投資家はリスクに直面することになる。規制を受ける事業体による新たな投資を促進することが第1の目的である場合、価格上限策はあまり魅力的な方法とはいえないであろう。価格上限規制を実施しているイギリス、ウェールズでは、国家機関が5年ごとに価格政策と料金表の見なおしを行っている。収益率による規制、価格上限による規制、いずれの場合も事業体の業務全般に関してあらゆる観点から見た詳細かつ信頼のおける情報が求められる。

規制を実施する機関

　上下水道の業務提供に対する責任は、世界的に見て各国とも、ますます分散化が進んでおり、それについて地方自治体が規制責任を負う傾向が強まっている。規制を分散化した場合、概して、地域ごとのニーズや条件に敏感に反応することができ、監視も容易であり、情報を確実に入手しやすくなるが、その一方、規制機関が重複する事態による規制コストの増大、能力不足による規制効果の低下や稚拙な規制の可能性の増大といったことが生じる危険性がある。規制機能を分散しても、国の政府は効率的で矛盾のない規制決定を支援する方策を適所で講じていくことができるはずである。その支援策として考えられるものにはたとえば次のようなものがある。

■規制を実施する職員に対して訓練を提供する。
■国の実績指標を公布する。
■地域の規制機関の能率を監視し、規制違反の可能性を減らす監察機能を備えた機関を中央ないし地域に設置する。
■地域の規制機関に監視活動の結果と規制に関する決定について公表するよう要求す

る。
■事業体の業務実績を比較しやすい方法で矛盾なく評価できるように報告と監視のガイドラインを提示する。
■民間の監査会社など専門の独立した監視役を雇用することを地域の規制機関に要求する。

　こうした方策はすべて、地域レベルの権限に委ねられており、それがおそらくもっとも適しているはずであるが、それでもなお、もっと上位レベルの行政が事業体の実績と地域の規制機関を監視する役割を確実に担うようにはかっていくべきであろう。

規制機関の決定権

　10年、20年、25年と長期に及ぶ契約をした民間運営者の業務実績を規制するには、規制機関が不測の事態を巧みに処理したり、それに対応して契約を調整する力を持つことが必要となる。そうした状況を考えると、規制機関には一定レベルの決定権があるのが望ましく、また必要でもある。その一方、規制システムが持つ決定権が大きくなりすぎた場合、リスクや専横な決定が増大する危険性が高くなり、その結果、民間が参入を思いとどまる可能性が生じる。そうした事態を避けるためには、次の事項が確実に実行されることが必要である。
■決定に関する明確な範囲が適切な法律や契約に明記されている。
■規制機関が用いた判断基準ならびにプロセスが、法律で確立されている。
■規制機関の決定に対する反対を表明するための適切な便宜がある。

　また、決定権を与えられた規制機関は、運営者や投資家、消費者、また選任された官公吏に対し、それぞれ次のことをはっきりと文書で保証すべきである。
■運営者と投資家に対しては、その正当な利益を保護し、不当な政治的影響にさらされないような方法で、決定権を行使する。
■消費者に対して、適正な費用で適切で確実なサービスを受ける権利を保護する。
■官公吏に対して、規制機関が正当で確実な命令を発し、説明のできる行動を取る機関でありつづける。

規制機関の独立性

規制機関が、効率良くその機能を発揮するためには、短期的な政治圧力からも、また規制を受ける企業からも自由で、独立して運営されなければならない。規制関係当局が行政の政治管理内にあるとしたら、選挙を考えた短期的利益に役立つように価格、サービス基準、投資の優先順位を操作する危険がつねに介在する。規制機関がより独立していることによってこそ、この上下水道の領域で、究極的にコストをさげ、サービスを向上させることに繋がる長期的な目標に合致した運営が行われる可能性が大きくなるのである。この目標を達成することは容易であるとは言えないが、いくつかの防衛措置を講じることはできるはずである。その防衛措置には、次のようなものが考えられる。
■政治的ではなく、専門的な基準で規制機関を指名する。
■期間を定めて規制機関を委任する。
■規制を行う組織に対する資金の供給は、行政の予算ではなく、公共事業体ないし消費者の負担とする。
■適した人材を引き寄せ、雇用しておくため、規制機関に対し、競争に耐えうる額の報酬を支払う。
■規制機関が、政治的活動を行ったり、水や公衆衛生に関連する事業における財政的な利益を持つことを禁止する。
　また、規制を受ける民間の企業や政治勢力が取締官を篭絡するリスクを削減し、概して不足している規制の技能をもっとも有効に使用するための方策もいくつか考えられる。
■例えば電気や通信といったほかの分野のインフラも扱う多分野規制委員会を創設する。
■財政的な監査、サービス基準や資産条件の監視といった何点かの規制を、民間セクターの評判の良い優良企業と契約し、そこに任せる。
■独立していて誠実であるという評判のある既存の規制機関を利用する。

規制機関の説明義務

　規制機関は、政治的な関係からできる限り独立した存在であるべきだが、同時に、報

告・説明をする義務を確立することも必要である。それを実施する方法には次のようなものが考えられる。
■規制機関の義務を明確に法律で規定する。
■規制機関に対し、決定事項とその理由を公表することを要求する。
■裁判所やそのほか独立した審査会が行った考査に従った決定を行う。
■規制機関に対し活動に関する年次報告を提出し独立した監査を受けることを要求する。

適した規制システムの確立

　適した規制システムを確立していくために世界各国の政府が見いだした解決策は、国によってかなり大きな違いがある。役務協定と管理協定については、概して、公共事業体ないし地域の行政が直接に携わっている詳細な契約協定が基準となっている。リース契約と運営権委譲は、通常、もっと上位の行政の監督を受けている。これについて、いくつかの例をあげてみる。フランスでは、リース契約と運営権委譲は主として地域的な問題として扱われているが、国の行政は、契約の雛型を公表し、競合を要求するなど、リース契約や運営権委譲の契約を締結するにいたるまでの重要事項の決定基準となる国の法律と規制を最近導入した。また、ギニアの首都コナクリでは、水分野の計画と投資を管轄する自治権のある国の機関、国家水連盟が、リース契約を管理しているが、料金設定に関する最終的な権限は政府が保有している。ブエノスアイレスでは、市町村、州、連邦の各行政から選出されたメンバーによって構成され、上下水道料金から資金が提供されている独立した国家機関が、厳しい規制を行っているが、そこが行った決定を政府は覆す権限を持っている。オーストラリアのシドニーでは、BOO水処理プラント計画においてシドニー水コーポレーションが新たに創設されたが、この組織は小売の水料金を規定する独立した公共事業機関・ニューサウスウェールズ価格裁定委員会の管理下にある。アメリカ合衆国では、多くの州に水を含む一連の公共事業の価格を規定する公共事業委員会が存在する。イギリスとウェールズでは、営利目的の上下水道企業を監視することを特別の目的とした独立した国家機関として、国の監視組織である水道局が設立された。チリでは、国の規制委員会が、国内の全水道会社を対象に比較を行い、その結果として打ち出した基準にもとづいた価格の指針を作成している。

民間セクターとの協力関係に関心を持つ行政は、規制が民間セクターとのあらゆる協定にとって重要な位置を占めていることを明確に認識しなければならない。規制の枠組に関する基本的な決定は、早期に行う必要がある。規制の行為能力には、所与の状況において民間セクターといかなる関係を持つのが最適であるかを決定する力がある。いかなる規制システムを選択するかによって、参入する民間セクターの自発的な意欲や参入コストが左右される。契約と規制を組み合わせる方法や、もっとも有益な規制内容を決定する方法に、唯一の正解というのはありえない。なにを選択しても必ず長所と短所がある。そして、なにがもっとも有効であるかということは、国によって違うし、同じ国内でも市によって差異がある。

　規制システムを開発していくには、行政は幅広い原則をいくつか念頭に置いておくことが必要である。まず、規制の真の目的は消費者の利益を確実に守ることである、という原則がある。そして次に、どのような規制を選択するかは民間セクター参入のタイプによって異なるという原則を忘れてはならない。管理契約の場合は簡単な契約で十分であるが、運営権委譲契約の場合は管理契約より遥かに多くの規制と規制能力が必要となる。そして、3番目の原則として、いかなる選択にしろ、それが現実的なものでなければならないし、その国の法的枠組に矛盾したり人材能力に無理があってはならないのである。現実として達成可能なものと理想とを比較検討する必要がある。十分な能力がないのであれば、運営権委譲は実施すべき方法ではないといえよう。第4の原則は、規制による拘束や制約が強すぎてはならないということである。規制の拘束力が過度に強い場合、民間企業が協定を結ぼうとする意欲を消失させたり、革新的で能率的な運営実例を導入する力を制限してしまう恐れがある。民間の契約者が業務をどのように運営するかを規制によって詳細に管理しようとすると、民間セクターが持つノウハウや独創性を導入し、それによって業務の能率を改善するという、民間セクター参入の主要目的の一つが阻まれる危険が生じる。民間セクターは公的存在と比べて制約が少ない環境で事業を運営できるということこそが、民間セクターを参入させようとする理由なのである。たとえば、民間を参加させようとする動機が、上下水道のセクターを現在より直接の政治的介入から切り離し、公的助成金を減らしたいということである場合、政治にかかわる短期的利益を優先する機関に規制の権限を与えることは、生産性に逆らう事態となるであろう。公的事業の足かせとなっていた制約的な

実際業務、基準、規範と同様のものに民間運営者も従わねばならないとしたら、どんなに優れた民間運営者でも成功するのは至難の技である。たとえば、適した料金システムなしには、民間セクターの運営者は与えられた責務を遂行するのに必要な財源を調達することはできないだろう。民間を参入させることは、方向を誤った制約的な政策を補塡する手段にはなりえないということを、行政は認識しなければならない。

民間セクターの投機的事業に対する準備

　民間参入の方法には多くの選択肢があり、民間セクターと協力関係を結ぶことに関心のある行政は、その中から実施可能なものを選択することになる。つまり、規模、機能に関する責任関係の組み合わせ、規制形態はそれぞれ画一的でなく、多様であり、その中から選択することができるのである。選択にいたるまでの過程を計画し、それを実行していくプロセスの質のいかんによって、その選択が成功するか否かは大きく左右される。その際、次の二つの目標を達成するよう努力すべきであろう。
1. 地域のニーズや条件に適し、しかも実施可能な最良の方法がどのようなものであるかを明確にし、それを展開させる。
2. その方法に適した民間セクターのパートナーを探し、そのパートナーから可能な限り有利なオファーを獲得する。

　失敗のリスクを少なくし、もっとも有益な取引を行うためには、次のような諸段階を一歩ずつ確実に踏んでいく必要があるであろう。

■契約前の分析。

■実行可能な選択を一つないし一定範囲に絞る。

■希望する選択に民間セクターが関心を持っていることを確認する。

■民間のパートナーを獲得し、契約に着手する。

　次にこの各段階について見てみよう。

契約前の分析

　民間セクターの参加が財政的にも政治的にも実行可能であると行政が判断したら、

選択という次の段階に進む前に、注意深く評価査定を行う必要がある。その際、明確な答えが出るまで考査すべき重要な5項目を下記にあげてみる。
1. 既存の公共事業体はどのような状況であるか。
2. 既存の規制制度は民間セクター参入に適しているか。
3. 主要な利害関係者は、民間セクターの参加にどの程度協力的、あるいは反対か。
4. 取引が、民間セクターにとって財政的に可能であるか。
5. 民間セクター参入を確実に成功させるために新たに想定すべき主要なリスクはなにか、あるいはそれによって軽減されるリスクはなにか。

公共事業体の評価査定

　この分析の目的は、公共事業体の現在の実績と管理運営に関する入手可能な情報の内容を評価査定し、パートナーになる可能性のある民間企業にとって魅力ある公共事業体にする条件がなにであるかを識別することである。そのため行政は、次の事項に関する情報を集めることが必要であり、また、入手できないものがある場合は、それをはっきり認識する必要がある。
■公共事業体の現在および計画されているサービスエリア。
■業務の現在の特性（水質、圧力、供給の安全確保、下水の氾濫、検針）。
■資産およびその状態と有用性の一覧。
■人材（人数、技術、賃金率、業務条件、年金制度）。
■財務実績および料金表（水準と構造、補助金制度、集金実績、分離政策）。
■消費者の選好、購買力、支払い意欲。
　上記の基準で集められたデータから、サービスの改善に必要となる投資や関連費用の特質、達成可能な潜在能力の向上、将来的に希望する実績基準、資産修復の必要性などに関する貴重な情報を得ることができる。事業体の現在の状況を明確に把握することは、どのような形態で民間セクターと協力関係を結ぶのが可能であり、また望ましいのかを決定するのに極めて重要なことである。また、データが不足していたり、不正確である可能性のある領域がどこであるかを認識することは、データベースの改良が不可欠であるという認識を促す意味でも、やはり有益なことであるといえよう。

規制・制度的分析

　民間セクターとの協定の性質や有効性については、民間セクター参入を管理する規制機構によって左右される。民間セクターの選択、産業構造、規制の枠組に関する決定は、いずれも緊密に関連しており、したがって規制事項については早期に考慮すべきである。効果的で適した統制構造を持たずに民間セクターと協定を結んでしまうと、損害の大きい過ちを引き起こし、後から修正するのに厳しいプロセスが待ち受けているということにもなりかねない。規制に関する分析には、次のような目的がある。

1. 民間セクターの参入を妨げたり、選択した参入方法の実現の可能性に影響を及ぼす恐れのある統制活動、構造的要件、法律に関して、それぞれの既存の幅広い枠組の中で要因がなにであるかを識別し、確認する。
2. 選択の幅を広げるため、現在の規制制度を再構成する可能性を探る。
3. 公的セクターと民間のパートナーの関係を管理し、また分野ごとの特定の規制を開発する。
4. 公的セクターが持ちつづけると思われる権限を特定し、誰がそして行政のどのレベルでその権限を行使するかを認識し、さらに必要な新しい規制協定を創り出すのに役立てる。
5. 規制のどの要素を民間セクターとの契約に組み入れるべきか、また公的セクターの規制機関の裁量が契約によってどの程度制限されるか、規制や政治的リスクに対するどのような防護策を契約に含ませるべきかを決定する。

　民間セクター協定の選択や構想、あるいは民間セクターを引きつける協定の魅力に、規制の広範な枠組がどのような影響を及ぼすかを評価する際、行政は下記にあげる事項に関連した広い範囲の法律や規制を考察すべきである。
- 国、郡や州、市町村の行政内における、公的サービスに対する責任の構造と立法上の区分。
- サービスの責任が分散し、規制制度の及ぶ範囲がいくつかの行政管轄組織にまたがっている場合、管轄組織間の協定。
- 公的サービスの分野への民間セクターの参入を管理する法律。
- 水源の管理と環境。

■労働。
■税金。
■商品およびサービスの獲得。
■通貨管理。
■公衆衛生と健康。
■社会政策。

　既存の枠組の中には、変更できない要素、あるいは変更するには時間のかかる要素がある。そのような要素があることにより、民間セクター参入に関して有益な選択が阻まれる可能性も生じる。そうした場合、それを早期に認識し、民間セクター参入に向けて段階的に取り組み、時間をかけて一般的な法律や規制の枠組を改善するように努めるのが最善の方法である。たとえば、集金の実績、あるいは補助金を受けるサービスを提供するための所要条件によって、収入に関して民間パートナーにとって受け入れがたいリスクが生じる場合、料金にもとづく管理契約型の協定を採り入れ、それによって商業的リスクを削減するのが最善の選択といえるであろう。さもなければ、明確な保障条項を契約に組み入れることが考えられる。その保障条項としては、予期せぬ投資に対する追加支払いを認許する規定、不都合な周辺状況からの保護、業務基準の変化に対する明確な補償ないし価格調整、最低限の収入保証といったことがある。

利害関係者分析

　一連の利害関係者には、それぞれ、水事業における合法的な利害関係がある。その主要な利害関係者がどのような存在であるか、また利害関係者はどのような支援や反対を行うであろうかについて、早期に明確にしておく必要がある。たとえば、利害関係者は、運営権委譲や権利譲渡には反対であるが、民間セクターの役割がもっと制限される管理契約は受諾するかもしれない。あるいは、民間セクターが単独で行動する協定はなんであれ反対であるが、公的セクターとのジョイント・ベンチャーは支援するという立場を取るかもしれない。一般に主要な利害関係者とみなされる範疇を次にあげてみる。
■国の行政（厚生労働省、環境省、都市および経済開発省といった水に関連した事項を管轄する省庁）。

■公共事業体サイドから見て、資金供給機関、あるいはパートナー、規制機関、民間セクターとの契約の許可を出す機関などとしての役割を果たす可能性がある州や郡、市町村の行政。
■土地の利用権やインフラ計画の調整を行う郡や州、市町村の開発担当部署。
■規制を目的に設立されたそのほかの機関（水委員会、環境保全に関係する機関、公正取引委員会など）。
■政党と各政治家。
■労働組合。
■公共事業体の役員と職員。
■消費者団体。
■公共事業の管理運営のなんらかに関係する、行政サイドではない市民参加の組織。

　主要な利害関係者が誰あるいはどこであるかが確定できたら、行政は次にすべての利害関係者と話し合い、懸案となっている民間参入に支援を得るよう、あるいは反対を和らげるよう努めなければならない。利害関係者を仲間に引き入れるために、行政はさまざまな懐柔策や保護策を打ち出す必要があるだろう（**次ページの表7.3**）。保護すべき対象と保護策を下記にあげてみる。
1. 余剰人員団体交渉、労働者への株の分配、最低賃金と労働条件、健康と安全保護措置による労働者と管理職の保護。
2. 下請けや周旋において確実に競争が行われように定めた取り締まり規則を設け、契約者あるいは供給者を保護。
3. 料金調整規則、補助金政策、苦情受け付け機構により、顧客を保護。
4. 業務基準の規制により、市民の健康と環境を保護。

　このような保護策は、民間セクター参入を進展させ、それが確実に利用者にとってメリットのあるものにするために大いに役立つはずだが、それには必ず出費が伴い、その費用については詳細に検討する必要があろう。
　公共事業体の職員と組合は、利害関係者の中でも極めて重要な位置を占めている。人事方針を改め、コストがかさむ膨張した労働力を削減するということだけでも、管理運営の効率を改善し、優れたテクノロジーやノウハウの導入を達成できる場合は往々

表7.3 潜在的利害関係者問題と対応策

利害関係者グループ	起こり得る問題	必要となる政策決定	投入方法
従業員	余剰労働力の解雇、雇用条件の変更	余剰人員団体交渉およびその他の人員削減を進めるための取り決め	従業員とのオープンで持続的な協議および交渉
消費者	消費者の嗜好、支払い意思	拡張計画のためのシステム、料金体系、補助金計画の立案	社会評価、参加、広報活動／協議、キャンペーン
環境問題関係者	環境との主要な因果関係	適用すべき環境基準、過去の汚染に対する責任	環境グループとの協議
既存の行政機関	責任配分の重大な変化	新たな統制システムの導入、行政機関間の責任の再評価	徹底的な協議
その他の住民	再定住	再定住政策	関連グループとの直接の協議

にしてある。しかし、職員の解雇に対する不安をうまく処理できない限り、行政が主導権を握ることはおそらく不可能である。

アルゼンチンのブエノスアイレスの実例を見ると、行政が労働問題をどのように処理すればよいかのヒントが示されている。世界各地で見られるように、ブエノスアイレスの水道公益企業は、必要以上の職員をかなり多く抱えていた。この企業の従業員数は7,600人で、接合部1,000か所につき約8人という割合となっており、それは効率的に運営するのに必要な人数のほぼ2倍となっていた。提出された計画にもとづいて、1,600人の従業員が自発的な早期退職を受け入れ、そのために政府は総額4,000万ドルの退職金を調達した。運営権を委託された企業は、運営を引き継いだ直後に、さらに次の自発的早期退職計画を提案し、2,000人の従業員がその申し出を受け入れた。そ

して、それに必要なほぼ5,000万ドルの費用は、今度はその企業が支払った。運営権委譲がスタートして半年も経たないうちに従業員数は半数近くに削減された。この人員削減を達成するのにかかった費用は相当額に上るが、運営権を委譲された企業は自ら求める効率目標を達成するのに必要な投資と判断したのである。現在、ブエノスアイレス・カンパニーに業務を提供する契約社員は8,000人ほどいるが、その中には、以前の従業員が多く含まれている。

財政と料金状況の分析

　どの形態の民間参加を選択するかを決める際にもっとも重要な問題は、おそらく、財政に関係する問題ではないだろうか。民間セクターは、財政的にやっていけると判断しない限り、契約を結ばないはずである。財政と料金に関して、熟考を要すると思われる代表的な事項を次にあげてみよう。

- システムを修復し、サービスエリアを拡大するための投資を民間セクターのパートナーに期待する場合、それが料金にどのような影響を及ぼすか。
- 期待される効率の上昇が達成できると見込んだ場合、現在の料金で費用をカバーできるか。
- 計画されている料金が、一般家庭から不満が出るような高い額になってしまった場合、行政は補助金を支給するか。
- 補助金が支給されない場合、消費者の財政力に応じて投資計画を縮小することはできるのか。

　こうした問題が早期に真剣且つ現実的に考慮されない場合、結局は財政的に無理のある選択や不可能な選択に、多くの時間と資源を費やすことになる恐れがある。先にあげた問題に答えを出すには、水および公衆衛生にかかわる公共事業体の財政状況を分析し、希望する業務の拡大と効率性と、財政と料金との密接な関係を考査するといった財政上の問題を詳細に調査研究することが必要である。そうした財政的な分析を行うことによって、実行可能でしかも持続できそうな方法を選ぶべく、選択肢を絞ることができるはずである。

この分析において、必ず考慮すべき重要な要素を次にあげる。

1. 水の供給、処理、配水や下水の収集と処理に必要な、公共事業体の現在の運転・維持

費用。
2. 現在の料金に関するレベルと構造と集金効率。
3. 現在および今後予想される消費。
4. 給水、配水、下水システムに対する資本コストの改善、ならびに予定しているサービスレベルを達成するために必要な出費。
5. 助成金、自己資本、ローンなどによって、サービス改善のために必要となる資金を供給できるかどうか、その実現の可能性。
6. 民間の運営によって達成される可能性のある効率の増大を見越したシステム拡大によって生ずる年間運営費の増加額。

リスク分析

　行政が、リスクを認識し、そのリスクを官と民のそれぞれのセクターにどのように配分するのが最上の策であるかを考察することは、ぜひやらねばならない重要なことである。民間セクター参入に関連したリスクを早い時期に考えることは、のちのちの時間の節約につながるし、民間セクターとの協定を当初予定されていたものに近い形で実現させるためにも役立つはずである。料金ベースの役務契約と管理契約の場合、もっとも顕著なリスクは、民間セクターの業務実績が期待されたものに達しないことであろう。契約者の業務実績を監視し、運営者から要求されている水質ならびにそのほかの基準が確実に遵守されるよう、それに適した協定にすることが必要である。業務実績を監視する適切な職員がいない場合は、行政は監査法人のような第三者の組織と契約することを考慮に入れてもよいであろう。リース、運営権譲渡、BOT型の契約の場合、運営コストや投資の資金供給は料金収入によって賄うことが運営者ないし投資者に求められており、当然のことながら、契約者が運営や投資の効率を改善しようとする意欲が不可欠であろう。水事業というのは本来、独占市場的性質があることから、契約者が不当に高い料金を課したり、サービスの質を低下させることによって収益を得ようとする事態が生じる懸念やリスクはつねにつきまとう。こうしたリスクには、適切で効果的な監視および統制システムならびに取り決めによって、細心の注意を払って対処していかねばならない。

小規模の都市が抱える特別な問題

　民間セクターの参入が持っとも容易に実施でき、そして企業をもっとも引きつけるのは、人口が少なくとも50万人規模の都市の場合である。しかし、規模の小さい市町村でも大都市と同じように水と公衆衛生にかかわるより良い事業が必要であり、同時に民間の参入による恩恵に浴することも可能である。とはいえ、小さい市町村の場合、財政、経済、設備、技術などの現状から極めて厳しい問題があるのも事実である。運営者が隣接する複数のシステムを一手に運営し、有利な大規模経済を行うことによって利益を得ることができないかぎり、小さなネットワークに投資しても十分な収益をあげるのはむずかしいと、民間サイドの契約者が判断することは往々にしてある。また、大都市と比べて小さな市町村では、概して、所帯の平均収入も低く、そのため費用をカバーする料金を支払うのが厳しい状況にあることから、順当な利益を獲得するのが困難であると考えられる。また、小さな市町村の多くは、管理力や組織の能力が限られており、したがって、民間セクターとの協定を計画・実行・管理するのに必要な能力も不足しがちである。地方の管轄部署は、民間セクターの参入を準備するにあたって、上位の行政機関の援助を仰ぐ必要があるであろう。この問題に対する取り組み方はいくつか考えられるが、もっとも効果的な方法は、規模の小さい複数の市町村が合同で一つの管理組織をつくり、その組織が適切且つ効果的に民間の参入を実施するのに必要な経済力を提供することであろう。国の政府は、助言をしたり、財政的な雛型や契約書類を呈示するといった方法で、小規模な市町村をサポートすることができるはずである。

選択肢の絞り込み

　行政は予備調査を十分に行った後、民間セクター参入のさまざまな形態の中から、実施が可能なものを実際に選択する段階に入る。選択肢を絞っていくために、考慮すべき重要な問題を下記にあげてみよう。

■解決しなければならない問題はなにか？　民間セクターを参加させる第一の目的が、運営の効率や管理ならびに事務管理を改善することであるならば、管理／リース型契約が最適の方法であると思われる。また、サービスエリアを拡大し、サービスの質を向上させるための投資も目的に加わる場合は、運営権委譲がより良い解決策とし

て考えられるだろう。さらに、新たなプラントを必要としている場合は、民間セクターにノウハウや財源の提供を求める最良の方法としてBOTが浮上してくる。
■料金が意味するものはなにか？ 現行の料金は費用をカバーしているか。効率を引きあげることによって料金の値上げをせずに提案されているサービス目標を十分に達成できると、民間セクターに期待することは適切であろうか。期待できない場合、消費者は値上げした料金の支払いを快諾するだろうか。快諾しない場合、低所得の所帯に対する助成金や補助金の財源は確保できるのだろうか。
■構想中の規制の枠組で、商業的リスクを負う民間セクターに対して十分な支援を行い、同時に独占的な権力の濫用を未然に防ぐことによって消費者を保護することができるか？ いずれかでも不可能である場合、必要な変更を簡単に行うことができるか。変更が容易でない場合、統制機能を部分的に簡易化したり、短期間に限って下請けに出すことはできるか。政治的介入のリスクを最小限にとどめることはできるか。
■特定の民間セクターの参入方法に関して、主要な利害関係者は支援する立場を取っているか、あるいは少なくとも反対の立場には立っていないか？ 利害関係者の関心に応じて適切にプロセスや方針を進めることが可能であるか？
■資産に関して、長期的な契約を結ぶ基本的な判断材料として役立つ十分な情報が公共事業体にあるか？ 十分な情報がない場合、詳しい情報を早急に作成することが可能であるか？ もしくは、管理契約からスタートして、詳細な情報を集めてから運営権委譲契約に移行するといった段階的な取り組みをしたほうが賢明であるか？

こうした各項目に答えを出すべく熟考することによって、行政は民間セクター参入に関して採用すべき選択肢あるいは選択の幅が見えてくるだろう。次ページの表7.4には、民間セクター参入方法と参入させる目的との関係を呈示した。たとえば、行政が運営効率を改善し、消費者に対して敏感に反応することを求めている場合、役務契約ないし運営権委譲よりも、運営実績を向上させようという意欲が働く管理契約ないしリース契約の方が適しているといえるだろう。また、行政が効率を大幅にアップさせることや新たな投資を求めている場合、運営権委譲ないし権利譲渡を選ぶのが適していると考えられる。あるいは、大幅な業務拡大のための投資が第一目的の場合は、BOTが最適といえよう。

表7.4 民間セクターの選択肢と目的

選択肢	目的				
	特定の実務的専門技術ないし知識	管理能力の改善	運営効率の改善	投資効率の改善	管理自治権の強化
役務契約	有	無	若干	無	無
管理契約	有	若干	有	無	若干
リース	有	有	有	無	有
BOT	有	有	有	有	有
運営権委譲	有	有	有	有	有
権利譲渡	有	有	有	有	有

希望する参入方法が民間セクターの関心を引くための諸条件

　行政が採用を希望する参入方法が、民間セクターにとって魅力が乏しいものである可能性もある。規制力が弱く、行政の関心が低く、規制にかかわる状況が不確かで、情報が乏しい場合、運営権委譲ないしBOTを実施するのはむずかしいであろう。民間セクターの運営者あるいは投資家は、いくつかの条件が満たされていると判断しない限り、とりわけ魅力的ではない料金で提案された協定に同意することはないだろう。民間セクターの参入を可能にするその条件を次ページの表7.5に呈示した。

　実務、財政、政治のすべての面で納得できる確かなものであって初めて、民間セクター参入に関して選択した方法が実行可能で、持続性があり、民間セクターの技術や資源を活用するのに最適なものとなりうるのである。実務的に確かな方法とは、解決すべき問題の的を的確に絞り、それに合致し、しかも既存の法的枠組と矛盾することのない方法である。あるいは矛盾があっても、枠組を好ましい方向に変更できる場合は、その範疇であろう。財政的にしっかりした提案というのは、消費者が異存なく支払う料金で資金を調達できるか、あるいはそれが不足しても、財政的に確実で政治的に実行可能な行政からの補助金計画で補填されうる計画である。政治的に信頼できる提案というのは、行政の領域ないし利害関係者からの政治的支援が得られるものである。世界

表 7.5　民間セクター選択肢と可能な条件

選択肢	利害関係者支援および政治的責任関与	費用をカバーする料金	充分なシステム情報	規制枠組の進展	良好な財務比率
役務契約	低	好ましいが必要ではない	限定付きで可能	契約のための監視力が必要	不必要
固定料金制の管理契約	低～中	好ましいが必要ではない	限定付きで可能	契約のための監視力が必要	不必要
実績奨励制の管理契約	低～中	好ましいが必要ではない	誘因を明確にするため充分な情報が必要	適度な監視力が必要	不必要
リース	中～高	不可欠	充分なシステム情報が必須	強力な統制力と調整力が必須	不必要
BOT	中～高	好ましいが必要ではない	充分なシステム情報が必須	強力な統制力と調整力が必須	率の改善によりコストが削減
運営権委譲	高	不可欠	充分なシステム情報が必要	強力な統制力が必須	率の改善によりコストが削減
権利譲渡	高	不可欠	最適で充分なシステム情報が必須	強力な統制力が死活的に必須	率の改善によりコストが削減

各国の実例を見ると、政治的支援というのは絶対に必要な極めて重要な要素といえる。主要な利害関係者の懸念に十分な対処をするために、民間セクターの運営者、融資者の双方ないしいずれかを参入させる全過程を通じて、政治の有力者が支援していく必要があり、それが参入計画を成功させる鍵となっている。また、民間セクターの関心を引くにも、政治が責任を持ってかかわるということは不可欠な要素である。パートナーとなる可能性のある民間企業とその企業の資本提供者は、行政が契約書にサインするばかりでなく、企業が得るはずの正当な利益を保護するための規制に関する協定を適切に導入する意思があるかどうかを知りたいと望んでいるのである。政治的な協力が得られるという感触を持てなければ、民間セクターは、入札にあまり魅力を感じないか、参入をしない方向に進むであろう。

最適なパートナーの選出と契約

　民間セクターの参入に関して、どの参入タイプが実行可能で適しているかという選択が終了したら、次の仕事は、もっとも適した契約相手を民間セクターから探し出すことである。パートナーを選び出すのにもっとも効率の良い方法は、一般的に言って、パートナーとなる見込みのある企業に契約を勝ち取るために互いに競争させる方法である。契約を取るための競争がどの程度実施されるか、またその競争がゆくゆくは消費者にとって良い結果となって反映されるかどうかは、入札の計画・管理・運営にかかっている。つまり、契約の特質や入札に必要な基本的情報について入札を希望しそうな企業に伝えるための入札用書類の作成、入札の実施過程や入札を評価する方法と契約締結時に取り交わす契約書の準備、入札に参加する民間企業の選別といった個々の段階をいかにうまく運ぶかが、重要な鍵となる。

入札書類および入札者への情報

　運営者および投資家になる可能性のある企業に提案を提出するよう依頼するにあたって必要な情報を明確に伝えるためには、予備契約分析の段階で集めた情報とその間になされた決定にもとづいて、書類を作成する必要がある。提供される情報がどのような性質のものであるかは、当然のことながら、選択した参入方法によって異なる。料金ベースの役務契約ないし管理契約に関しては、必要となる情報は比較的簡単なもの

である。そうした契約は、契約者にとってほとんどリスクはなく、入札の評価基準として、契約者の実績、提出された作業計画、人員の配置、費用といった情報があれば、入札を実施することができ、技術援助契約と類似している。

リース、運営権委譲、BOTといった長期的な契約は、通常、将来の料金に関してもっとも低価格の提案をした入札者が契約を結ぶことになっている。この種の契約では、数年間継続される料金協定に同意した場合、運営者ないし投資家は継続的に相当のリスクを負うことになろう。契約者が十分な情報を入手し、予想される状況に関して熟知したうえでオファーを準備することができれば、リスクは大幅に軽減されるはずである。リスクが大きいほど、的確で信頼できる情報の必要も大きくなってくる。リスクが大きすぎると、民間セクターは参入の意欲をまったく失ってしまうであろう。長期契約の入札用資料に必須の情報を次に呈示する。

1. 実質的情報

   既存の施設の詳細な説明と評価と資産分析、業務の改善と実績基準に関して契約によって達成すべき改良点、資本支出の評価。

2. 法律と規制に関する情報

   契約を実施する際に適用される法律と規制を明確に限定した情報、ならびに契約によって適用されるであろう条項に関する情報。

3. 経済と財政に関する情報

   需要計画と支払い意欲に関する分析、料金政策および料金構造、取引に関して提案されている資本構造など、契約者あるいは投資家になる見込みのある企業が独自に財政に関する分析と予測を実施するのに必要と思われるすべての情報。

4. 人材に関する情報、および契約者が履行すべき方針に関する情報

5. 入札を評価するのに使用される採点構造と規則、ならびに苦情や抗議の処理に関する情報

6. 入札、評価、審査決定に関する日程表

財政的な関与も要求される長期契約の場合、運営ないし投資の入札に参加する企業は、独自の分析を実施するはずである。民間企業は、官サイドの契約組織が提供する情報の確実性に対する信頼感が少なければすくないほど、それだけ時間も労力も費やし

て徹底的に分析を行うことであろう。数億ドル規模の決定が含まれているような大きな契約の場合、民間企業は契約から生じる仕事とリスクを現実的に理解し、それにもとづいた確実なオファーをするため、企画されている計画に関するあらゆる側面に関して独自の分析評価を行い、それに数百万ドルを費やすことすらある。このコストは、入札者に的確で信頼できる情報を伝え、入札参加者の数を限定することによって、削減することができるはずである。

入札の企画

　経験から見て、相応なコストで最適なパートナーを見つける最良の方法は、パートナーを志望している企業間で競争を行わせることである。入札を実施し、契約を結ぶまでの過程には、さまざまな方法が考えられるが、そうした方法は、競争入札、競争交渉、直接交渉という三つのグループに大きく分類できる。この3グループには、それぞれ長所、短所がある。

　まず、競争入札について考察してみる。この方法は、企業からの提案の提示、その提案の評価、勝者の選別といった過程があり、各過程は公開で進められる。そして最大の利点は、入札に関して透明性が保たれ、最良の提案を選択する市場機構がつくられ、企業に参入への関心を広い範囲で刺激するということである。生産に関して規格化することができ、実務的要素を明確に打ち出すことができれば、この方法は極めてうまく機能するだろう。誤解が生じたり標準よりかなり安値で入札することを避けるため、高い水準の情報が提供されなければならない。曖昧なことがあったり、たとえば20〜30年の運営権委譲のように長期間の枠が含まれている場合は、この方法を実施するのはむずかしい場合が多々ある。また、直接の競争は、入札に関する書類に書かれている基本的要求から離れて、それ以外の改革案の提示という範囲に限定される。こうしたことは、競争入札は避けるべきだいうことを意味しているわけではなく、入札をする可能性のある企業に質の高い情報を提供すること、そして入札過程を詳細に計画することに細心の注意を払うべきだということを言いたいのである。

　次に、競争交渉に移ろう。この方法を用いる場合、行政は特定の業務目標に適した入札者を選び、その入札者に提案の提出を求める。各入札者が作成した提案が提出されると、行政はそれを実務的メリットにもとづいて吟味し、少数の入札者（通常2〜3社）

を選び出し、その選出された入札企業と契約の期間や条件について交渉を開始する。この競争交渉では、同時に選出した複数の入札社と同時に交渉を行うこともありうる。実務的な面で多くのバリエーションが可能であり、競争入札において要求されるような標準的な解決法に縛られることなく独創的な種々の提案を求めているプロジェクトに、競争交渉は向いている。この方法では、価格以外のさまざまな要因を考慮する豊富な方策が提示される。しかし、同時に競争交渉にはリスクもある。まず、競争入札より透明性が低くなり、収賄や不平等な評価が起きやすくなるという危険を伴う。行政は、評価基準について可能な限り明確に且つ広く公表し、入札企業との交渉過程を規格化し、その過程の詳細な記録を残すことによって、不正が起きるリスクを削減することができるであろう。

　最後に直接交渉であるが、この方法がもっとも多く用いられるのは、プロジェクト案が行政の発案ではなく民間セクターのスポンサーから持ち出された場合である。開発企業ないし運営企業が行政あるいは公共事業体と直接、管理運営、BOT、運営権委譲などの契約期間や条件を交渉することを求める場合にこの方法が適用される。直接交渉は、刷新的プロジェクトを誘引するのに良い方法となりうる。また、小規模な市町村において予想される収益と比べて競争入札の参加費用が高くなってしまうような場合も、この方法は民間セクターを参入させるのに有効な方法といえよう。しかし、直接交渉の場合、契約者を選別する過程において、透明性や能率的生産を確保するのがむずかしくなる。競合がない場合、合理的で費用効率の良い提案が提出されにくくなるという欠点もある。加えて、直接交渉の場合、交渉を行う公的機関において汚職や不適切な行為が起きる可能性が、競争交渉よりさらに大きくなる。また、根拠が十分であろうとなかろうと、不正があるという申し立てがあれば、主要な利害関係者からの反発が起きる危険性があり、極端な場合、最終的に契約の取り消しにいたることもありえる。直接交渉を実施しようとする場合、行政は透明性と効率を確保するため、特別の配慮と措置を要する。その一案として、ある特別のプロジェクトにとって直接交渉が適切であるかどうか助言をする、独立した諮問委員会を組織することも考えられるだろう。交渉の対象となる取引の効率や適正について審査するため、工事費や業務料金の基準比較を用いるなどして、国ないし地域の統制機関がすべての契約を査察することは必要であると思われる。

概して、民間セクターの選別を実施する際の競争性と透明性が大きいほど、最適の取引が達成され、その取引が政治的に支持される確率も高くなるはずである。それは、行政および世界銀行のような多国から構成される機関の大多数が、民間セクターとの契約に対して、競争入札を望んでいるということによる。直接交渉をはっきりと禁止している国も少なくない。しかしながら、諸般の事情によって競争入札を完璧に成しとげるのが困難な場合があることも認識しなければならない。たとえば、情報が不十分であったり、行政が解決を試みている業務上の問題に関して実施可能な解決法が幅広くある場合、行政は契約を取り決める最適の方法を見いだすために、入札を行う可能性のある企業と話し合いを希望することが考えられる。そうした行為は、競争を阻むことにはならないが、透明性は低下し、入札者が同じ条件で入札する可能性も低くなる。直接交渉という方法が採られる確立は、競争入札より明らかに少ないが、この方法が適している状況も考えられる。たとえば、小規模の契約の場合、その契約から生じる利益と比較して、競争入札の費用が高くなり、企業が入札を思いとどまることが想定できる。そうした状況で、行政が直接交渉の実施に傾いた場合、可能な限り最適な条件で最良のパートナーを見つけ、政治ならびに実務的な審査に耐えうるような契約を結べるよう、特別の防衛策、プロセス、監査措置を講じることを心がけるべきであろう。

入札者の予備資格

仕事に必要な実務能力と財政力を持ち、過去に類似の仕事で実績がある企業のみが入札に参加するようにする方法として、どの型の契約を選ぶにせよ、予備資格制度を取り入れることが強く推奨されている。提案の準備には多大な労力と費用が費やされるので、準備に入る前に、明らかに仕事を受ける能力のない企業を除外することは大切なことである。能力に欠ける企業が評価プロセスに参加した場合、その企業は仕事を取るために政治的関係を利用することも考えられる。また、相当額の民間資本が投入されるような大きなプロジェクトでは、上述したように、提案の準備に数百万ドルの費用を費やすこともあり、入札者を絞ることは、提案の準備にかかる費用を削減することにもつながる。さらに、入札者の数を限定することによって、参加者が入札に勝つチャンスが増大するため、仕事に適した民間企業が入札への参加意欲を強めることも考えられるだろう。競争相手の数が多く、しかも信頼に問題がある企業も含まれているよう

な場合、もっとも適任と思える企業が入札への参加をやめてしまうことも起こりうる。

予備資格の基準は、通常、財政能力、相応の経験、類似事業における過去の実績など、いくつかの要点が組み合わされている。参加企業を評価する基準には質的基準と量的基準がある。質的基準はかなり柔軟で、その時々の裁量に任せてもよいのだが、それにしても透明性が低ければ、入札者から不満が生じやすく、予備資格制度が失敗に帰すことにもなりかねない。公正で透明なプロセスにするために、やはり、バランスを保つことが必要であろう。水および公衆衛生事業の契約に関する予備資格の基準を決定する際に、給水と公衆衛生事業において相当の経験を積んでいる民間企業の数が比較的少ないことを、行政はしっかり念頭に置いておく必要がある。入札に加わる可能性のある企業の範囲を広げるためには、上下水道の運営を行っている以外の企業も範疇に入れることを考えてもよいだろう。たとえば、電信電話会社や電気供給の商業サイドでの経験がある会社は、水に関するセクターで実務的経験のある会社と組めば、水事業を運営していく仕事をこなすことも可能であろう。

入札者との予備入札契約

民間セクターとの協定をどのような形のものにすべきかを決定する場合、行政が民間セクターの意見を早期に知りたいと望むこともあるだろう。たとえば、行政が民間セクターに新しい資本への投資を求めている場合、それに伴う商業的なあらゆるリスクに関して、リスクが高すぎると民間セクターが判断していることがわかれば、行政がそのリスクを負う可能性があるが、それを認知していなければ、民間にすべてのリスクを負わせようとするだろう。また、行政が、地域的な状況から判断して民間企業を引きつける魅力に乏しいため、せいぜい固定料金制の管理契約程度しか望めないと判断し、民間企業がもっと多大な商業的なリスクを負う意思があるにもかかわらず、それと知らずに民間企業の思いきった決断を排除してしまうことも考えられる。こうした誤解を避けるため、入札用書類を完成させる前に、入札者と非公式の討議を行うのは、概して賢明な措置であるといえよう。行政やそのほかの利害関係者がなんら損失をこうむることなく民間企業にとってもっと魅力ある入札にするには、どのような変更をすべきかについてはっきりと認識する手がかりとして、入札者が入札書類や規制案の初期の草案にフィードバックすることは有益であろう。それはひいては、内容の良い、可能

性の高い入札につながってくる。しかし、ここで行政が注意しなければならないのは、優遇されている入札者があり不平等だという苦情が出ないように、入札の可能性のある全企業が同じ情報を確実に入手できるように細心の注意を払うということである。

入札内容および評価

　入札過程の中心は、なんといっても、予備資格を得た入札者に入札で要求する内容と、入札を評価する方法を決めることである。入札者に実務面と財務に関する2通の封筒の提出を求める2段階方式の入札が慣例として行われている。

　実務に関する書類の目的はさまざまであり、極めて複雑なものもあればシンプルなものもあり、透明度にも大きな開きがある。もっともシンプルなケースでは、実務に関する封筒には入札協会の法定証明書と入札保証状が入っているのみである。その二つが確認されると、財務に関する封筒が開封され、最上のオファーに契約権が与えられる。第2の方法として、予備資格審査が前もって行われていない場合、実務に関する封筒は予備資格審査の目的にも使われ、実務および財政に関する入札者の情報が入っている。その情報を審査した時点で資格を失う入札者が出ることもありうる。そして次の段階で、審査に残った入札者の財務に関する封筒が開封され、やはりベスト・オファーに対して契約権が与えられる。この二つの方法は、比較的シンプルで、透明性も高いといえよう。入札における実務的要求が特定されている場合に、このやり方はうまく機能するようである。第3の方法として、業務目的に適合した事業計画（投資計画や財政計画も含む）に関する詳述した実務の提案をも提出することを入札者に求める方法である。提出された事業計画は、プロジェクトの細目や必要事項と矛盾がないかが考査され、そして提案の合否が決められる。そして、実務に関する封筒の審査に残った企業の中で、ベスト・オファーをした企業に対し、契約権が与えられる。この方法は、ブエノスアイレスの水事業運営権委譲で実施された。第4の方法では、実務的な提案に関して第3の方法と同様の要求がされるが、合否ではなく、提案に点数をつける点数制が用いられる。財政的提案に関しても点数がつけられ、実務と財政両方の点数を判定基準として、契約権が与えられる。この方法は、アルゼンチンの貨物鉄道運営権委譲の配分を決める際に利用された。この第3と第4の方法は、かなり複雑で、それに従い透明性は低下する。この両者が好んで用いられるのは、前もって専門的基準を明確に

確定できない場合や、行政が業務目的をどのように達成すべきかに関する独自のアイデアを入札者に求めている場合である。実務に関する最低限の要求について行政が確定された明確な考えを持っている場合、第3の方法を選択するであろう。また、要求があまり明確でなかったり、プロジェクト全体のさまざまな段階で異なる実務的提案がなされ、それによってさまざまな財政的関係が生ずる可能性がある場合、第4の方法が用いられると考えられる。このより複雑な方法を用いる場合、行政は入札の評価に用いる予定のプロセスと規則について、予め可能なかぎり明確に明細を明らかにすべきである。

　財務に関する封筒には、運営者ないし投資家が業務を提供したり入札にかける際の財政的条件に関する情報が入っている。この財政に関する情報も、民間セクターの参入がどのような形で実施されるかによって、形式や複雑性に大きな開きが生じる。管理型契約ないし役務型契約の場合、一番安い価格を見積もった入札者に契約権が与えられる。運営権委譲やBOTの財務に関する封筒には、入札者が運営権委譲契約を結んだ場合に適用を計画している業務料金に関する提案、あるいはBOT契約における一定の大量給水に対する受領ないし支払い料金に関する提案が入っている。この方法は、ブエノスアイレスの水事業運営権委譲などで実施された。また、将来の運営権料の支払いと組み合わせて前払いが入札で提案されることもある。この方法は、運営権委譲やリース契約に適しており、たとえばアルゼンチンの貨物鉄道運営権委譲で実施された。前払い料金と将来支払われる料金とを考慮し、それをもとに、入札の評価が行われる。株式の売却や資産の譲渡を含む民営化の場合、売却される株式や資産の価格が入札で提示される。

苦情と抗議

　入札過程の複雑さが増すに従い、競争が公明正大ではないと感じたり、入札の勝者の選択理由に敗者が疑問を持つ可能性は大きくなる。そうした問題を解決する最良の方法は、入札者全員が完璧な情報を入手できるようにはからい、疑問の余地のない明白な入札規則を設け（たとえば、最低価格をつけた入札者が権利を得るといったような）、入札実施後の直接交渉は絶対に避けるようにすることであろう。しかし、周知の理由から、これはほとんど不可能である。次に有効と考えられる解決策は、プロセスをでき

る限りシンプルに組み立てることである。そして、誰もが同じ情報を入手でき、入札および評価規定をできる限り簡潔に提示し、初めにそれを明確に説明し、入札実施以降の交渉に関して明確に範囲を決めて限定するといったことを確実に実施することである。しかし、たとえどんなに注意深く構成したにしても、いかなる入札過程でも、苦情や抗議を完全に排除することは不可能であろう。したがって、行政は苦情を処理する機構をつくる必要がある。その苦情処理機構において、明確にしておくべきことを下記にあげてみる。

■苦情および抗議を聞き、調停を行う責任の所在はどこか。
■苦情や抗議を聞く基盤をなにに置くか。
■苦情や抗議をどのように定式化すべきか。
■取るに足らない苦情が寄せられないようにするため、各苦情に保証金として料金を課すべきかどうか。
■苦情や抗議の受け付けおよびその回答の期限をどのようにするか。

プロセスの管理

運営組織の創設

　契約前の予備調査から契約にサインするまでの全プロセスを適切に運営することは、それなしには成功はありえないほど大切なことである。契約にいたるまでを主導していく行政機関は、その時々の運営の責任を任せる機構を創設すべきである。この機構に配属する人材の能力は、極めて重要である。その機構をどのようにつくるかを決定する際に、行政が目標とすべきことをあげてみる。

1. その機構が、費用効率良く仕事を履行できるよう、管理および財政の両面で独立した十分な自治権を確実に有するようにする。
2. 職員が日々の仕事に政治的な干渉を受けないように保護する。
3. 仕事が指示されたように進んでいることに対する信頼、ならびに主要な方針にかかわる全事項はそれに適した報告・責任機構にあずけ、それによって適切に処理されていることについての信頼を、政治家および関連行政機関から得る。

独立した有能なアドバイザーの雇用

　水および公衆衛生の分野への民間セクターの参入の立案を行い、実行するには、経済、財政、実務、法律に関するしっかりした専門知識、ならびにその専門知識を統合する能力が必要である。そして、契約にいたるまでの過程には、まず適用する選択肢とそれをサポートするのに必要な法律および規制に関係する方策の取捨選択を行い、質の高いものにつくりあげ、規制の枠組に関する規定、入札書類、契約書など複雑で大量の書類を作成するといった、さまざまな細かい作業が要求される。こうした広範囲にわたる仕事をすべて履行するには、行政が起用する人材を公務員の範囲にとどめた場合、幅広い専門知識や経験に不足をきたすであろう。過去の民営化プロジェクトは有能な職員によって構成された組織をつくりあげるのに役立つであろうが、そうした場合でも、行政は外部のアドバイザーを雇うのが得策であると考えられる。外部からアドバイザーを雇った場合、その管理が行政サイドの主要な仕事となる。

　一般的にみて必要となるアドバイザーの種類をあげてみる。

■経済および規制に関するコンサルタント

　どのように協約を組み立て、競争を促進するか、またどのように料金構造をつくり、調整するか、どのような規制および監視機構が必要であるかについて助言する。

■法律に関するコンサルタント

　制定法および規制に関する事項に対処し、入札書類および契約書の草案を用意する。

■実務コンサルタントおよびエンジニア

　実務的な審査を行い、契約のための技術に関係する明細および必要事項を用意する。

■環境に関するコンサルタント

　環境に関する調査研究にあたる。

■投資銀行家および財政コンサルタント

　財政計画を用意し、契約の財政的実現性と構造を確定する。

　全過程を通じて行政に力を貸すことができる独立した有能なアドバイザーを雇うことは、おそらく、行政が試しうるもっとも賢明な投資であると思われる。質の高い助言を得るには相当の費用がかかるが、内容が乏しかったり不適切な取引を行うことは、のちのち、さらに高いものにつくことになるだろう。

必要となる時間

　必ず通過しなければならないプロセスのすべての要件を完了するために必要となる時間は、国によっても、またどのようなタイプの民間セクター参入方法を採るかによっても大きな違いがある。水と公衆衛生分野における民間参入に関して役に立つ法規の枠組、あるいは民間参入制度に関する質の高い情報を有する国では、比較的早くことは進むものと思われる。また、運営権委譲と比べ、管理契約は準備と履行に費やされる時間が少なくてすむはずである。政治的な強い後押しがある場合、管理契約は8か月から10か月で立案から履行まで進めることができるが、運営権委譲となると18～24か月を要するのが当然のこととなってくる。たとえば、ブエノスアイレスの運営権委譲のケースでは、準備に2年を要し、マニラの運営権委譲が完了するのに約18か月が経過した。過去に民間と契約した経験を積んでいる国は、準備期間を短縮することができるであろう。しかし、それぞれの地域の状況に合わせて適切な協定をつくることが必要であり、また入札を考えている企業がオファーを熟考して作成するのにも時間がかかることから、どんなに短縮しても一定期間は必ず必要となってくる。

契約の管理

　契約を締結するということは、それによって官と民とのあいだの協力関係が始まり、前進していくということなのである。契約の質や契約相手の質は、もちろん、この協力関係の成功の鍵を握る重要な要素である。しかし、協力関係を維持・管理し、民間のパートナーに持続的な競争圧力をかけるために、制度化した取り組みを採り入れることもやはり重要な要素である。大多数の官－民の協力関係は長期的であり、その関係を持続させるための方策を計画することは必須のことである。協力関係がスタートした時点で、情報の質が粗悪であればあるほど、また両者の関係についてそれぞれが抱く不信感が強ければ強いほど、オリジナルの取り決めを再交渉する必要も高くなるであろうし、再交渉に向けて内容のしっかりとした確固たる規定や入札段階での競争だけでなく民間に持続的な競争圧力がかかるようにする方策を導入することが、ますます

重要性を増すようになる。

契約の再交渉

　最初の契約内容というのは、不十分な情報にもとづいて取り決められている場合がほとんどである。また、たとえ、その時点の完璧な情報にもとづいて契約が締結されたとしても、契約では対処できないような未然の事態が契約期間中に起こる可能性はつねにある。契約期間中の不測の事態に対処できるように、細心の備えとしての規定を作成しておく必要がある。そうした規定は、契約の最初に取り決める合意事項よりも、契約が成功するか否かにとって重要な鍵を握っていることも判明している。契約の再交渉や調整に備えて、契約書に定めたり制度化して規約を設け、それによってカバーすべき事項には、次にあげる一般的かつ本質的な4点が考えられる。

■契約で取り決めた条項に調整を加えることができるという条件。
■価格ないし業務に関する調整を、協定や規制による決定ではなく再交渉によって行う必要が生じるケースやその状況を決めるガイドライン。
■再交渉を開始し、実施していくときのプロセス。
■調停に関する明確な条項の決定。

競争による圧力の維持

　競争市場では効率良く運営を行うことが一般の民間企業にとって死活問題であるが、独占力によって運営されるのが避けがたい水および公衆衛生の分野でも、同じように効率的に運営が行われるようにすることが、規制システムの重要な機能の一つである。民間セクターのあいだで契約を勝ち取ろうと競っている時点では、競争による圧力が働くが、それは短期間の一時的なものである。規制によって寿命の長い競争圧力をかけるために取るべき方法を次に提示する。

1. 運営権の委譲を受けた企業の管轄領域の境界線において、あるいは管轄領域内の特定の新しい業務に関して、新たに事業の重大な拡大を行う場合は、現行の運営者との交渉ではなく入札を行うことを確約することによって、直接競争を許可する。
2. 民間の運営者の業務実績を監視・評価する基準や比較競争を用いる。
3. 企業に効率の増大をはかることを明確に要求できる形態の価格調整を選択する。

外部からの不当な干渉の阻止

一民間企業と契約を結ぶことが決定したら、契約および規制条件に従って業務を行うことがその企業に課せられた仕事である。これは一見、あたりまえのことのようだが、これまでの経験から見て留意すべきことがある。規制機関は公共事業体の日々の運営にかかわらないように多大な注意を払うべきということだ。統制業務、つまり取り締まりを行う職員は、望ましい結果が得られているかどうかに注目すべきであって、好結果をどのように達成するかといったことは管轄外なのである。たとえば、飲用水の水質基準を明確にしたり、その基準に反する実態を監視するためのシステムをつくることが、規制機関の任務である。一方、その基準に適合させるために必要な技術的方策や運営策を決めるのは、企業の仕事なのである。行政は規制機関の義務を明確に決定し、規制機関に適した人材と技術を配置できるよう構成を決める際に、規制と運営業務との区別をはっきりと理解しておく必要がある。

結論

21世紀に向けて実施される大きな課題の一つが、これから生まれてくる人びとも含めて全人口に、十分かつ安全な水と公衆衛生を提供するということである。また、それに加えて、世界の貴重な水資源を無軌道な開発から護り、水を取り巻く環境を保護していくことに、多大なる関心を寄せることが必要となってきている。現在、水や公衆衛生のサービスを受けられない多くの人びと、そしてこれから生まれてくる新しい世代にそうした便宜を提供するために必要な財源は、膨大な額に上るだろう。また、財源は確保できたとしても、それだけでこの問題を解決することはできない。そうしたサービスの管理運営を改善するのに必要な人間の能力も根本的に改良していくことが求められている。そうした効果を得るためには、過去ならびに現在行われている公的セクターに限定した開発では不十分であり、成功が至難であることが立証されてきた。低・中所得国家では、財源も人材も高所得の諸国と比べてさらに限られてしまい、改革の必要は多大である。

業務や材料の提供者として、さらに上下水道にかかわるインフラの運営者と資金供給者として、民間セクターが水関連分野の今後の開発に重要な役割を果たさねばならなくなることは必至であろう。民間セクターの参入という構想は、決して新しいものではなく、100年以上も前から参入を取り入れている国もある。近年、低・中所得国家も含め、世界各国ならびに各市町村は、民間セクターに専門知識や財源を求める傾向が強くなっている。それでもなお、行政サイドの決定権を持つ人びとの中には、民間に助力を求めるのを躊躇する人が少なくないのが現状である。彼らが躊躇する原因の多くは、官・民の両セクターが相互の利益のために協力し合えるということを誤解していたり、理解が不十分であることにある。自治体の上下水道事業への民間セクターの参入に関する決定を行う際に考慮すべき重大なポイントを下記に概説する。

■公共事業の管理運営の効率を改善し、投資への資金を提供するのに、民間セクターの参入は多大な貢献を果たしうるということが、世界中の多くの実例によって明白に示されている。その多くの実例の中でも、ブエノスアイレスの運営権委譲は、成功した顕著な例として特筆される。

■民間セクターを参入させる方法は、簡単な役務契約からリースや運営権委譲、あるいは完全な権利譲渡まで幅広く存在する。そうしたさまざまな方法には、官と民とのリスクや責任の分担の割合にも大きな開きがある。必要性や財政と法律に関する条件によって、さまざまな選択肢の中からそれぞれ固有の状況に応じて実施が可能で持続性のあるものを選択し、決定していくべきであろう。適切な選択を行うには、細心の分析が不可欠である。

■上下水道業務には、必然的に独占的な性質があるため、官と民の各セクターは健全な協力関係をつくらねばならない。そして、それには次の2点が確実に実施されねばならないが、そのためには契約と規制に関して有効な構造と関係をつくることが極めて大切となってくる。

1. 民間セクターは効果的に責任を果たし、実施した投資に対して公正な報酬を受ける。
2. 民間セクターに協定で定められたとおりに確実に責務を履行させるため、公的セクターは民間セクターの業務実績を監視する。

規制と契約において適切な取り決めを行うことが、官と民のセクター間の関係を

しっかりとつくるのに極めて重要なことである。
- 民間参入に関するさまざまな選択肢の中からどの方法を選ぶかということは、解決すべき問題のいかんによって左右されるが、財政力、利害関係者の意見、国の法律と規制に関する状況といったことも、その選択に多大な影響力がある。
- 参入した民間セクターが負わされる実績責務や商業的リスクが大きくなるに従い、民間セクターが安心で快適に参入できる環境を整える必要性が高くなる。
- 「良い取引」を達成する最良の方法は、有望で資格のある民間の業務提供者間で競争が行われることである。つまり、競争は、最低費用の取引を確保するのに最良の方法であり、単一の企業と交渉した取引の場合に起こりやすい正当性に対する疑念を払拭するのにも極めて有効な手段である。
- 民間セクターを導入し、もっとも利益をもたらす選択をするのは、手のかかる複雑な仕事である。とりわけ、そうした前例のない国では、複雑を極める。実行可能な目的を決定し、技術、財政、規制にかかわる用件を処理し、入札および契約プロセスを準備、履行するには、細心の分析が必要となる。どこにとっても有益な関係を持続できるような良い結果を確実にするには、有能で独立したコンサルタントからの助言を得ることが不可欠といえよう。

謝辞

　この著作で示した見解は、著者自身のものであり、かならずしも世界銀行の見解と同一のものではない。しかしながら、世界銀行の輸送、水、都市開発課の主唱のもとに準備された『水と公衆衛生部門への民間参入のための手引き』の1997年6月付けの草案にある情報を多大に使用させていただいており、ここに謹んで深謝の辞を述べさせていただきたい。なお、この手引書はのちに世界銀行より発刊された。

8 緊急時の給水および災害に対する弱さ

チャールス・スコウソーン

はじめに

　21世紀は人口の増大と巨大都市の成長が著しいという特徴を持った時代になると予想されているが、どんなに技術や社会が進歩しようとも、唯一変わらないのは地震、暴風、干ばつ、洪水といった自然災害に対する脅威である。都市の給水システムは、日々の生活、商工業の運営、緊急時の消火にとって是が非でも必要な生命線ともいえる存在である。主要都市で消費される水は遠距離からわずか1本ないし数本の水路あるいはパイプラインで搬送されていることから、都市が成長し巨大化した場合、その給水体制はますます脆弱化していくものと思われる。東京、ロサンゼルス、メキシコシティ、北京などの巨大都市は、自然の大災害が起きた場合、大火災やそのほか水を必要とするような事態を伴うことが想定され、かなり長期的に飲料水が手に入らないという状況に直面することも十分に考えられる。

　災害時に給水が支障をきたすと、市民の健康に深刻な問題が生じ、場合によっては大火災や大々的な被害が引き起こされることもあるが、それは確実で適切、すなわち信頼の置ける給水が実施されれば、避けることができるはずである。自然災害によって都

市の給水機能が破綻をきたす危険を軽減するのは極めて困難な仕事であるが、決して不可能なことではない。それを実現するには、計画の立案、災害に強い構造などさまざまな特性を持った給水システムの開発、代替の飲料水供給方法の開発、特定の状況を考慮に入れた配水システムの開発といったことをうまく組み合わせることが必要である。災害時の給水にかかわるテクノロジーに関して、各々の適切な応用を示唆する開発が進められており、そうした最新の開発状況について報告するのがこの著述の目的である。

信頼性の高い確実な給水システムの開発

　テクノロジーの適切なバランスを知るには、いくつかの段階を踏む必要がある。その段階を踏むことが、結果として、信頼性の高い給水システムを確立することになるのである。各段階は次ページの図8.1に図示したが、下記の様な構成となっている。
● 給水システムに関する作業基準を確定する。すなわち、必要となる水の量と質の基準、ならびにどの程度の確実性が要求されているかを確定する。
● 集水と送水に関して利用可能な選択肢の範囲を確定する。すなわち、代替案の規模および計画がどのようなものであるかを確定する。
● さまざまな選択肢の中から作業基準に達しているシステムの実現の確率あるいは信頼性を決定するために選択肢を分析する。
● 作業基準に達している選択肢をどのように組み合わせるのが最適であるかを知るための費用便益分析を実施する。

　上述した主要な段階の中で、おそらく、達成基準の確定、すなわちどの程度で十分であるかを決定するのが、もっとも捕らえどころがなく、むずかしい段階であろう。一般的に、給水システムの達成目標は、①飲用水（数週間は許容できるが、望むらくは数時間以内）②産業用水の時宜を得た修復（数日から数週間）③場合によっては、即座の消火という3点に十分な給水を行えるということである。この章では読者の方々に災害時の給水システムの現状をお伝えする所存であるが、そのために、最近のいくつかの災害における給水システムの実態を考察し、信頼性の高い方法を用いた給水システムの

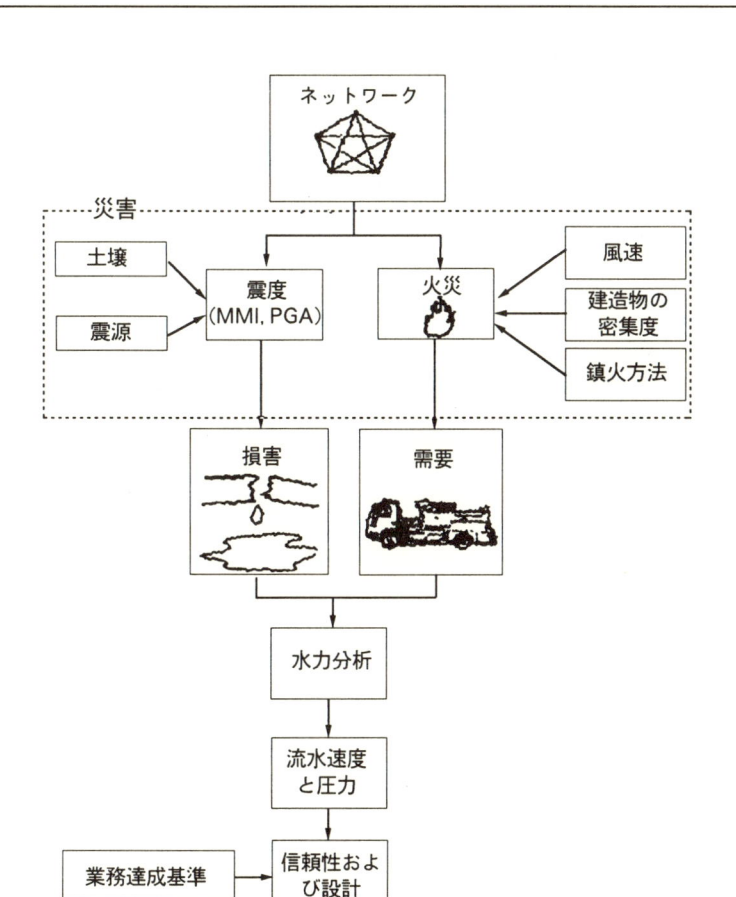

図8.1 給水システム信頼性分析に関する一般的方法

出典: Scawthorn 他 1995 につづく Scawthorn, 1996a

あらましを述べていくつもりである。さらに、災害に対する潜在的な弱点を軽減し、緊急時に確実な給水を実施するために、信頼性とそのほか種々のテクノロジーをうまく適用したいくつかの事例に関する研究を概説し、最終的にこの問題に関する国際的な解決法に関する提案を述べていく予定である。

近年起きた災害における
給水システムの実態

　給水システムというのは、歴史的に見て、自然災害に弱いものであった。それを示す例は数多くあるが、1906年のサンフランシスコ大地震、1923年の関東大震災は、とりわけ顕著な例である。しかし、自然災害に対し脆いということは、過去に限ったわけではない。

　最近の災害時における給水システムの実績は、その時々でかなり違いがある。現代および将来の都市の弱点、あるいは重大な欠点に焦点をあてるため、この著述では過去10年に起きた地震、火事、洪水および難民状況の中から抜粋し、それぞれの事例における給水システムの実態について考察を試みる。

地震
1989年、1994年のサンフランシスコ大地震
　1989年、カリフォルニア州ローマ・プリータで起きたマグニチュード7.1の地震は、世界最長の部類に入るサンフランシスコ～オークランド間のベイ・ブリッジが部分的に倒壊し、液状化現象によってオークランド国際空港の滑走路が300mにわたって損壊し、サンフランシスコ・ベイ・エリア全域において近代的なフリーウェイや建造物が破壊されるといった大災害となった。給水システムも多数、地震の影響を受けた。その概要は次の通りである。
■サンフランシスコ市給水システム（MWSS）は、150か所が破損をこうむった。なかでもマリーナ周辺に破損が多く見られた。
■東湾市事業地区は多数の破損箇所を数えた。
■特別な耐震構造のサンフランシスコ補助給水システム（AWSS）においては破損箇所はほとんどなかったが、操作ミスのため数時間、運転に支障をきたした。システムは当初、特別の耐震機能にうまく適応できなかったのだが、地震が起きてから1時間以内に、大火災が起きるかもしれない危険性に備えて適切な対応をしており、業務は迅速に復旧され、大火災が起きてもシステムは十分稼動できる状態であった。

1994年に起きたノースリッジのマグニチュード6.7の地震も、ロサンゼルスの広い範囲に影響を及ぼす大災害である。1989年の地震同様、数か所の主要フリーウェイと建造物に破壊を見たが、1989年のサンフランシスコ地震以前から大地震に備えた強化計画が着手されており、その蓄積された成果が功を奏し、潜在的な損害は減少した。とはいえ、この地震による損害の合計金額は400億ドルに上るものと算定され、金額的な観点では、米国の近代史上最大の自然災害である。給水関係に関しては、2,000か所が破損し、その結果、ロサンゼルスのサンフランシスコ・バリー地域の大部分で業務に支障をきたし、ロサンゼルス消防隊は推定109か所で起きた火災を鎮火するため、手近にあるスイミングプールの水を使用せざるをえなかった。しかし、火災が多発したにもかかわらず、好条件が幸いしたことと、大量とは言えないまでもプールからの給水があったことにより初期消火が実施でき、それによって大火災にはいたらずに済んだ。全体的に、業務は数日で復旧された。

1993年と1995年の日本

　1993年、日本の北部・奥尻で起きたマグニチュード7.4の地震が襲ったのは、比較的小さな集落であったが、給水に関しては注目すべき事例である。青苗村の給水システムは、パイプの破損により、川が交差している地点で損壊し、火災の勢いが増してきたとき、わずか数百メートルの距離であったにもかかわらず、津波による堆積物に邪魔されて、消防士が海から水を汲みあげることができなかった (Yanev and Scawthorn, 1993)。

　マグニチュード6.9の阪神淡路大震災は、おそらく、工業化された現代社会を襲った最大の地震であろう。数多くの近代的建造物、橋、高速道路が破壊され、数千の家屋も倒壊し、6,000人を超える死者が出る悲惨な結果となった。この地震による被害総額は1,000億ドルと推定され、経済的な観点から見ても、近代の歴史の中で最大の自然災害といえよう。給水関係に関しては、2,000か所が破損し、その結果、神戸の都市全域で業務はマヒ状態となった。地震直後に約110か所で火災が起き、消防関係はその消火に奮戦したが、十分な給水を得られず、数か所で大火災を引き起こす結果となった。飲用水の供給も著しく停滞した。10日間で50％の住民に対する業務は復旧したが、20％の住民は1か月経っても給水を得られないままであった (Ballantyne, 1995)。

火災

　1991年のオークランド・ヒルと1993年の南カリフォルニアの火災は、適切な対応をするために膨大な量の水を必要とした典型的な大火災である。オークランド・ヒルの開発が始まった当初、大規模な家屋の造成が進められるとともに、草木など大量の植物が植えられた。そうしてできあがった林間地域は、火の勢いを煽り、大火災に至る要因となった。丘陵地帯には、特別なポンプステーションと頂上に給水用のタンクが必要であるが、ポンプの容量が小さいため、タンクはすぐに空になり、消火に必要な給水が得られなかった。一方、南カリフォルニアは、サンタアナと呼ばれるこの地帯特有の熱く強いフェーン風と、山間地帯および荒地と都市のあいだにある極めて燃えやすい雑木林との相乗作用によって、一定期間ごとに大火災が起きるという火事と隣り合わせの状況にある。

洪水

　1993年7月11日の日曜日、アイオワ州のデモイン水処理プラントが、ラクーン川の氾濫によって浸水し、デモインは飲料水も消火用の水も供給できない状態となった。このプラントでは25万人分の水を処理していた。2日間のうちに水は退き、プラント・サイトからも水は姿を消し、処理済みの水を汲みあげる第1ポンプが復旧に向けて試運転された。そして7月16日には業務が再開され、浸水から7日目にあたる翌17日にはシステムに水がくみあげられるようになった。12日目までには、配水システムは満水にされ、加圧が行われた。災害から19日後には、水質も飲用水に適したレベルにまで回復した。最後の制限が解除され、完全に復帰したのは、川が氾濫し始めてから29日後のことであった。総額1,200万ドルの損害が生じたが、1,000万ドルは保険で補填された。その残額の大部分は、連邦緊急管理局が償還し、支出項目に新たに200万ドルの損失が付け加えられた。

　1997年4月、ノースダコタにある総人口10万人の町、グランドフォークスの都市圏が大洪水に見舞われ、6万人の住民が避難を余儀なくされた。この洪水を引き起こした北部レッド川は、この辺一帯の唯一の水源であり、川沿いの水処理プラントの機械設備も電気系統設備も、甚大な損傷を受けた。しかし、デモインと同様、水道業務は数週間

という比較的短期間で完全に復旧された。この災害における被害総額は、10億ドルを上回ると算定されている。

難民キャンプ

　ルワンダの内戦により、1994年7月13日前後に150万～200万人という膨大な数の難民が突如ザイールに流れ込んできた（Biswas and Tortajada Quiroz, 1995）。急遽、難民キャンプが設営されたが、キブンバ同様、まったく水が手に入らないケースも少なくなかった。国連難民高等弁務官（UNHCR）がキャンプ設営方針において、清潔な飲料水が入手できるということを最優先条件としてあげていたにもかかわらず、それが反映されない状況となっていた。1996年にビスワス氏およびトルタハーダーキロス氏が行った実地調査によれば、キャンプの状況は次のようなものであった。キャンプの周辺は火山性の土壌であり、そのため、オックスファム（オックスフォードを本部とする世界各地の貧困者のための救済機関）とSIDA（Swedish International Development Agency＝スウェーデン国際開発機関）が試みた井戸掘りはすべて徒労に帰してしまった。健康に関する現況は、下痢が最大の問題である。赤痢は減少しつつあり、コレラは当分は発症が認められていない。マラリアは慢性的な問題となっている。こうした病気はすべて、水と関係している。

　7月末にキャンプが設営された時点で、コレラによって多くの命が失われた。これに関しては「適用」の項で触れるつもりである。

　こうした例から、下記の点が明示されている。
■すべての疾病の危険を防ぐことは極めて困難である。
■相当の損傷があるにせよ、一般的実施基準を達成することは可能である。
■実施基準が達成されない場合、水関係のシステムに破滅的な損失が起き、死につながる恐れが生じる。

　「はじめに」の項で概説したように、破滅的な損傷と生命の損失を引き起こす危険を軽減するには、信頼性の高い給水システムが是が非でも必要である。そうしたシステ

を確立するにはいくつかの段階を踏まねばならないことから、次の項では確実な給水手段に関する概論を試みる。

確実な給水手段について

　堅牢な機械設備、選択の余地があり柔軟に対応できる緊急時の水源、余裕のある供給とネットワーク、即応性のあるコントロールシステムといったことを網羅した極めて優れた構想計画があってこそ、適切な給水を確保できるのである。

　都市の給水システムは、高い水準で余裕を持った配水網を備えており、その点で極めて優れているが、同時に視点を広くしてみると著しく連鎖性が高いという特徴を持っている。すなわち、多くの都市では主要な給水用流域が一つだけであり、その流域に接続された1本の送水路を通って水は一つないし少数の処理プラントへ、そしてそこから末端の貯水池を経て、複雑に連結しあっている配水システムに送られるといったように、都市の給水システムの多くは、概して、サブシステムと連続的に連接されているのである。もちろん、個々のサブシステム、とりわけ配水システムは、もっと複雑である。連続して接続されているシステム全体、あるいはある種のサブシステムに関して、下記の2種類の分析を行うべきであろう。

① 接続できる状態かどうかの分析

　この分析では、地震発生後の状態が完全であるかどうか、すなわちネットワークのリンクや連接部が「接続されているか」あるいは「分断されているか」について測定する。そうした観点から実施する分析では、リンク、連接部、システムの各容量については関知せず、所定の水源と所定の目的地とのあいだの水路が稼動できる状態であるかどうか、またいかなる事態が起きる可能性があるかを判定する。

② 業務が可能であるかどうかに関する分析

　この分析では、付加的な重要項目の情報を探知することを目的とする。すなわち、地震発生後に連接部をいくつか選び、その選び出した連接部に1本ないし複数の水路を接続させた場合、連接部と連接部のあいだの残存する容量はどうであるかについて分析する。なお、残余容量は、ネットワークが「接続されている」状態における環状のリン

クと連接部の容量から計算して知ることができる。

　上述のように、業務が可能であるかに関する分析では、システムを稼動させるのに適切な状態にあるかどうかを調べる。スタート─A─B…n─終点 という極めてシンプルな接続系列のシステムに関しては（各要素は独立していると仮定して）、スタートから終点までが分断されずにつながっている確率は下記の式で簡単に求められる（P_sという表記は残存の確率を示す）。

$$P_s = P_s^A \cdot P_s^B \ldots = \Pi P_s^n,$$

この式でP_s^AというのはリンクAの残存の確率を示しており、以下同様である。この場合、xより大きい流量がスタートから終点に運搬されるであろう確率、あるいはシステムがxという流量に対して運転を行える状態であるという確率は、A, B, …. nの各リンクがxより大きい流量を流している、あるいはそのレベルまで稼動できるという確率から出てくるものである（この場合、各リンクを独立したものとみなしていることに注意されたし）。平行状態のネットワークやとくにより複雑なネットワークに関しては、モンテカルロ法を使用するのが一般的であり、とりわけ業務能力分析に適用されることが多い（詳しくはScawthornほか［1993］この種の分析に使用された方法の考察を参照）。

　この分析方法を使用することによって、業務が不可の状態である確率あるいは業務が不十分である確率、すなわち$P_F = 1 - P_S$を判定することができるし、業務が不十分であることによってもたらされる結果と併せて不良コストを判定することも可能となる。たとえば、地震が原因となって相当数の発火が起きるかもしれないとか、その発火が大火災に発展するかもしれないとか、その大火災はNの建物や財産を焼失するであろう規模となるだろうといったことが、分析によって明らかになる可能性がある。また、それぞれの発火が大火災へと広がるのを防ぐにはxの流量の水が必要になるだろうということが分析によって判明すれば、災害によって発生する推定不良コストは、水の流量xを供給できない確率をP_Fとすると、$P_F \cdot N$となる。信頼性にもとづいた最適な構想を決定する費用便益分析において、この推定不良コストを、強度の高いパイプあるいは補充のパイプやその他の損害軽減措置の費用と比較することができる。費用便益分析においては、回避された不良コストは、補充パイプの改良などへの投資によってもたらされる「便益」とみなされることに注意していただきたい。

適用

　信頼性の高い給水を確実に実施するために、いくつかの市町村で最近実施されたプロジェクトにおいて、前述した手法が使用されている。各プロジェクトにはそれぞれ特色があるが、どのような弱点があるのかを認識し、都市地域における信頼性の高い給水システムにはどのような要件が適切であるかを決定するということに着手していることは、どのプロジェクトにも共通している。

コントラコスタ給水域

　コントラコスタ給水域（Contra Costa Water District = CCWD）は、サクラメント・デルタからの水を77kmのコントラコスタ水路（開放式水路）で運び、サンフランシスコ湾岸地域（コントラコスタ地方）のほぼ40万の住民に給水を行っている。コントラコスタ給水域の基本システムは、ボルマン水処理プラントへ水を運ぶ水路から構成されており、その処理プラントで処理された水が配水網に流れ込むようになっている。その配水網にはポンプステーションとタンクに関連した多数の圧力域が含まれている。この区域の水の需要は西部に集中しているのに対し、水が流し込まれるのは最東端である。システム全体における1日の平均需要は約45万4,000 m^3（1日あたり1億2,000万ガロン）である（Avila and Chan, 1995）。

　このシステムに関する信頼性を基本に据えた構想の第1段階は、広域の緊急事態（地震、地震に関連した火災、未開地と都市の接合地帯の火災、危険物質の漏出、地域の電力損）と、局所的緊急事態（産業火災、暴風、局所的停電、爆発、輸送機関の事故）の双方に関する緊急事態を明確にすることである。予備分析によって、火災がシステムの信頼性にとって多大な脅威となるであろうことが示された。この分析では、海岸山脈（アラスカからカリフォルニアにいたる太平洋沿岸の山系）シエラ・ブロック地帯のM7の地震とコンコード断層のほぼM6.5の地震が想定された。M6.5のコンコード地震では、コントラコスタ給水域の一部の施設に損傷が起き、ほぼ40か所で大火災が起きる可能性があり、火災に必要な総流量は毎分約9万7,000ガロン（毎分38万8,000リットル）となるだろうということが判明した。地震に引きつづいて起こる火災を分

表8.1 コントラコスタ給水域システムの質的信頼性概略：
M6.5コンコード断層地震後に発生する火災

施設	信頼性
既存の原水システム	
水路	適度
原水ポンプステーション	高
貯水池	低
既存の処理水システム	
ボルマン水処理プラント	低
貯水タンク	適度
ポンプステーション	高
パイプライン	低

析するのに使用された方法は、以前に呈示してある (Scawthorn, 1987)。

上述した業務能力と信頼性に関する分析が、水路、ボルマン水処理プラント、配水網（タンク、ポンプステーションなどを含む）から構成されているシステムに対して実施された。それによって、地震後の火災によって必要となる水量に適応できる確率（すなわち、信頼性）は、業務地域によって、10％以下の極めて低い確率から、80％以上の適度な確率まで大きな幅があるということが判明した。システムを構成する種々の設備の質的信頼性については、表8.1に表示した。未開地と都市との接合地域の火災および工業地域の大火災に対するシステムの信頼性は極めて高いものであった。

システムの性能を改善するために、種々のプロジェクトの実体の確認を行った。20回の組み合わせで16通りの向上状況を次ページの図8.2で示したが、この図からコンコードM6.5の地震直後のシステムの信頼性が右に行くに従って質的に高くなっていることがわかる。そして、プロジェクト改善の費用と地震の結果として生じると思われる推定損失との対比を組み入れた費用便益分析が実施された（この推定損失には、直接の損失に加え、水道業務を十分に行えなかったために生じる損失が含まれる。なお、不十分な水道業務によって発生する損失の第一にあげられるのは、主として地震によって引き起こされる火災損失である）。総費用（すなわち、改善にかかる費用と地震に

図8.2 コントラコスタ給水域の費用便益分析の為の反復回数選択肢

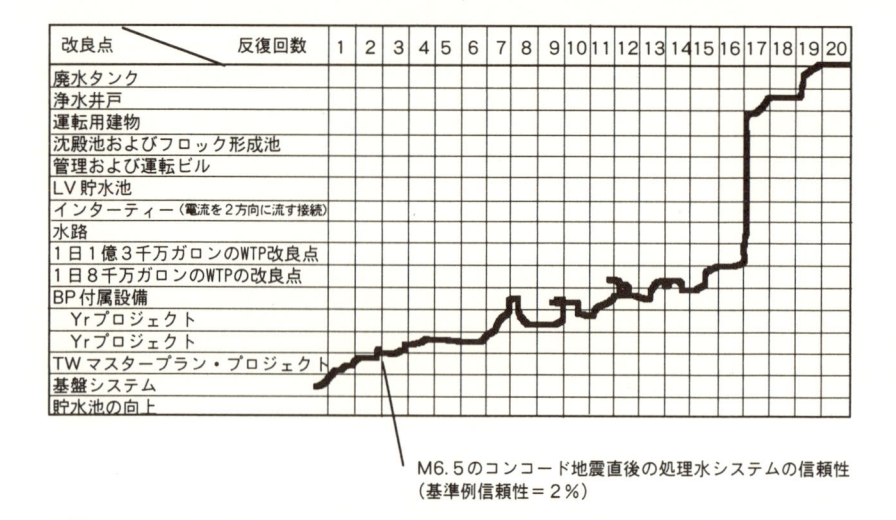

改良点 \ 反復回数	1	2	3	4	5	6	7	8	9	10	11	12	13	14	15	16	17	18	19	20
廃水タンク																				
浄水井戸																				
運転用建物																				
沈殿池およびフロック形成池																				
管理および運転ビル																				
LV 貯水池																				
インターティー〈電流を2方向に流す接続〉																				
水路																				
1日1億3千万ガロンのWTP改良点																				
1日8千万ガロンのWTPの改良点																				
BP付属設備																				
Yrプロジェクト																				
Yrプロジェクト																				
TW マスタープラン・プロジェクト																				
基盤システム																				
貯水池の向上																				

M6.5のコンコード地震直後の処理水システムの信頼性
（基準例信頼性＝2％）

よる損失を加えたもの）は、反復回数が1〜10の場合が高くなり、反復回数が増えるに従って総費用はさがり、17回で最適（総費用が最小）な状態となる。この最適あるいは最適に近い反復回数にはすべて、劣悪な土地を回避した経路を通っている慎重に選び抜いた供給幹線、すなわちシステムの中枢の改善が組み込まれている。分厚い壁面のパイプ、特別なジョイント、分離バルブを備えたこの給水線は、大地震後も機能しうる見込みがかなり高い。また、実質的全利用者から1マイル（1.6km）以内になるように経路を選んでいるため、地震発生後もこの供給幹線はその地区の消火用水の供給源として信頼性が高いものと思われる。

サンフランシスコ

人口70万人、水の1日あたりの総消費量が、ほぼ3億ガロン（1日あたり120万㎥）のサンフランシスコでは、ヘッチ・ヘッチー・システムを経由して給水を行っている。このシステムは、市内のみならずサンフランシスコ半島の100万の住民にも水を供給している。サンフランシスコ市給水システムのサンフランシスコ市内の配水網には、

総計万1,900kmのパイプがあり、その89％は鋳物と延性鉄である。ビジネスの中心街がある市の東部には、かなりの範囲にわたって（全長の6.7％）液化しやすい土壌の地域がある。そうしたサンフランシスコ市給水システムの状況から、専らユニバーシティー丘ターミナル貯池から給水を受けているビジネス中心街の給水本管が液化した土壌で破損が生じ、機能に支障をきたすことが考えられる（1906年に起きたケースと同様に）。サンフランシスコ市給水システムは、ATC25－1型方法論の事例研究に選ばれている（Scawthorn, Khater, Rojahn, 1993）。この研究では、M8.3のサンアンドレアス断層地震（1906年の地震と類似の地震）が起きたときのサンフランシスコ市給水システムについて分析し、同システムには全体で約925か所の破損（すなわち、1kmにつき0.48か所の破損）が生じるだろうと推定された。1989年のローマ・プリータ地震では、市の給水システムに150か所の破損が生じ、その95％は液化によるものであったということは注目すべきことである。ATC25－1研究において、復旧に要する時間とこうした破損から生じる経済的影響について詳細に検証した結果、全般的に見て、約2週間はシステムの重要部分で業務麻痺状態となり、1か月後の時点では市のあちこちで20〜40％の機能損失があり、それによって月間総生産の7〜14％の幅で間接的な経済的損失があるだろうということが判明した。地震によって引き起こされる火災の影響については、この研究では考察されていないが、サンフランシスコ市給水システムが地震後の緊急給水に関して信頼性がかなり低いことは周知のことであった。1906年の地震発生後にはすでにその推論は明白となっており、それによって補助給水システム（AWSS）の建設が着手されることになった。

　補助給水システムは、サンフランシスコ消防署が管理する特別な高圧システムである。この補助システムは市給水システムとは完全に分割されており、鋳鉄と延性鉄でできた全長約129マイルのパイプから構成され、約1,500の消火栓に水を供給している。この補助システムは、ビルへの給水は行わず、また飲料水の供給源でもなく、重要性の高い市の北東4分の1の地区（このシステムが建設された当時に存在した唯一の市街地域）に集中して給水を行っている。また、同システムには万一に備えた豊富な設備が数多く存在し、その中には選択可能な水源地も数か所ある（そのほかに1分間に1万ガロンを供給する容量のあるサンフランシスコ湾の二つのポンプステーション、1,000万ガロンの貯水池、各々が7万5,000ガロンを貯水できる172の水槽、消防船隊などが

ある)。

　1980年代後半に実施した補助給水システムに関する分析では、このシステムは通常の給水システムと比較してかなり堅牢で信頼性が高いものの、それでもなお、相互に連結されていて破損したところを分断するのに一定時間を要することに起因する弱点を抱えており、さらに建設が着手されてから著しい成長をとげている市の全域をカバーできないということが指摘された（Scawthornほか、1988）。この研究結果が出た直後に発生した1989年のローマ・プリータ地震において、補助給水システムに生じた損傷はわずか数か所であったが、破損が分離されるまでの数時間、下部地域で全圧力が消失する状況となり、先の分析で指摘されたことが実証される結果となった。それを踏まえ、同補助システムには、特別な無線制御による地震感応式のモーター駆動バルブがあちこちに設置された。このバルブは地震が発生すると自動的に閉鎖されるが、独立型の電源装置によって無線制御され、センターや支援地から自由に開閉することが可能となっている。結果として、このサンフランシスコ補助給水システムはかなり信頼性が高いものとなるだろう。

　この補助システムの守備範囲をサンフランシスコの郊外地域にまで拡大するため、公共事業局はサンフランシスコ消防局と協力して、防火・再生水という二つの使用目的を持ったシステムの建設に着手している（250ページの図8.3）。このシステムの構想は信頼性を基盤に据え、次の三つの異なる状況における必要条件の詳細な分析が実施されている。

① 1906年の地震と同様のM8.3のサンアンドレアス断層地震が発生し、地震後に火災を伴う場合。
② 地震とは無関係の大火災が生じた場合。
③ 灌漑の必要が生じた場合。

　地震と無関係の火災に対応するのに必要な条件は、1980～1993年の期間に発生したほぼ5万件にのぼる火災の分析にもとづいて確定されている。なお、この火災の分析には、約400件の大火災のみに焦点をあてて分析したものも含まれている。信頼性分析に使用した手順は237ページに呈示した図8.1に、結果は次ページの表8.2に示した。

表 8.2 信頼性分析：サンフランシスコの再生水／防火の2元利用追加

貯水池	最大量		再生水		大火災		地震による火災 (平均／推定最大値)		信頼性(注1)	
	10^6 ガロン	$10^3 m^3$	10^6 ガロン	$10^3 m^3$	10^6 ガロン	$10^3 m^3$	10^6 ガロン	$10^3 m^3$		
リッチモンド	5	20	2.8	11.2	2.8	11.2	12/22	48/88	RCW	VH
									Fire	H
									FFE	NA
サンセット	15	60	4.0	16.0	4.5	18.0	9/14	36/56	RCW	VH
									Fire	VH
									FFE	MH
南	20	80	4.2	16.8	5.0	20.0	16/24	64/96	RCW	VH
									Fire	VH
									FFE	MH

注1 信頼性は、システムが運転基準に適合できるであろう可能性として定義する。VH = very high − きわめて高い (90%以上)、H = high − 高い (ほぼ90%)、MH = moderately high − 中程度 (50〜90%)、RCW = 再生水、大火災 = 地震以外の火災、FFE = M8.3の地震発生後の火災、NA = 利用不可

図8.3 サンフランシスコ西部の2元利用の追加も含めた
サンフランシスコ補助給水システム

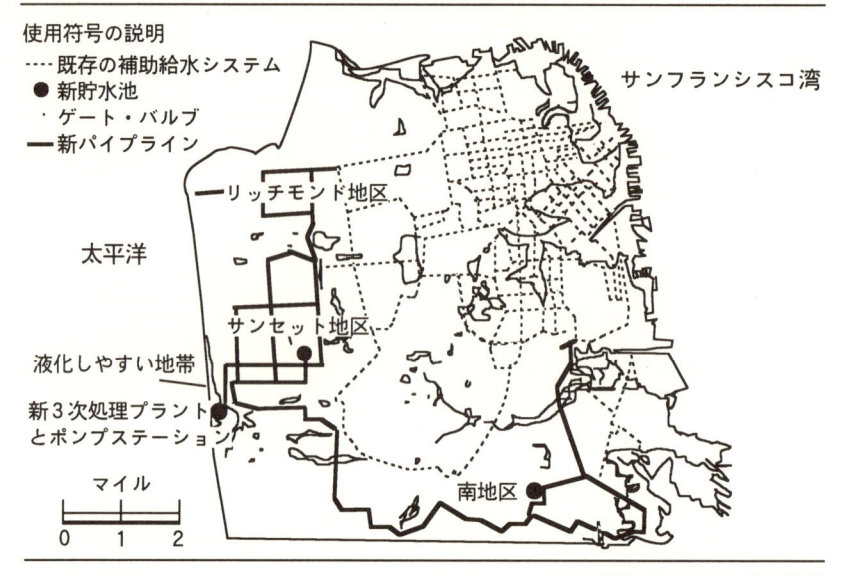

使用符号の説明
…… 既存の補助給水システム
● 新貯水池
・ゲート・バルブ
― 新パイプライン

サンフランシスコ湾

リッチモンド地区

太平洋

サンセット地区

液化しやすい地帯

新3次処理プラント
とポンプステーション

南地区

マイル
0 1 2

出典：Scawthorn 他、1995

バンクーバー

　人口40万人のバンクーバーは、サンフランシスコ同様、環太平洋火山帯に位置しており、地震歴の著しい土地である。KJCエンジニアなどが1993年に実施した事例研究では、バンクーバー50km圏内のM7の地震が研究構想の根拠として使用された。この地震は、サンフランシスコに著しい液化現象と多数の火災を引き起こした1989年のローマ・プリータ地震に匹敵するもので、正確には、それ以上の規模の地震であった。そして、サンフランシスコとは対照的に、バンクーバーはとりわけ給水に脆さを抱えている（バランタイン氏ほかが行った研究によって確証されている）。バンクーバー市は、大部分の水をキャピラノ（第1海峡横断経由）とシーモア（第2海峡横断経由）の貯水池から得ている。この両方のパイプラインは、ブラード入江の北海岸で交差しているが、その一帯は液化の可能性がある沖積土層であり、そのためバンクーバーへの配水がうまくいかない可能性は高い（補足的な水源はコキットラムであるが、この水源も

上記規模の地震が起きた場合、うまく機能しない可能性が高いと判定されている)。1986年、第1海峡横断に破損が生じ、その結果、キャピラノ送水ラインはバタフライ弁を使用しているため閉鎖できなくなり、修復期間中バンクーバーでは給水制限が行われるという事態が生じた。

　バンクーバー島内の貯水施設は、大バンクーバー給水地区にバンクーバー市専用のリトルマウンテン貯水池があり、そのほか稼動容量を備えておくために大バンクーバー給水地区全域用のカースランドとササマットの二つの貯水施設がある。リトルマウンテン貯水池の容量は3,000万英ガロン（1Ig = 4.546リットル）で、それは夏のピーク期の日々の給水には決して十分な量とは言えない。地震によってパイプに破損が生じた場合、リトルマウンテン貯水池はすぐに水不足をきたす可能性が高い。バンクーバーで現在使用されている水道本管の約75％は鋳物－鉄製のパイプで、この種のパイプは弱く砕けやすいため、地震の振動で壊れてしまう可能性が高い（EQE, 1990）。

　地震に引きつづいて起こる火災に関して、バンクーバーはサンフランシスコ、ロサンゼルス、そのほかの北アメリカの諸都市と比較して、工学技術に関する系統的な評価の実施が遅れている。つまり、この問題に関しては簡単に扱っている研究が一つあるだけであり（EQE, 1990）、それには次のように述べられている。

　『緊急用の給水に関しては、地震後数時間の消火活動に1分間に2万～3万Ig、すなわち700万Igの水が使用されるものと推定される』

　バンクーバー市は、下メーンランド地域のリスクが相当に高いと判断し、サンフランシスコの例に習って、高圧の防火専用システムの建設に乗り出した。このシステムは、市の要所およびほぼ全域の防火に多大な力を発揮するものと思われる（Mickelson Moore, 1995）。バンクーバーの防火専用システムは、1分間に1万Igの容量のあるポンプステーション4か所（コール・ハーバー、フェルス・クリーク、イングリッシュ湾の南海岸、第2海峡横断近くのダウンタウンの西にそれぞれ位置する）を有し、そのポンプステーションは高圧で高容量の耐震性環状パイプで連結するという構想となっている（次ページの図8.4）。同システムのフェルス・クリークのポンプステーションは1995年9月に建設が発注され、コール・ハーバー・ポンプステーションは現在の時点ですでに完成されている。目下、この2か所のポンプステーションを接続するパイプラインの第1段階の建設計画が進行中である。

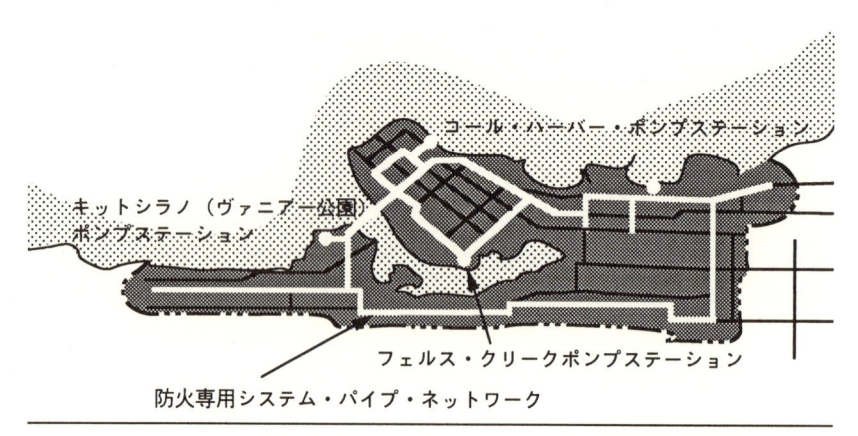

図8.4 バンクーバー市防火専用システム

コール・ハーバー・ポンプステーション
キットシラノ（ヴァニアー公園）ポンプステーション
フェルス・クリークポンプステーション
防火専用システム・パイプ・ネットワーク

出典：Scawthorn、1996b

　比較的小規模の防火専用システムのネットワークに関するシステムの信頼性分析はすでに実施されており、防火専用システムではポンプステーションの信頼性が全般の信頼性にとって重要な鍵であることが判明した。ポンプステーションの信頼性を評価するため、それを構成する各要素の関係を故障結果予想系統図に図示し、さらに構成要素脆性と組み合わせてポンプステーション全体の信頼性の評価が行われた。

　各構成要素の地震に対する脆性は、一定の地震による地盤運動（たとえば、ピーク地盤加速など）を仮定し、それに対する構成要素の機能損失の確率と定義されている。構成要素の機能損失というのは、地震によって構成成分の適切な機能が妨げられることを意味している。たとえば、地震の振動によってモーター制御室の中継器に損傷が生じ、それによってポンプが機能しなくなるといったようなことである。各構成要素の地震脆性は、下記にあげる方法によって、明確にすることができる。

■振動台などを使用する検査による方法。これは費用が高くかかる方法であり、現場の設置状況、あるいはそのほかの隣接する構造物や構成部分にある設備をそのまま再現するということは行われていない。

■分析による方法。これは固有の安全係数にもとづいて計算をする方法であるが、分析には破損や考慮すべき相当量の資料のモードを展開し、そのほかのデータを作成する必要があるため、やはり比較的費用の高い方法である。
■経験にもとづく方法。これは、統計的な方法、あるいは実際に起きた過去の地震における類似の構成部分の実態にもとづいた範囲で考察する方法である。この方法は、膨大な量のデータの収集が必要であるが、極めて効果的な方法であることが実証されている。

　バンクーバー防火専用システムにおけるポンプステーションの信頼性評価を実施する際に使用されている構成要素の実際脆性の情報は、地震の実態に関する世界最大データベース、EQE地震実態データベースを情報源としている。このデータベースには、1971年以降に発生した65の地震から25万件以上のデータ項目が集積されている。
　ポンプステーションの信頼性分析は、故障結果予想系統図分析の標準的な方法を使用して実施している。この方法は、ポンプ、駆動装置、バックアップ電力、そのほかのステーション構成部分の数や配置を決定するための枠組を規定するのに役立っており、予備構想を立案するのに有効な手段であることが証明されている。

ザイール難民キャンプ

　先に述べたように、ルワンダに内戦が起こり、1994年7月、150万～200万のルワンダ難民が国境を越えてザイールに流れ込んできた。ビスワス氏およびトルタハーダ-キロス氏（1995）は下記のように報告している。
　「バフトゥ族が一挙にルワンダからザイールに殺到するという前代未聞の事態が起こった。歴史を振り返ってみて、かくも大勢の人間がかくも短期間に別の国に移動したというのは類を見ないことであり、またこのように経済的に悪条件の国が大勢の難民の受け入れを余儀なくされたこともかつてないことである」
　難民キャンプの中には、キャンプ地に十分な飲料水が確保できないところも数か所ある。多くのキャンプ地において、水および公衆衛生が劣悪な状態であるため、コレラが蔓延し、1日6,500人という高い死亡率を招く結果となった。
　この状態を緩和するため、契約で請け負ったアメリカ合衆国の技術専門家（カリフォ

ルニア州レッドウッド市のPortable Water Supply System Co. Ltd, = PWSS) を含む救済派遣団の一行が7月26日ゴマに到着し、24時間以内に飲料水の供給システムを設置した。このシステムは、約10km離れた水量豊富な湖を水源にし、口径の大きいホースを利用したシステムで水を運搬するというものであった。PWSS社が組み立てた配水システムの概略図を次ページの図8.5に示した。システムを構成する各成分は下記の通りである。

■オランダで製作されたハイドロサブと呼ばれる特殊浮動ポンプ。このハイドロサブは10バールで1分間に約4,000リットルの水を供給でき、次のような魅力的な特徴がある。

①ポンプのヘッドの部分が比較的軽量で、携帯に便利である（約50kg）。このヘッドの部分は、水面に浮いており、浅瀬の水面から水とほかの液体とを選別することができる（すなわち、化学的な振り落としとしても有用である）。

②水力が、図8.5に示したように、ディーゼルエンジンで遠隔駆動でき、100mまで延長できる水圧管を経由して水力供給を行える。

③ディーゼルエンジン、ポンプヘッド、補給用燃料も含めて、ハイドロサブ全体をトレーラーで移動できる。

■20バールを超える圧力を通すことが可能な口径の大きいホース。ちなみに、このシステムのホースの直径は125mmである。2kmの長さの大口径ホースは、空輸可能な小型の車両で運搬できる。

■4個のゲート弁付き特殊鋳物からなる携帯用給水栓。大口径ホースを含む種々の支線ホースを給水本管に連結し、水を随意に分流させることができるように、携帯用給水栓を一定区間ごとにホース数か所に取りつける。

■グリーソン弁の設計を模した減圧弁（これに関しては、図8.5に図示していない）。この軽量の減圧弁を使用することによって、流量に関係なく水圧を正確に設定することが可能となる。

　最終的な給水量は、1日につき160万リットルとなった。この水は携帯用塩素剤を使用して、最終的配水地点で残余量が0.75～1.0ppmになるように、5ppmで塩素消毒されている。水は、マニホルドを使用し大口径ホースから枝わかれして各所に設けられ6た蛇口から供給されるほか、1日につきタンク車100杯分の水がキャンプ地に運び込ま

図8.5 僻地における浄水・廃水システム

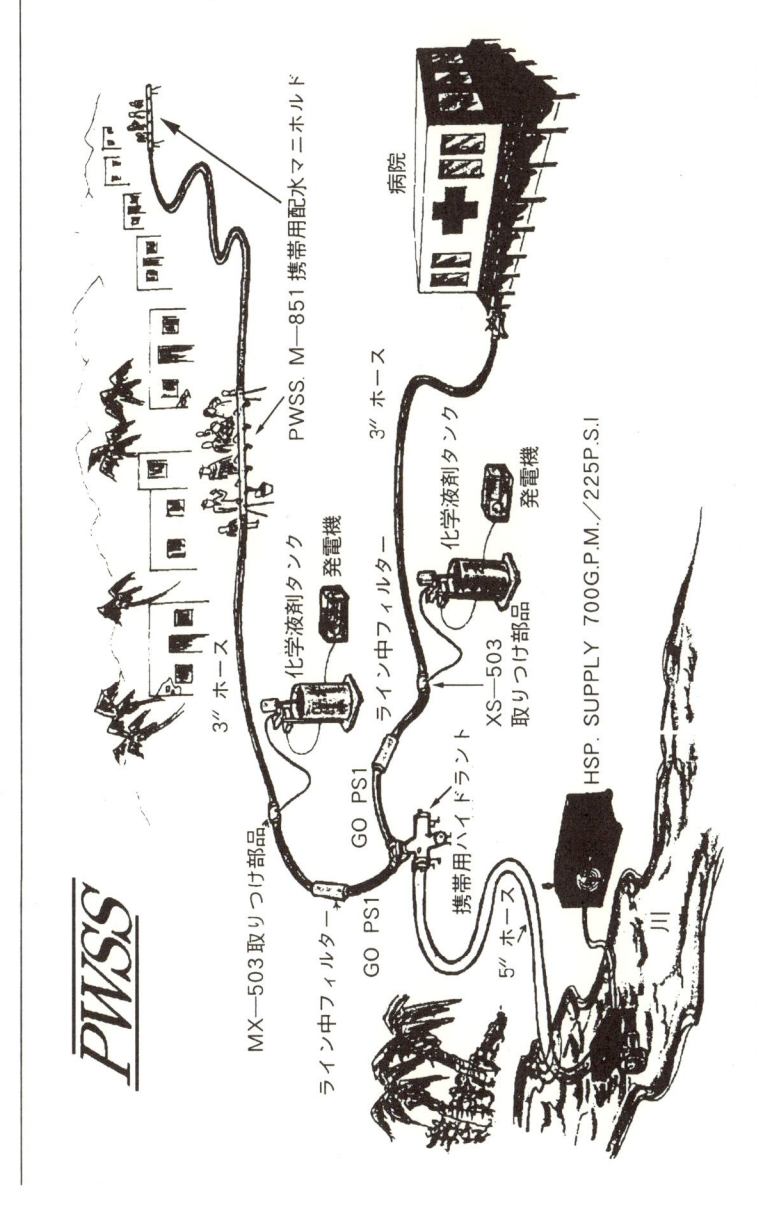

図8.6 ザイールのゴマ難民キャンプにおける1994年7〜8月のコレラ・赤痢・脱水症の発生率

注：米国陸軍およびPWSSの給水活動は7月26日に開始。

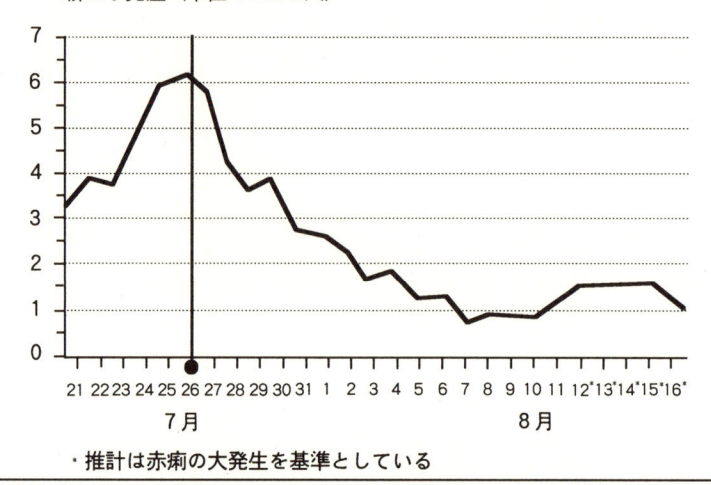

新たな発症（単位：1000人）

・推計は赤痢の大発生を基準としている

出典：国連難民高等弁務官　医療J5—HOC GOMA

れた。

　図8.6に示したように、このシステムを設置してからわずか11日のあいだに、コレラ、赤痢、脱水症の発生率は1日につき6,000件から1,000件以下に激減した。死亡率も、飲料水の配給が始まって以来、際立って減少した（次ページの図8.7）。

緊急給水システムのコンセプト

　これまでに下記の点について概説を試みてきた。
1. 都市の給水システムは、近年の種々の自然災害に際して、良好な実績を残していない。
2. 自然災害に対する都市給水システムの脆性を評価し、費用効率の良い緩和措置を開

図8.7 ザイールのゴマ難民キャンプにおける1994年7〜8月の1日の死亡者数

注：米国陸軍ならびにPWSSによる給水活動は7月26日に開始。

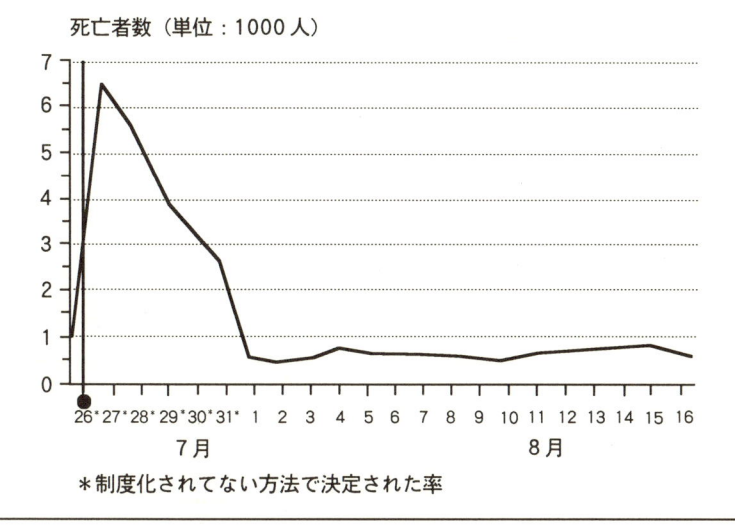

死亡者数（単位：1000人）

[7月26日*, 27*, 28*, 29*, 30*, 31*, 8月1, 2, 3, ..., 16]

7月　　　　　　　　　　8月

＊制度化されてない方法で決定された率

出典：国連難民高等弁務官　医療 J5―HOC GOMA

発するための方法は、直ちに利用できる状態にある。
3. 最近の数件の実例を例にとって概説したように、そうした方法が進んで適用されるようになってきている。

　しかしながら、こうした方法が広範囲で適用され、都市の給水システムが持つ弱点が緩和されるということは、短期的ないし中期的に見て、実現の可能性が高いとは言いがたい。それにはさまざまな理由があげられるが、まず第一の理由としてあがるのは資源不足であろう。

　その一方、給水システムが自然災害によって長期的に破綻する可能性も極めて低いように思える。もっとも重大な損傷は、輸送パイプ、ポンプ、水処理プラント、そのほかの施設に関するものが一般的で、通常は数日から数週間以内に修復できるはずである。配水管に数千の破損が生じた場合には、おそらく修復には数か月を要するであろうが、給水車や地上の仮設の配管を利用して、飲料水の局所的な配水を行うことは可能

なはずである。

　それでもなお、1923年の関東大震災やザイールの難民キャンプのように、短期間であれ給水システムに破綻をきたすと、生命や財産の多大な損失を招く結果となり得ることが、この章の実例からも示されている。水は比較的即時にそして進行中の状態で必要となるが、量や質が必ずしも同じである必要はないし、半永久的使用を意図して敷設された設備と同じ配水メカニズムを用いる必要もない。そうしたことから、緊急時の給水には大別して次にあげる2種類が必要となるだろうと考えられる。
■数分以内の給水。すなわち、即座の消火や有害な物質に対処するための給水。
■数時間以内の給水。すなわち、飲料用の給水。

　消火などのために即座に水が必要となるのは、概して、広い範囲ではなく、地域内の特定区域に限定されており、その特定区域がどこであるかの確認は標準的な立案方法を用いる事態より優先して実施されるはずである。そうした区域では、区域の広さの割に消火などに大量の水が必要となる可能性があるが、それにしてもその量は地域全体の住民が必要とする水量から見ると、たいした量ではないはずである。問題は供給そのものではなく、特定の場所への輸送であることが往々にしてある。その一方で、飲料水の供給はつねに必要であり、それによってさらに大量の水が必要となる。しかしながら、その量をおそらく人口数百万を数える住民に毛細血管のように細かく枝わかれさせて配水することこそ、実に至難の業（わざ）である。これに関しては、地域の配水地点に給水車や給水栓の数を十分に配備することが、ある程度の妥協策となりうるだろう。

　水に対するこの2種類の異なる必要性を考慮し、上述した事例研究におけるいくつかの経験を踏まえてみると、どちらの必要に対しても同一の基本システムで対処できることがわかる。その基本システムというのは、たとえば1991年の東湾丘陵地帯の火災やザイールで展開されたシステムに類似しているが、ポンプ、携帯用給水栓、バルブなど必要な付属設備を伴う大口径ホース・システムである。たとえば米国や日本のビルが林立する大都市といった、水を即座に必要とする可能性の高い都市圏では、数分以内に水を使用できるように、同じ市内に大口径緊急給水システムを展開することが切望される。その場合、おそらく消防署が自ら実施するのが最適であろう。給水の必要が即座ではなく数時間の猶予がある他の都市地域では、大口径ホース緊急給水システムが翌日には空輸によって到着し（ザイールの例のように）、展開できるように、そのシス

テムを国や地域の行政ベースで設置することが望まれる。こうしたことから、緊急用の給水が即座に必要となると思われる地域に、世界的な組織によって数にして数十の大口径ホース緊急給水システムを設置するという構想が浮上してくる。その構想が実現すれば、たとえば他所の地域が災害に見舞われ、24時間以内に給水の必要に対処すべき場合、2〜3の大口径緊急給水システムをそれぞれの国や地域から被災地に配備することができるだろう。被災地のシステムが十分に修復されるまで、そのシステムが住民に飲料水を供給する主要な供給源となりうるはずである。

　最低限、日本、アメリカ合衆国、ニュージーランドといったような大火災が起きやすい地域では、即座に給水できるようにしておく必要がある。大都市地域において人口100万人につき大口径ホース緊急給水システムのユニットを一つの割合で設置すると仮定すると、東京に約20、大阪、神戸、京都を含む阪神地区に10、ロサンゼルスに10、サンフランシスコに6のユニットが必要になる。一例をあげてみると、台北に大地震が勃発した場合、東京、大阪、ロサンゼルスといったもっと広大な都市のいずれかから大口径ホース緊急給水システムを2ユニット配備すれば、24時間以内に大口径ホースによる水道本管が地表に敷設され、台北の飲料水の供給、運搬、配水が可能となるだろう。それによって住民全体に一定量の非常時用の水を十分に提供できるものと思われる。

　このことから、次のような提案が考えられる。

提案

　国連ないしその他の国際的救済機関が、効果的な災害対策としてどのようなことができるか、その可能性を定めるために、大口径ホース緊急給水システムの設置を実施している世界各地に点在する国際的な組織や共同体の構想を研究するということをここで提案したい。しかし、それは、緊急給水を行う組織が国連ないしそのほかの国際的救済機関の管轄下の組織となるようにということを提案しているのではない。むしろ、国連やそのほかの機関は調整役としての役割を果たすべきであり、そのために実施すべきことを下記にあげる。

1. 大口径ホース緊急給水システムを業務とする組織の必要性を効率的且つ明確に確定する。
2. 設備、対応、そのほかの要因に関する適切な基準設定を開発する。
3. 大口径ホース緊急給水システムを設置するのに適していると思われる国を確定する。
4. 3で確定した国の消防ないしそのほかの機関が、緊急給水システムの設置を実施している組織に参加するための支援を開発する。

　こうした提案は、その特質から見て概念的であり、それを補足する決定が必要ではあるが、一つの考え方の種を蒔くことにはなると思うし、その種が発展し実を結ぶようになることを期待している。

結論

　最近の自然災害において、給水システムが破損し、機能しなくなる事態が多く見られた。そうした事態を避けるため、いくつかの給水プロジェクトでは、信頼性を高めるための措置が採られ、それにもとづいてシステムの配置や機器の詳細まで決定するということが行われるようになってきた。これまでに述べた信頼性改善プロセスに取り組んできたそうしたプロジェクトにおける信頼性という観点に関して、次ページの表8.3に概略を示した。配管網の信頼性分析はある程度の期間は有効であるが、そうしたプロジェクトはシステムの実績基準を合理的に決定し、経験や分析による手法を用いてその基準となる値を定め、信頼性および最適性に関する全体的な枠組にその基準を組入れることにつねに刷新的であることが望まれる。信頼性分析や費用便益分析を用いて実績の数値を定め、その数値をシステム構想に直接反映させるといったことが実施されなければ、システムの構想が一般的な産業基準にもとづいたものとなってしまい、個々のシステムや地域に関連した特定の要求にぴったりと合致したものとならない可能性が大である。そうしたことを実施した成果は、システムの必要性をより明確に理解した、より確実で費用効率の良い構想となって現れる。

　このプロセスを実行することは、都市圏では明らかに必要である。しかしながら、資

表 8.3 給水システムプロジェクトの事例研究における信頼性に関する概要

信頼性プロセス	コントラコスタ 給水域	サンフランシスコ市 給水システム	サンフランシスコ 補助給水システム／再生水	バンクーバー 防火専用システム
実績基準	緊急事態（地震、大火災、停電 他）	重大性の低い緊急事態	地震、大火災、灌漑	地震発生後の火災
(実例)	M6.5の地震：40件の火災を引き起こし毎分97,000ガロンの水を必要とする	飲料水および商業用水	M8.3の地震：1200万～2200万ガロンの水を必要	毎分182,000リットル（限定分析後）
代替案	16の異なる勾配の20の組合せ	考慮せず	種々のパイプ経路、貯水池の配置	限定されたパイプ経路（ポンプ・ステーションの位置によって余儀なくされた経路）
信頼性分析	業務可能性（モンテカルロ方式）	業務可能性（モンテカルロ方式）	業務可能性（モンテカルロ方式）	業務可能性（モンテカルロ方式）
費用便益分析	実施済み	実施せず	限定	限定
最終案	中枢システムとその他の方策	なし（事例研究のみ）	新しいパイプ、貯水池など	2か所のパイプステーションを建設：設計に基づく配管網

源不足といった数々の障害があり、多くの地域でこのプロセスの実施が妨げられている。この必要事態を実現するため、国連ないしそのほかの国際的救済機関が、国際的に協力関係を結んだ緊急給水システムの組織を多国間で開発し、その組織への参加を調整するという目的を持って、そのシステムの構想について研究することをここで提案したい。

参考文献

Avila, E. A. and Chan, T. K. 1995.
"Reliability Criteria for Capital Project Planning," *Proc. Fourth US Conf. on Lifeline Earthquake Engineering*, Am. Soc. Civil Engineers, San Francisco, CA, August

Ballantyne, D. 1995.
"Water and Wastewater Systems," in *The Hanshin-Awaji Earthquake of January 17, 1995, Performance of Lifelines*, NCEER Report No. 95-0015, National Center for Earthquake Engineeering Research, State University of New York at Buffalo.

Ballantyne, D., Heubach, W., and Archibald, P. 1996.
"Earthquake Vulnerability of the Greater Vancouver Water District's Pipeline System," *Proc. Pan Pacific Hazards '96 Conference*, Vancouver, B.C., July.

Biswas, A. K. and Tortajada Quiroz, C, 1995.
"Rwandan Refugees and the Environment in Zaire," *ECODECISION*, Spring.

Biswas, A. K. and Tortajada Quiroz, C, 1996.
"Environment Impacts of Refugees : A Case Study", *Impact Assessment*, Vol. 14, No.1, March

Eguchi, R. T. and Chung, R. 1995.
"Performance of Lifelines during the January 17, 1994 Northridge Earthquake," *Proc. Fourth US Conf. on Lifeline Earthquake Engineering*, Am. Soc, Civil Engineers, San Francisco, CA, August.

Eidinger, J., Maison, B., and Lau, B. 1995.

"East Bay Municipal Utility District Water Distribution Damage in 1989 Loma Prieta Earthquake," *Proc, Fourth US Conf. on Lifeline Earthquake Engineering,* Am. Soc. Civil Engineers, San Francisco, CA, August.

EQE Engineering and Design. 1990.

Recommendations for Improvements Required for Emergency Water Supply, report prepared for City Engineering Dept., City of Vancouver, under sub-contract to CH2M-Hill, San Francisco, CA.

Fuchs, R. J., Brennan, E., Chamie, J., Lo, F.-C., and Uitto, J. I. (eds.). 1994.

Mega-City Growth and the Future, United Nations University Press, Tokyo.

KJC Engineers and EQE Engineering and Design. 1993.

A Lifeline Study of the Regional Water Distribution System, Final Report prepared for the Greater Vancouver Water District, December.

Mickelson, P. and Moore, D. E. 1995.

"City of Vancouver Dedicated Fire Protection System Underground Piping Design Considerations," *Proc. Fourth US Conf. on Lifeline Earthquake Engineering,* Am. Soc. Civil Engineers, San Francisco, CA, August.

Scawthorn, C. 1987.

Fire Following Earthquake - Estimates of the Conflagration Risk to Insured Property in Greater Los Angeles and San Francisco, prepared for the All-Industry Research Advisory Council, Oak Park, IL.

Scawthorn, C. 1996a.

"Fire Following the Northridge and Kobe Earthquakes," paper presented at UJNR Panel on Fire Research and Safety, National Institute of Standards and Technology, Gaithersburg, MD, March.

Scawthorn, C. 1996b.

"Reliability-based Design of Water Supply Systems," paper presented at 6th Japan-US Workshop on Earthquake Resistant Design of Lifeline Facilities and Countermeasures Against Liquefaction, Waseda University, Toko, June.

Scawthorn, C. and Blackburn, Frank T. 1990.

"Performance of the San Francisco Auxiliary and Portable Water Supply Systems in the 17 October 1989 Loma Prieta Earthquake," *Proceedings 4th U.S. National Conference on Earthquake Engineering*, Palm Springs, CA.

Scawthorn, C. and Khater, M. 1994.

"Fires Caused by Earthquakes : A Greater Threat Than Many Realize," *NFPA Journal*, May/June, pp.82-86.

Scawthorn, C. and O'Rourke, T.D. 1989.

"Effects of Ground Failure on Water Supply and Fire Following Earthquake : The 1906 San Francisco Earthquake," *Proceedings, 2nd U.S.-Japan Workshop on Large Ground Deformation*, July, Buffalo.

Scawthorn C., Bouhafs, M., and Blackburn, F. T. 1988.

"Demand and Provision for Post-earthquake Emergency Services : Case Study of San Francisco Fire Department," *Proc. 9th World Conference of Earthquake Engineering*, Tokyo and Kyoto.

Scawthorn. C., Khater, M., and Rojahn, C. 1993.

"A Model Methodology for Assessment of Seismic Vulnerability and Impact of Disruption of Water Supply Systems," *Proc. 1993 National Earthquake Conference*, Memphis, TN.

Scawthorn, C., Swan, S. W., Hamburger, R. O., and Hom, S. 1992.

"Building Life-Safety Systems & Post-Earthquake Reliability : Overview of Codes and Current Practice," *Proc. of Seminar and Workshop on Seismic Design and Performance of Equipment and Nonstructural Elements in Buildings and Industrial Structures*, Applied Technology Council, Redwood City, CA.

Scawthorn, C., Odeh, D. J., Khater, M., Blackburn, F., and Kubick, K. 1995.

"Reliability Analysis of a Dual Use Fire Protection/Reclaimed Water System, San Francisco CA," *Proc. Fourth US Conf. on Lifeline Earthquake Engineering*, Am. Soc. Civil Engineeers, San Francisco, CA, August.

Scawthorn, C., Khater, M., Isenberg, J., Lund, L., Larsen, T., and Shinozuka, M.

1990

"Lifelines Perfarmance during the October 17, 1989 Loma Prieta Earthquake," UJNR Panel on Wind and Seismic Effects, National Institute of Standards and Technology, Gaithersburg, MD, April.

UNHCR. n.d.

Manual for Environmental Surveys and Studies. Technical Support Document for Interim Guidelines for Environment- Sensitive Management of Refugee Programmes, United Nations High Commissioner for Refugees, Geneva.

Yanev, P. I. and Scawthorn, C. 1993

Hokkaido Nansei- oki, Japan Earthquake of July 12, 1993, NCEER Report 93-0023, National Center for Earthquake Engineering Research, State University of New York at Buffalo.

9 結論

ジェーハ・I・ウィトオー
アシット・K・ビスワス

　20世紀、全世界で水の消費量はかつて例がないほど大幅に増加した。そのように大幅に増加したのは主として人口増加によるものと考えられるが、とりわけ第2次世界大戦以降の発展途上国における人口増加は著しい。1950年以降、世界の人口は2倍以上に増加した。

　しかしながら、人口の増加というのは原因の一端にすぎない。1人あたりの消費量も劇的に増加してきているのである。工業化、都市化、そして経済成長も消費量増加を促す原因ではあったが、なんといっても農業用水の需要が増加したことによるところが大きい。人びとが裕福になるにつれ、水の消費量も増え、生活様式の変化が発展途上諸国の多数の住民に影響を及ぼしている。アジア、アフリカ、中南米の発展途上国の経済成長によって、今後、水の消費量は大幅に増大するものと思われる。アシット・K・ビスワスが1章において、世界的視野に立って、人口増加、都市化、経済成長が水の消費に及ぼす影響について示した。都市圏での消費量は全体的に見るとたいした割合ではなく、とくに農業用水と比較するとその量はわずかであるものの、その割合は上昇していくものと思われる。

　都市の水問題は、水量と水質の両面が大きくかかわっている。都市圏では、家庭からも産業からも膨大な量の廃水が排出されており、それによって人間の健康と生態系の健全な状態に問題が生じている。水に関連した病気が多発しており、とりわけ発展途上国の貧困地域でそうした病気が蔓延していることを鑑みると、水質の問題は深刻である。同様に、成長をつづけている都市の中心部に十分な量の水を供給することも、本質的な課題である。こうしたことから、すべての利害関係者を含めた多角的な立場で

9 結論

解決策を見いだすべきであることは明らかである。

これまでは、インフラ開発に重点が置かれてきた。もちろん、都市の給水および下水システムを整えるために適切かつ十分なインフラを開発することは必要である。しかし、需要管理も含めた用水管理のソフト面の充実にもっと注目すべきではなかろうか。政策、価格設定、運営と維持を改善することは、どれも同じように重要なことである。

水関連インフラの効率は、驚くばかりに低いことが往々にしてある。4章でラジェンドラ・サガーネがインドの4大都市が直面している問題に焦点をあてて論及しているが、その4大都市はいずれも需要が給水量を上回っている。彼は、そうした問題が生じる責任の多くは、システムの運営・維持がお粗末な状態であることにあると述べている。つまり、高額の費用がかかるインフラ設備の建設ばかりが強調され、既存のシステムを効率良く運営・維持していくことがないがしろにされてきたというのである。現在、管理体制の効率の改善をはかるべく、早急に措置を取る必要に迫られている。

日本の実例も示したが、それは都市給水の効率にとって細心の管理がいかに大切であるかを示すのに役立っている。2章で高橋豊が、東京の上下水道システムの開発について時代を追って概説しているが、日本の首都・東京は20世紀に目を見張る発展をとげ、現在では世界最大の都市圏となっている（八つの隣接都市に3,100万人の人口が居住している）。その東京の都市給水システムからの水の損失量は、1945年には80％であったのが、現在では9.9％とめざましい減少をとげている。日本ではインフラ開発が完熟状態に達し、現在では別の問題に取り組んでいる。すなわち、良質の水を可能な限り低価格で提供することに重点が置かれている。この点について、技術的な開発が果たす役割は確かに大きいが、しかしそれだけではこの問題を解決することはできない。

また、3章で中村雅久が論述した日本の別の事例では、都市地域の水に対する要望と、都市周辺一帯の生態系から見た要求とのバランスを取ることの必要性に焦点があてられている。日本最大の湖・琵琶湖は、大阪、京都、名古屋、神戸を含む日本で2番目に大きい都市密集地帯、関西地区の重要な給水源である。琵琶湖～淀川～水系のケーススタディでは、流域にある多くの自治体の給水システムが、各自治体当局の計画案にもとづいて別々に発展してきた状況が示されている。すなわち、統合的な流域管理に向けた全体的アプローチが欠けていたのである。その結果、方針が自治体によっ

てバラバラとなり、政策実施の件数が増え、利水の経済面に問題が生じる事態を招いた。

同様に、水源管理と水質に関して、環境を考慮し、回復させることが重要性を増してきている。日本では、経済全般の著しい発展を背景にして水源開発が行われており、河川開発、ダム建設、迂回水路などの開発のみに重点が置かれてきた。しかしながら今後は、環境に対する配慮、すなわち環境保全を水源開発計画に組み入れることが重要になっていくであろう。

琵琶湖包括的開発プロジェクトは、完了するまでに25年の月日を費やした。このプロジェクトがスタートし、その完成をみたのは日本が急速な経済発展をとげている時代であり、その時点では環境問題に対する関心はあまり強くなく、最重要事項として考慮されることもなかった。現在、日本ほど豊かではない国々で類似のプロジェクトが進められているが、日本のプロジェクトと比べて実現までに遥かに長い時間を要するものと考えられる。

その好適な例が、2,500万人の人口を抱え、都市圏が拡張をつづけているメキシコシティである。この都市は、5章でセシリア・トルタハーダ・キロスが概説しているように、著しい人口増加をつづけており、水の需要も急速に増大している。増大する需要に応じるため、メキシコシティから遠く離れた流域から水を長距離移送するといったプロジェクトが着手された。その結果、コストはあっという間に跳ねあがり、そればかりでなく周辺一帯の環境に多大な損傷を与えた。長期的に見て、このままの状況がつづくことはありえないだろう。

さまざまな視点から水問題を考察したこの著作から引き出せる結論は明らかである。すなわち、「21世紀、都市地域に上下水道設備を提供することによって、人類にとって今後の大きな課題が提起されることになるだろう」ということである。この課題に対処するには、新たな解決方法と政策をつくりあげていかねばならないであろう。とりわけ、水源開発をめぐる争いがエスカレートし、発展途上国における水の需要が増大しているという状況を考慮すると、都市の水源を開発するに際して持続性のある開発を推し進めるには、今後、有効な解決策の一つとして廃水の再生・再利用に真剣に取り組むことが必要となってくるだろう。6章の著者、浅野孝によると、都市における水の需要問題は、供給する水質に関する信頼性と量に関する確実性の両者にかかわっている

ということである。廃水を再利用できるのは、水洗トイレや洗車、あるいは庭の散水といった水質に対する要求があまり高くない使用目的に限られている。

　汚染管理も極めて重要であり、取り締まりを厳しく実施していくべきであり、水の汚染を引き起こす産業に、水の浄化にかかる費用を負担させるなどの措置を実施していくべきであろう。

　水問題のもう一つの特徴として、給水システムは自然災害にも人災にも脆弱であるということがあげられる。世界の中心都市の多くは、地理的に災害を受けやすい位置にある。アメリカを例にあげてみると、2000年の時点で人口の4分の3が西海岸か東海岸のいずれかの海岸線から15km以内に居住していると推定されている。沿岸地帯に人口が集中するという傾向は、全世界共通に見られるが、沿岸地帯というのは、概して、台風やハリケーンといった気象に関連した災害にさらされることが多く、それによって上下水道のシステムに支障をきたす恐れがある。また、洪水が起きれば、都市圏は破滅的な影響を受ける。さらに、地震によっても、都市生活に不可欠なライフラインの一つである水道事業が多大な損傷を受ける場合がある。都市圏の水道システムが災害に弱いということは、残念ながら、8章に掲載したチャールス・スコウソーンの著述からも明らかである。

　都市の給水をもっと耐久力のあるものにしていくうえで慎重な考察を要する重要事項の一つが、給水と利水を管理する財政機構である。いまだに水は無料で手に入るもののように思われており、消費者に請求される料金は、設定されているにしても、実際の水のコストから算出されているケースは稀である。水道料金が安すぎると、水の浪費を招き、節水の意識が生まれてこない。国家機関であれ、市町村単位の機関であれ当局は、消費者に配水するのにかかる実質費用から割り出して、水道料金の設定を行うよう調整すべきである。その際に、システムの運営・維持費も含め、給水にかかわるあらゆる段階の費用を算入しなければならない。消費者に直接料金を請求する代りに、間接税を採用することも考えられる。しかしながら、いずれの場合にせよ、補助金を出さねばならないケースもある。

　効率の改善をはかるための一つの選択肢として、都市の水事業を民営化するという方法がある。民間の事業を利用することは、確かに、極めて有効な方法であろう。世界銀行は、水関係事業に民間を参入させるという構想のもっとも中心的な提唱者であ

り、また融資者であるが、その世界銀行がかかわった実践例から学んだ教訓についてウォルター・ストットマンが7章で概論を述べている。彼が取りあげた実例には、上下水道事業の建設、運営、管理業務を民間業者に競合させることによってさまざまなメリットが生じることが明確に示されている。しかしながら、民営化を万能薬とみなしてはならないことも明らかである。民間セクターの参入は水事業の効率化をはかるうえで不可欠であるかもしれないが、民間セクターが独力で業務をこなす力がない場合も多々ある。したがって、民間と公的機関が協力関係を築くことが望まれる。

　とりわけ、発展途上国は財源が乏しく、また給水計画というのは巨額の費用がかかることから、援助や貸し出しといった形の外部支援がぜひとも必要になってくる。しかしながらここで、多国間で構成される互恵的な国際開発機関の方針を十分に検討評価する必要が浮上してくる。一例として、世界銀行は現在のところ、新しい設備の建設よりも既存設備の修復改善に、そして新たなプラントの資金調達よりも需要管理に力を入れている。そのため、そうした方針が当該国の政策やその国の権力者の利害に反する場合が多いという問題が生じている。政治家というのは、自己の名声のために新しいプラントの建設を好む傾向にある。つまり、修復や効率の改善というのは、地味で政治家にはあまり魅力的に映らないということなのだ。

　先進諸国においては、水事業分野における公的な開発支援計画に関して、なにを焦点とすべきか、そして優先事項はなにかについて再考すべき時にきている。これまで新しいインフラ計画に重点が置かれてきた。現在必要なのは、水事業の分野における広範な協力体制を構築するための長期的展望であり、それは能力を高めたり制度的に強化するといったソフト面の充実にもっと重きを置いた構想でなければならない。この協力体制というのは、先進国から発展途上国への資源提供、そしてテクノロジーや知識提供の両面において実現されていかねばならない。

　全体的視野に立った効率的な用水管理を促進するには、国の政治環境を変えることも重要となってくるであろう。その改変のプロセスを促すには、国民の意識を高めることが必要である。それには、環境や社会問題に関する任意の教育計画も含め、教育を充実させる戦略が必要である。

　世界は水問題に関して差し迫った危機に直面しており、それはかつて経験したことのないほど重大で深刻な局面である。人類にとって悲劇的な事態とならないよう、こ

の問題をすみやかに解決していかねばならない。とりわけ、発展途上国においてはそれは火急の問題である。しかしながら、投資、テクノロジー、管理について適切に焦点を絞っていけば、必ずや解決できるはずである。問題の解決を達成するのに必要なのは、政治的意思ならびに、先進国と発展途上国、あるいは東西の世界の積極的な協力である。各国がすみやかに行動を取ることができれば、細心の注意は必要なものの、将来の明るい展望が開けてくるはずである。(**文中敬称略**)

(杉山賢一素訳)

水のリスクマネージメント	ASAHI ECO BOOKS 4
発　行	二〇〇二年七月十五日　第一刷
編　者	ジューハ・I・ウィトォー アシット・K・ビスワス
訳　者	深澤雅子
発行者	池田弘一
発行所	アサヒビール株式会社
郵便番号	一三〇ー八六〇二
住　所	東京都墨田区吾妻橋一ー二三ー一
発売者	礒貝　日月
発売所	株式会社　清水弘文堂書房
郵便番号	一五三ー〇〇四四
住　所	東京都目黒区大橋一ー三ー七　大橋スカイハイツ二〇七
Eメール	shimizukobundo@mbj.nifty.com
H　P	http ://homepage2.nifty.com/shimizukobundo/index.html
編集室	清水弘文堂書房ITセンター
郵便番号	二二二ー〇〇一一
住　所	横浜市港北区菊名三ー二一ー一四　KIKUNA N HOUSE 3F
電話番号	〇四五ー四三一ー三五六六FAX　〇四五ー四三一ー三五六六
郵便振替	〇〇二三六〇ー三ー五九九三九
印刷所	株式会社　ホーユー

□乱丁・落丁本はおとりかえいたします。

Copyright ⓒ The United Nations University, 2000
ⓒ Shimizukobundo Shobo, Ing., Japanese edition, 2002
ISBN4 − 87950 − 556 − 0 C0030